高职高专计算机任务驱动模式教材

U0187331

计算机网络

（第4版）

徐敬东　张建忠／编著

清华大学出版社

北京

内 容 简 介

本书是一本面向高等职业教育、高等专科教育和成人高等教育的计算机网络教材。全书共分16章，主要介绍了计算机网络的基本概念、局域网组网方法、网络互联技术、网络接入技术、网络安全，以及互联网提供的主要服务类型和应用类型等内容。本书强调基础理论知识与实践实验内容的结合，因此在大部分章节设置实验和实践内容。实验和实践环节采取虚实结合方式，实体实验和虚拟实验要求的实验环境简单。在内容组织上将计算机网络基础知识与实际应用相结合，使读者能够对网络原理和网络协议有比较直观的认识，具有很强的实用性。

本书内容丰富，结构合理，可操作性强。读者可在边学边干中快速掌握网络基础知识，增强处理实际问题的能力。本书不仅可以作为应用本科和大专院校相关专业的教材，而且可以作为工程人员和广大网络爱好者的自学参考书。

图书在版编目(CIP)数据

计算机网络/徐敬东，张建忠编著. —4 版. —北京：清华大学出版社，2021.5
高职高专计算机任务驱动模式教材
ISBN 978-7-302-56688-5

Ⅰ.①计…　Ⅱ.①徐…②张…　Ⅲ.①计算机网络－高等职业教育－教材　Ⅳ.①TP393

中国版本图书馆 CIP 数据核字(2020)第 203601 号

责任编辑：张龙卿
封面设计：范春燕
责任校对：赵琳爽
责任印制：沈　露

出版发行：清华大学出版社
　　　　　　网　　　址：http://www.tup.com.cn，http://www.wqbook.com
　　　　　　地　　　址：北京清华大学学研大厦 A 座　　　　　邮　　编：100084
　　　　　　社 总 机：010-62770175　　　　　　　　　　　　邮　　购：010-62786544
　　　　　　投稿与读者服务：010-62776969，c-service@tup.tsinghua.edu.cn
　　　　　　质量反馈：010-62772015，zhiliang@tup.tsinghua.edu.cn
　　　　　　课件下载：http://www.tup.com.cn，010-83470410
印 装 者：三河市龙大印装有限公司
经　　销：全国新华书店
开　　本：185mm×260mm　　　**印　　张**：20.75　　　　**字　　数**：501 千字
版　　次：2002 年 8 月第 1 版　　2021 年 6 月第 4 版　　**印　　次**：2021 年 6 月第 1 次印刷
定　　价：59.00 元

产品编号：085705-01

前　言

近几年高等职业教育得到了迅速发展和普及,特别是计算机专业的高等职业教育成为高等职业教育中的热门专业,而计算机网络则是计算机专业的主干课程之一。

随着计算机网络技术和应用的深入,各出版单位纷纷推出各种形式的计算机网络教材,为计算机网络技术人才的培养起到了积极的作用。但是,纵观这些教材,有的以高深的理论知识为主,很少谈及理论知识的具体应用;有的以操作层面的实践为主,很少谈及这些操作背后蕴含的理论知识。在总结多年理论教学和实践教学经验的基础上,作者完成了这本适应高等职业教育培养技术应用型人才要求、具有职业特色的计算机网络教材。

本书是一本面向高等职业教育、高等专科教育和成人高等教育的计算机网络教材,同时也是一本引导人们一步步走进计算机网络殿堂的工具书。在内容组织上将计算机网络基础知识与实际应用相结合,在讲解基础知识的同时,介绍相应知识在网络组网、网络操作系统中的具体应用,使学生能够对网络的基本原理、网络协议有一个直观认识,并能应用到实际中去。整本教材强调基础理论知识与实验实践相结合,使学生在了解计算机网络基本理论、基本知识的同时,掌握网络组网方法、网络操作系统的管理和维护、互联网服务的使用和配置等网络操作技能。

全书共分为 16 章,除了讲述基础知识外,各主要章节都提供了具体的实验实例。这些实验要求的环境相对简单和统一,大部分可以在个人计算机或局域网中完成。每章的最后还附有练习题,通过回答和动手实践这些题目,可以检查学习效果。

本书的第 1 章回答了什么是计算机网络、为什么计算机网络要采用分层结构等网络基本问题,同时,对著名的 ISO/OSI 参考模型和 TCP/IP 体系结构进行了介绍。

第 2～4 章介绍了以太局域网、无线局域网的组网方法,同时对虚拟局域网技术及组网方法进行了详细的描述。

第 5～10 章对互联网技术进行了介绍,特别是对 TCP/IP 互联网进行了详细的讲解,其中包括 IP 提供的服务、路由器与路由选择算法、IPv6 的基本思想、TCP 与 UDP 等具体内容。

第 11～16 章介绍互联网提供的主要服务和应用类型。第 11 章介绍了应用进程交互模型实现过程中需要解决的问题;第 12 章讲述了域名系统的基本原理和配置方法;第13章讨论了电子邮件系统及其使用的协议;第14章介绍了 Web 服务及其服务的配置过程;第15章讲述了安全服务、网络攻击、加密与签名等与网络安全有关的问题;第16章讨论了网络接入技术和接入控制方法。

本书将实体实验与虚拟实验相结合,使读者既能在真实环境下感受网络的魅力,又能在仿真环境下进行复杂的、大规模的网络验证。对于本书中的每个实验,作者都在实验室中亲自动手完成,以保证实验内容的正确性和可重复性。在写作中力求做到层次清楚,语言简洁流畅,内容丰富,既便于读者循序渐进地系统学习,又能使读者了解网络技术新的发展,希望本书对读者掌握网络基础知识和应用网络有一定的帮助。

本书前几版出版后,受到了学生和广大读者的认可和欢迎。在第2版的修订中,删除了局域网拓扑、FDDI 网络等知识的讲解,增加了无线局域网、网络地址转换等内容。在第3版的修订中,增加了 IPv6、网络接入控制等内容。同时,对实验内容和实验环境进行了升级。

本书为第4版,在继续坚持"基础理论知识与实验实践相结合"的理念基础上,结合计算机网络技术的发展,对内容进行了进一步的修订。①采用实体实验与虚拟实验相结合的方式,进一步简化实验环境。对于实验环境要求简单的实验,采用实体实验环境,而后将实体实验映射到仿真虚拟环境;对于实验环境要求复杂或规模庞大的实验,直接采用仿真实验环境。②对共享式以太网进行了删减,只保留了必要的相关内容。加强了交换式以太网的讨论,增加了三层交换等相关内容。③按照虚实结合的实验方式,对实验内容进行了重新改造和设计,同时增加了网络数据包捕获等实验内容。④编程环境由 VB 修改为 Python。另外,第4版还对文字和插图进行了修订和更新。

限于编著者的学术水平,在本书的选材、内容和安排上如有不妥之处,恳请广大读者和同行批评指正。

编　者

2021 年 1 月于南开园

目　录

第1章 计算机网络的基本概念

> ➢ 计算机网络的基本概念
> ➢ 物理网络与互联网络
> ➢ ISO/OSI 的层次结构和各层功能
> ➢ TCP/IP 体系结构与各层功能

计算机网络的发展与计算机技术和通信技术的发展密不可分。早期的每台计算机都独立于其他计算机,拥有的硬件资源和数据资源也只能自己使用。例如,如果计算机连接了打印机,那么只有该计算机上的用户能够使用它打印文档;如果在计算机上建立了数据库,那么只有该计算机上的用户能够访问数据库中的数据。随着计算机得到更加广泛和深入的应用,人们发现这种方式既不高效也不经济,资源浪费非常严重。在用户这种共享计算机资源需求的推动下,计算机网络诞生了。

1.1 计算机网络的概念

计算机网络的出现,使人们进行在线通信和信息共享成为可能。本节介绍计算机网络的定义、计算机网络的组成和计算机网络的分类。

1.1.1 认识计算机网络

所谓计算机网络就是利用通信线路将具有独立功能的计算机连接起来而形成的计算机集合,计算机之间可以借助于通信线路传递信息,共享软件、硬件和数据等资源。图 1-1 所示为计算机网络的简单示意图。

从以上的定义可以看出,计算机网络建立在通信网络的基础上,是以资源共享和在线通信为目的的。利用计算机网络,单位不必花费大量的资金为每一位员工配置打印机,因为网络使共享打印机成为可能;利用计算机网络,用户不但可以利用多台计算机处理数据、文档、图像等各种信息,而且可以和他人分享这些信息。在信息化高度发达的社会,在"时间就是金钱,效率就是生命"的今天,计算机网络为团队作业、协同工作提供了强有力的支持平台。

计算机网络的规模有大有小,大的可以覆盖全球,小的仅由两三台计算机构成。在一般情况下,计算机网络的规模越大,包含的计算机越多,所提供的网络资源和服务就越丰富,价值也越高。

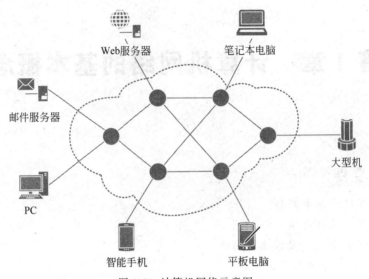

图 1-1　计算机网络示意图

1.1.2　计算机网络的组成部件

计算机网络由三大类部件组成,它们是主机、通信设备和传输介质。

1. 主机

主机是信息资源和网络服务的载体,是对终端处理设备的统称。在计算机网络中,大型机、小型机、PC、笔记本电脑、平板电脑等终端设备都被叫作主机。人们既可以通过主机向网络提供服务,也可以通过主机使用网络的服务。

按照在计算机网络中扮演的角色不同,主机分为服务器和客户机两类。其中,服务器是网络服务和网络资源的提供者,客户机是网络服务和网络资源的使用者。但是,在对等网络应用中,主机之间地位平等,一台主机身兼两职,既是网络资源的提供者,又是网络资源的消费者。

2. 通信设备

通信设备接收源主机或其他通信设备传入的数据,在对数据进行必要的处理(如差错校验、路由选择等)后转发给下一通信设备或目的主机。

通信设备的种类有很多,常见的通信设备包括交换机、路由器等。这些设备位于计算机网络连接的交叉口,尽管采用的技术路线和完成的功能不同,但都可以处理接收到的数据,并指挥这些数据按照正确的路径前进。

3. 传输介质

主机和通信设备之间、通信设备和通信设备之间通过传输介质互联。在传输介质上,主机和通信设备之间(或通信设备和通信设备之间)会形成一条(或多条)传输数据的信道,一条信道有时又被称为一条链路。

计算机网络中使用的传输介质可以分为有线和无线两种。有线传输介质包括非屏蔽双绞线、屏蔽双绞线、光纤、同轴电缆等;无线传输介质包括短波信道、微波信道、红外信道、卫星信道等。不同的传输介质具有不同的传输特性,它们可以提供的传输距离和传输速度也相差很大。

1.1.3　物理网络与互联网络

计算机网络从技术角度可以细化为物理网络和互联网络。

1. 物理网络

在一种物理网络中,联网主机和通信设备需要遵循共同的网络协议和行动准则。它们拥有相同的地址形式、使用相同的数据格式、运行相同的路由选择算法、采用相同的差错处理方式……由于不同种类的物理网络采用不同的技术方法进行实现,因此形成的网络特征和提供的网络服务也各不相同。目前,常用的物理网络包括有线以太网、无线局域网、ATM网等。

按照覆盖的地理范围,物理网络可以分为广域网(wide area network,WAN)、城域网(metropolitan area network,MAN)和局域网(local area network,LAN)。

(1) 广域网。广域网覆盖的地理范围从几十千米到几千千米,可以覆盖一个国家、一个地区或横跨几个洲,形成国际性的计算机网络。广域网通常可以利用公用网络(如公用数据网、公用电话网、卫星通信网等)进行组建,将分布在不同国家和地区的计算机系统连接起来,达到资源共享的目的。常见的广域网包括 ATM、帧中继、DDN 等。

(2) 城域网。城域网的设计目标是满足几十千米范围内的大量企业、机关、公司共享资源的需要,使大量用户之间可以进行高效的数据、语音、图形图像以及视频等多种类型信息的传输。FDDI 曾经是比较典型的城域网。但是随着以太网技术的发展,目前基本上使用交换式以太网组建城域网。

(3) 局域网。局域网用于将有限范围内(如一个实验室、一幢大楼、一个校园)的各种计算机系统互联成网,具有传输速率高(一般为 10Mbps～10Gbps)、误码率低(一般低于 10^{-8})的特点。局域网通常由一个单位或组织建设和拥有,易于维护和管理。根据采用的技术和协议标准的不同,局域网分为共享式局域网与交换式局域网。局域网技术的应用十分广泛,是计算机网络中最活跃的领域之一。典型的局域网包括令牌环网(token ring)、令牌总线网(token bus)、以太网(ethernet)、无线局域网(wireless LAN)等。在激烈的市场竞争中,交换式以太网和无线局域网独占鳌头,凭借其实现简单、部署方便等特点,占据了局域网市场的半壁江山。

2. 互联网络

互联网络(internetwork)简称互联网(internet),是将物理网络相互连接而形成的计算机网络。实现互联网的目的是屏蔽各种物理网络的差异,为用户提供统一的、通用的服务。

Internet(因特网,国际互联网)是世界上最大、最著名的互联网,由成千上万的、各种各样的物理网络相互连接而成。Internet 互联了遍及全世界的数千万计算机系统,拥有几亿用户。Internet 的发展令人振奋,以至于 Internet 成了互联网乃至计算机网络的代名词。人们常说的"上网",指的就是登录 Internet。

物理网、互联网、Internet 之间既有区别也有联系。例如,有线以太网是一种物理网,无线局域网也是一种物理网。将一个有线以太网与一个无线局域网通过网络设备连接起来,就形成了一个小型互联网。如果将这个小型的互联网连入 Internet,那么这个小型互联网就成为 Internet 这个大型互联网的一部分，可以共享 Internet 上的资源。

1.2　分组交换、网络协议与网络的层次结构

分组交换、网络协议和层次结构是计算机网络中三个重要的概念。

1.2.1　分组交换

在计算机网络中，数据的传递通常采用存储转发方式。在存储转发方式中，数据从源主机出发，经若干通信节点到达目的主机。途中的通信节点接收整个数据，将数据短暂存储，然后选择合适的路径转发给下一个通信节点(或目的主机)。为了使通信节点能够为接收到的数据选择合适的转发路径，存储转发方式要求主机在发送前将数据信息的源地址、目的地址等控制信息添加到信息的前部(或后部)，形成所谓的封装数据。

图 1-2 显示了采用存储转发方式时，主机 A 向主机 B 发送数据 I_{AB}，主机 C 向主机 D 发送数据 I_{CD} 的情形。从图 1-2 中可以看到，通信节点 A 接收主机 A 和主机 C 发送的信息 I_{AB} 和 I_{CD}，并将收到的信息在自己内存中排队。只要通信节点 A 和通信节点 C 之间的信道空闲，通信节点 A 就依次将 I_{AB} 和 I_{CD} 转发给通信节点 C。同样，通信节点 C 接收和缓存 I_{AB} 和 I_{CD}，并将 I_{AB} 转发给通信节点 E，将 I_{CD} 转发给通信节点 D。最终，通信节点 E 和通信节点 D 分别将收到的 I_{AB} 和 I_{CD} 转发给主机 B 和主机 D。

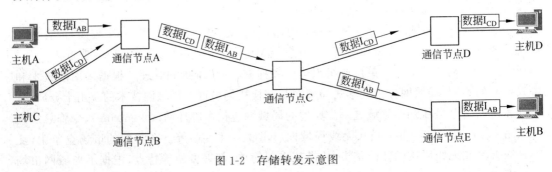

图 1-2　存储转发示意图

在存储转发方式下，如果主机 A 和主机 B 的通信断断续续，那么主机 C 和主机 D 就能充分利用其空闲时间发送信息，而不必等待主机 A 和主机 B 的通信结束。但是，如果主机 A 发送的 I_{AB} 非常大(如 I_{AB} 数据块的大小为 10GB)，那么通信节点 A 在向通信节点 C 发送 I_{AB} 时，主机 C 发送的 I_{CD} 就需要等待，而且需要等待很长时间。

为了避免一台主机一次发送大量数据，致使另一台主机长时间等待情况的发生，现代计算机网络通常要求发送主机将大块的用户数据分割成多个小块，并为每一小块数据添加源地址、目的地址等控制信息，封装成所谓的数据分组(packet，也称数据包)，如图 1-3 所示。作为一个数据单元，数据分组经通信节点存储转发到达目的主机，并在目的主机重组成分割前的大块数据。

分组交换本质上是一种存储转发交换。由于将大块的数据分割成小块的数据分组，因此与传统的存储转发相比，分组交换具有以下特点。

4

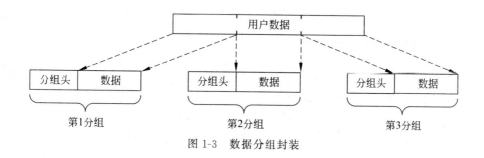

图 1-3　数据分组封装

（1）并发性高。在分组交换中，由于节点按照数据分组到达的先后顺序进行排队转发，而每个分组的长度较短，因此即使一个节点需要传送大量的数据，另一个节点也可以将其数据穿插其中，不会出现类似死机的现象。

（2）出错后重传量小。发现差错时，可以重传出错的数据分组。由于数据分组的长度比较短，因此重传数据量和重传时间相对较少，差错重传的效率比较高。

（3）缓存要求低。在分组交换中，通信节点需要缓存的是数据分组。由于数据分组比较短，因此对缓存的要求也比较低。例如，主机在传送大块数据时，会分解成很多的数据分组。通信节点只要能缓存一定量的数据分组，就能边收边发，将所有数据转发出去。

（4）传输延迟小。在分组交换中，中间的通信节点只要收到数据分组就能立即开始转发，无须等待发送方的所有数据到来。通信节点一边接收后续的分组，一边转发缓存的分组，整体上形成了一个流水线，降低了传输延迟。

根据处理环境的不同，数据分组有不同的表现形式。本书后面提到的数据链路层的"帧"、互联层的"数据报"、传输层的"段"等都是数据分组。

1.2.2　网络协议

网络协议是通信双方为了实现通信所进行的约定或所做的对话规则。实际上，为了实现人与人之间的交互，通信规约无处不在。例如，在使用邮政系统发送信件时，信封必须按照一定的格式书写（如收信人和发信人的地址必须按照一定的位置书写），否则可能会造成投递错误；同时，信件的内容也必须遵守一定的规则（如使用中文书写），否则可能会造成收信人理解偏差。在计算机网络中，信息的传输与交换也必须遵守一定的协议，而且协议的优劣直接影响网络的性能，因此网络协议的制定和实现是计算机网络的重要组成部分。

网络协议通常由语义、语法和定时关系 3 个部分组成。语义定义做什么，语法定义怎么做，定时关系则定义何时做。

计算机网络是一个庞大、复杂的系统。网络的通信规约和规则不是一个网络协议可以描述清楚的。因此，在计算机网络中存在多种协议，每一种协议都有其设计目标和需要解决的问题，同时，每一种协议也都有其优点和使用限制，这样做的主要目的是使协议的设计、分析、实现和测试简单化。

网络协议的划分应保证目标通信系统的有效性和高效性。为了避免重复工作，每个协议应该处理没有被其他协议处理过的那部分通信问题，同时，这些协议之间也可以共享数据和信息。例如，有些协议工作在网络的较低层次，保证数据信息通过网络接口卡到达通信电缆；而有些协议工作在网络的较高层次，保证数据到达对方的应用进程。这些协议相互作

5

用,协同工作,完成整个网络的信息通信和处理规约,解决所有的通信问题和其他异常情况。

1.2.3　网络的层次结构

化繁为简、各个击破是人们解决复杂问题常用的方法。对网络进行层次划分就是将计算机网络这个庞大的、复杂的问题划分成若干较小的、简单的问题。通过"分而治之",解决这些较小的、简单的问题,从而解决计算机网络这个大问题。

计算机网络的层次结构一般按照层内功能内聚,层间耦合松散的原则进行划分。也就是说,在网络中,功能相似或紧密相关的模块放置在同一层;层与层之间保持松散的耦合关系,使信息在层与层之间的流动降到最小。

计算机网络采用层次结构的优越性包括以下几个方面。

(1) 各层之间相互独立。高层仅需要知道低层提供的服务,不需要知道低层是如何实现的。

(2) 灵活性好。当一层发生变化时,只要这层与其他层的接口保持不变,其他层就不会受到影响。这样,每层都可以采用最合适的技术进行实现,各层实现技术的改变不影响其他层。

(3) 易于实现和维护。整个计算机网络系统被分解为若干个易于处理的部分,使庞大而复杂的系统实现变得容易控制。

(4) 有利于网络标准化。因为每一层的功能和所提供的服务都进行了精确的说明,所以标准化变得较为容易。

1.3　OSI 参考模型

随着网络应用的广泛和深入,人们逐渐认识到网络技术在提高生产效率、节约成本等方面的重要性。但是,由于计算机网络发展初期没有规范的标准,因此很多网络系统不能相互兼容,用户很难在不同的网络之间进行通信。

为了解决这些问题,人们迫切盼望网络标准的出台。为此,科研机构、网络企业和标准化组织进行了大量的工作。其中,开放式系统互联参考模型(open system interconnect reference model,OSI RM)和 TCP/IP 体系结构的提出和应用就是其中最重要的成就。

1.3.1　OSI 参考模型的结构

开放式系统互联参考模型 OSI 由国际标准化组织(international standards organization,ISO)提出,所以也称为 ISO/OSI 参考模型,是一个描述网络层次结构的模型。OSI 参考模型的主要目标是保证各种类型网络技术的兼容性和互操作性,它定义了网络的层次结构、信息在网络中的传输过程和各层主要功能。

OSI 参考模型描述了信息如何从一台主机的应用进程到达网络中另一台主机的应用进程。当信息在一个 OSI 参考模型中逐层传送的时候,它越来越偏离人类的语言,变为只有计算机才能明白的数字 0 和 1。

在 OSI 参考模型中,主机之间传送信息的问题被分为 7 个较小且更容易管理和解决的小问题。每个小问题由参考模型中的一层解决。之所以划分为 7 个小问题是因为它们中的任何一个都囊括了问题本身,不需要太多的额外信息就能很容易地解决。将这 7 个易于管理和解决的小问题映射为不同的网络功能就叫做分层。OSI 参考模型的 7 层从低到高分别为物理层(physical layer)、数据链路层(data link layer)、网络层(network layer)、传输层(transport layer)、会话层(session layer)、表示层(presentation layer)和应用层(application layer)。图 1-4 显示了 OSI 的 7 层结构和每一层需要解决的主要问题。

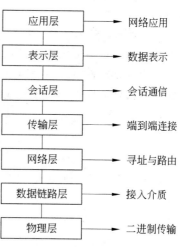

图 1-4　OSI 参考模型的 7 层结构

OSI 参考模型并非指一个现实的网络,它只规定了每层应有的功能,为网络的设计规划出一张蓝图。按照这张蓝图,标准化组织可以制定具体的实现标准,而网络企业再按照实现标准设计和生产自己的网络设备或软件。尽管设计和生产出的网络产品的式样、外观各不相同,但它们都具有相同的功能,能够协同工作。

按照 OSI 参考模型,网络中各节点的同等层具有相同的功能,同一节点内相邻层之间通过接口通信。每一层可以使用它的下一层提供的服务,并向它的上层提供服务。不同节点的同等层按照协议进行对等层之间的通信,如图 1-5 所示。

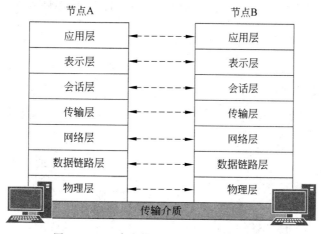

图 1-5　OSI 参考模型中两节点的层次结构

1.3.2　OSI 参考模型各层的主要功能

下面简单介绍 OSI 参考模型各层的主要功能。

(1) 物理层。物理层处于 OSI 参考模型的最底层。物理层的主要功能是利用物理传输介质为数据链路层提供物理连接,负责处理数据传输并监控数据出错率,透明地传送比特流。物理层关心的主要问题是如何激活、维护和关闭终端用户之间电气的、机械的、过程的和功能的特性。这些特性包括电压、频率、数据传输速率、最大传输距离、物理连接器及其相关属性等。

（2）数据链路层。在物理层提供比特流传输服务的基础上,数据链路层通过在通信的实体之间建立数据链路连接,传送以"帧"为单位的数据分组。它使有差错的物理线路变成无差错的数据链路,保证点到点(point-to-point)可靠的数据传输。数据链路层关心的主要问题包括物理地址、网络拓扑、线路规划、错误通告、数据帧的有序传输和流量控制等。

（3）网络层。网络层的主要功能是为处在不同物理网络中的节点提供一条逻辑传输通道。最基本的任务包括路由选择、拥塞控制与网络互联等。

（4）传输层。传输层的主要任务是向用户提供可靠的端到端(end-to-end)服务,透明地传送数据分组。由于传输层向高层屏蔽下层数据通信的细节,因而是计算机通信体系结构中最关键的一层。该层关心的主要问题包括建立、维护和中断虚电路、传输差错校验和恢复,以及信息流量控制机制等。

（5）会话层。会话层建立、管理和终止应用进程之间的会话和数据交换。这种会话关系由两个或多个表示层实体之间的对话构成。

（6）表示层。表示层保证一个系统应用层发出的信息能被另一个系统的应用层读出,并进行正确解释。如有必要,表示层用一种通用的数据表示格式在多种数据表示格式之间进行转换。它需要完成数据格式变换、数据加密与解密、数据压缩与恢复等功能。

（7）应用层。应用层是OSI参考模型中最靠近用户的一层,它为用户的应用进程提供网络服务。这些应用包括电子数据表格应用、字处理应用、银行终端应用、在线通信应用等。应用层识别并证实目的通信方的可用性,使协同工作的应用进程之间进行同步,建立传输错误纠正和数据完整性控制方面的协定,判断是否为所需的通信过程留有足够的资源。

1.3.3　数据的封装与传递

在OSI参考模型中,对等层之间经常需要交换信息单元。对等层协议之间交换的信息单元通常叫作协议数据单元(protocol data unit,PDU)。因为节点对等层之间的通信并不是直接通信(如两个节点的传输层之间进行通信),它们需要借助下层提供的服务来完成,所以将对等层之间的通信称为虚通信,如图1-6所示。

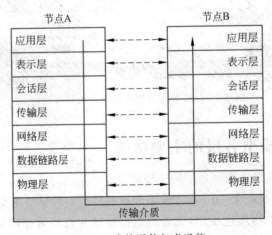

图1-6　直接通信与虚通信

　　事实上,在某一层需要使用下一层提供的服务传送自己的 PDU 时,其当前层的下一层总是将上一层的 PDU 变为自己 PDU 的一部分,然后利用更下一层提供的服务将信息传递出去。例如在图 1-6 中,节点 A 的传输层需要将某一信息 T-PDU 传送到节点 B 的传输层,这时传输层就需要使用网络层提供的服务,首先将 T-PDU 交给节点 A 的网络层。节点 A 的网络层在收到 T-PDU 之后,将 T-PDU 变为自己 PDU(N-PDU)的一部分,然后再次利用其下层数据链路层提供的服务将数据发送出去。以此类推,最终将这些信息变为能够在传输介质上传输的数据,并通过传输介质将信息传送到节点 B。

　　在网络中,对等层可以相互理解和认识对方信息的具体意义(如节点 B 的传输层收到节点 A 的 T-PDU 时,可以理解该 T-PDU 的信息并知道如何处理该信息)。如果不是对等层,双方的信息就不可能(也没有必要)相互理解。例如,在节点 B 的网络层收到节点 A 的 N-PDU 时,它不可能也没有必要理解 N-PDU 包含的 T-PDU 代表什么意思。它仅需要将 N-PDU 中包含的 T-PDU 通过层间接口提交给上面的传输层。

　　为了实现对等层通信,当数据需要通过网络从一个节点传送到另一个节点前,必须在数据的头部(和尾部)加入特定的协议头(和协议尾)。这种增加数据头部(和尾部)的过程叫做数据打包或数据封装。同样,在数据到达接收节点的对等层后,接收方将识别、提取和处理发送方对等层增加的数据头部(和尾部)。接收方这种将增加的数据头部(和尾部)去除的过程叫做数据拆包或数据解封。图 1-7 显示了数据的封装与解封过程。

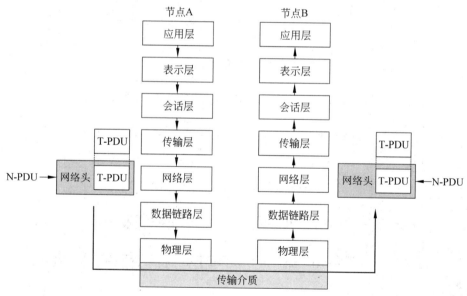

图 1-7　网络中数据的封装与解封

　　实际上,数据封装和解封的过程与通过邮局发送信件的过程非常相似,如图 1-8 所示。当需要发送信件时,发信人首先需要将写好的信纸放入信封中,然后按照一定的格式书写收信人姓名、收信人地址及发信人地址。发信人的这种处理过程就相当于应用层的封装过程。当收到信件后,收信人将信封拆开,取出写有具体内容的信纸。收信人的这种处理过程就相当于应用层的解封过程。在信件通过邮局传递的过程中,邮局的工作人员只需要识别和理解信封上的内容。对于信封中信纸上书写的内容,他们不可能也没有必要了解。

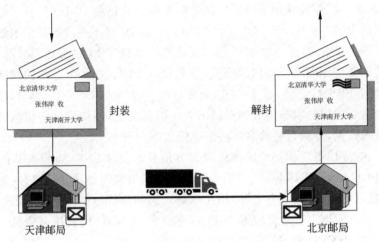

图 1-8 邮政信件的封装、传递与解封

图 1-9 给出了一个完整的 OSI 数据传递与流动过程。从图 1-9 中可以看出，OSI 环境中数据流动过程如下。

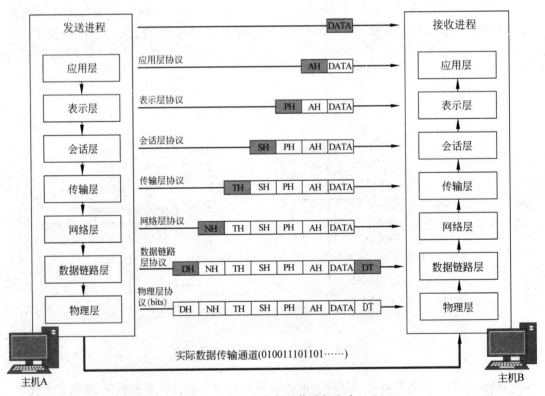

图 1-9 OSI 中数据的传递与流动

(1) 当发送进程需要发送数据 DATA 至网络中另一节点的接收进程时，应用层为数据加上本层控制报头 AH 后传递给表示层。

(2) 表示层接收到这个数据单元后，加上本层的控制报头 PH，然后传送到会话层。

（3）同样，会话层接收到表示层传来的数据单元后，加上会话层自己的控制报头 SH，然后送往传输层。

（4）传输层接收到这个数据单元后，加上本层的控制报头 TH，形成传输层的协议数据单元 PDU，然后传送给网络层。

（5）由于网络层数据单元长度的限制，从传输层接收到的长报文有可能被分为多个较短的数据报文，每个较短的数据报文再加上网络层的控制报头 NH 后，形成网络层的 PDU。这些网络层的 PDU 需要利用数据链路层提供的服务，送往其接收节点的对等层。

（6）分组被送到数据链路层后，加上数据链路层的报头 DH 和报尾 DT，形成了一种称为帧的链路层协议数据单元，帧将被送往物理层处理。

（7）数据链路层的帧传送到物理层后，物理层将以比特流的方式通过传输介质将数据传输出去。

（8）当比特流到达目的节点后，再从物理层依次上传。每层对其相应层的控制报头（和报尾）进行识别和处理，然后将去掉该层报头（和报尾）后的数据提交给上层处理。最终，发送进程的数据传到了网络中另一个节点的接收进程。

尽管发送进程的数据在 OSI 环境中经过复杂的处理过程才能送到另一个节点的接收进程，但对于每台主机的接收进程来说，OSI 环境中数据流的复杂处理过程是透明的。发送进程的数据好像"直接"传送给接收进程，发送进程和接收进程都不需要知道下层的网络是如何处理这些数据的。

1.4　TCP/IP 体系结构

OSI 参考模型的提出在计算机网络发展史上具有里程碑式的意义，以至于提到计算机网络就不能不提 OSI 参考模型。但是，OSI 参考模型也有定义过分繁杂、实现困难等缺点。与此同时，TCP/IP 的提出和广泛使用，特别是 Internet 用户的爆炸式增长，使 TCP/IP 网络的体系结构日益显示出其重要性。

TCP/IP 是目前最流行的商业化网络协议。尽管不是标准化组织颁布的标准，但是 TCP/IP 已经被公认为工业标准或"事实标准"。Internet 之所以能迅速发展，主要原因就是 TCP/IP 能够适应和满足世界范围内数据通信的需要。TCP/IP 具有以下主要特点。

- 开放的协议标准，可以免费使用。
- 独立于特定的计算机硬件与操作系统。
- 可以运行在局域网、城域网、广域网和互联网中。
- 统一的网络地址分配方案，使整个 TCP/IP 设备在网中都具有唯一的地址。
- 标准化的高层协议，可以提供多种可靠的用户服务。

1.4.1　TCP/IP 体系结构的层次划分

与 OSI 参考模型不同，TCP/IP 体系结构将网络划分为 4 层，它们是应用层（application layer）、传输层（transport layer）、互联层（internet layer）和网络接口层（network interface layer），如图 1-10 所示。

实际上,TCP/IP 的分层体系结构与 OSI 参考模型有一定的对应关系,如图 1-11 所示。其中,TCP/IP 体系结构的应用层与 OSI 参考模型的应用层、表示层及会话层相对应;TCP/IP 的传输层与 OSI 的传输层相对应;TCP/IP 的互联层与 OSI 的网络层相对应;TCP/IP 的网络接口层与 OSI 的数据链路层及物理层相对应。

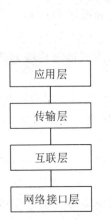
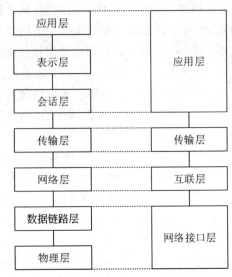

图 1-10　TCP/IP 分层体系结构　　　　图 1-11　TCP/IP 体系结构与 OSI 参考模型的对应关系

1.4.2　TCP/IP 体系结构中各层的功能

1. 网络接口层

在 TCP/IP 分层体系结构中,网络接口层位于最底层,负责通过网络发送和接收 IP 数据报。TCP/IP 体系结构并未对网络接口层使用的协议做出具体规定,它允许主机连入网络时使用多种现成的和流行的协议,例如,局域网协议、广域网协议或其他一些协议。

2. 互联层

互联层位于网络接口层之上,实现的功能相当于 OSI 参考模型网络层的无连接网络服务。互联层负责将源主机的报文分组发送到目的主机,源主机与目的主机可以在同一个物理网中,也可以在不同的物理网中。互联层的主要功能包括:

(1) 处理来自传输层的分组发送请求。在收到分组发送请求之后,将分组装入数据报,填充报头,选择发送路径,然后将数据报发送到相应的网络输出接口。

(2) 处理接收的数据报。在接收到其他主机发送的数据报之后,检查目的地址,如需要转发,则选择发送路径转发出去;如数据报的目的地址为本节点,则除去报头,将分组送交传输层处理。

(3) 处理互联网的路径、流控与拥塞问题。

3. 传输层

传输层位于互联层之上,主要功能是负责应用进程之间的端—端通信,建立源主机与目的主机的对等实体之间用于会话的端—端连接。TCP/IP 中的传输层功能与 OSI 参考模型的传输层功能相似。

TCP/IP 体系结构的传输层定义了传输控制协议(transport control protocol,TCP)和用户数据报协议(user datagram protocol,UDP)。

TCP 是一种可靠的面向连接的协议,它允许将一台主机的字节流无差错地传送到目的主机。TCP 将应用层的字节流分成多个字节段,然后将每个字节段传送到互联层,利用互联层发送到目的主机。当互联层将接收到的字节段传送给传输层时,传输层再将多个字节段还原成字节流传送到应用层。与此同时,TCP 要完成流量控制、协调收发双方的发送与接收速度等功能,以达到正确传输的目的。

UDP 是一种不可靠的无连接协议,主要用于不要求分组顺序到达的传输中。在使用UDP 的系统中,分组传输顺序检查与排序由应用层完成。

4. 应用层

在 TCP/IP 体系结构中,应用层位于传输层之上,主要为应用进程提供网络服务。

TCP/IP 中已经有很多成熟的应用层协议,并且总是有新的协议加入其中。应用层包括以下协议。

(1) 网络终端协议(Telnet):用于实现互联网中远程登录功能。

(2) 文件传输协议(file transfer protocol,FTP):用于实现互联网中交互式文件传输功能。

(3) 简单邮件传输协议(simple mail transfer protocol,SMTP):用于实现互联网中电子邮件传送功能。

(4) 域名系统(domain name system,DNS):用于实现网络设备名字到 IP 地址映射的网络服务。

(5) 超文本传输协议(hyper text transfer protocol,HTTP):用于提供 Web 服务中的信息传输服务。

(6) 路由信息协议(routing information protocol,RIP):用于网络设备之间交换路由信息。

(7) 简单网络管理协议(simple network management protocol,SNMP):用于管理和监视网络设备。

(8) 比特洪流(bit torrent,BT):用于文件分发的对等网络协议。

应用层协议有的依赖于面向连接的传输层协议 TCP(如 Telnet、SMTP、FTP、HTTP),有的依赖于面向非连接的传输层协议 UDP(如 SNMP),还有一些协议(如 DNS)可以依赖于 TCP 或者 UDP。

1.4.3 TCP/IP 中的协议栈

计算机网络的层次结构使各层的协议形成了一种从上至下的依赖关系。在计算机网络中,从上至下相互依赖的各协议形成了网络中的协议栈。TCP/IP 体系结构与 TCP/IP 栈之间的对应关系如图 1-12 所示。从图 1-12 中可以看出,FTP 依赖于 TCP,而 TCP 依赖于IP;SNMP 依赖于 UDP,而 UDP 也依赖于 IP 等。

尽管 TCP/IP 体系结构与 OSI 参考模型在层次划分及使用的协议上有很大的区别,但它们在设计中都采用了层次结构的思想。OSI 参考模型和 TCP/IP 体系结构都不是尽善尽美的,对二者的评论与批评也有很多。

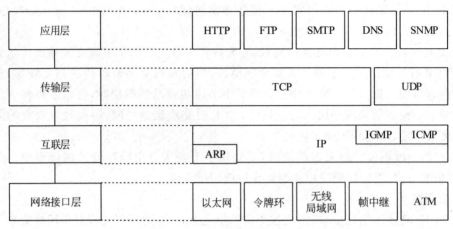

图 1-12　TCP/IP 体系结构与协议战的对应关系

　　OSI 参考模型的主要问题包括定义复杂、实现困难,有些同样的功能(如流量控制与差错控制等)在每一层重复出现、效率低下等。而 TCP/IP 体系结构的问题包括没有对网络接口层进行具体定义,没有将每层的功能定义与其实现方法进行区分(这样做使 TCP/IP 体系结构不适合于其他非 TCP/IP 族)等。

　　人们普遍希望网络标准化,但 OSI 迟迟没有成熟的网络产品。因此,OSI 参考模型与协议没有像专家们预想的那样风靡世界。而 TCP/IP 体系结构与协议在 Internet 中经受了几十年的风风雨雨,得到了 IBM、Microsoft、华为、Cisco 等大型网络公司的支持,成为计算机网络中的主要标准体系。

练 习 题

1. 填空题

(1) 按照覆盖的地理范围,计算机网络可以分为_____、城域网和广域网。

(2) OSI 参考模型将计算机网络分为物理层、数据链路层、网络层、_____层、会话层、表示层和应用层。

(3) 建立计算机网络的主要目的是_____。

2. 单选题

(1) 在 TCP/IP 体系结构中,与 OSI 参考模型的网络层对应的是(　　)。

　　A. 网络接口层　　　　　　　　　B. 互联层

　　C. 传输层　　　　　　　　　　　D. 应用层

(2) 在 OSI 参考模型中,保证端—端的可靠性是在(　　)上完成的。

　　A. 数据链路层　　　　　　　　　B. 网络层

　　C. 传输层　　　　　　　　　　　D. 会话层

(3) 关于 Internet 的描述中,正确的是(　　)。

　　A. Internet 是一个互联网　　　　B. Internet 是一个局域网

　　C. Internet 是一个城域网　　　　　　　　D. Internet 是一个广域网

3. 简答与计算题

（1）计算机网络为什么采用层次化的体系结构？

（2）在图 1-2 中，主机 A 向主机 B 发送信息需要经过通信节点 A、通信节点 C 和通信节点 E。假设这个网络中节点之间的数据传输速率为 100Mbps，忽略节点处理数据的时间和电磁波在线路中的传输时间，忽略发送时在数据头部或尾部增加的信息。如果主机 A 需要发送的数据为 1GB，请按如下情况计算主机 B 需要多长时间能够收到所有数据。同时，对得到的结果进行比较和分析。

- 采用存储转发方式，但不进行数据分组。1GB 作为一块数据进行发送。
- 采用分组转发方式，分组的长度为 1MB。
- 采用分组转发方式，分组的长度为 1KB。

第2章 以太网组网技术

本章要点

- ➢ 共享式以太网的基本原理
- ➢ 交换式以太网的工作原理
- ➢ 组网所需的器件、设备和传输介质

动手操作

- ➢ 制作网络连接电缆
- ➢ 利用交换机组建交换式以太网
- ➢ 利用仿真环境组装交换式以太网

以太网(ethernet)是目前最具影响力的局域网。由于其组网简单、建设费用低廉,因此被广泛应用于办公自动化等各个领域。以太网实现了 ISO/OSI 参考模型的物理层和数据链路层功能。总体上可以分为共享式以太网和交换式以太网两大类。

以太网由 Xerox 公司 PARC 研究中心的 Bob Metcalfe 和 David Boggs 提出,标准由 IEEE 802 委员会负责审议和制定。

共享式以太网是最早出现的以太网,影响力巨大。但是,随着技术的发展,共享式以太网渐渐淡出了人们的视线,取而代之的是交换式以太网。交换式以太网在继承共享式以太网优点的同时,替换了共享式以太网的介质访问控制方法,使通信效率大幅度提升。交换式以太网是目前最常用的以太网。

由于共享式以太网在很多方面深刻影响着交换式以太网,因此本章在讨论交换式以太网的同时,会对共享式以太网进行简单介绍。

2.1 以太网的帧结构

以太网采用分组交换方式,网中传输的数据分组通常称为数据帧。帧是以太网处理的基本数据单位,它由前导码、帧前定界符、目的地址、源地址、长度/类型、数据、帧校验码 7 个字段组成,如图 2-1 所示。

前导码 (7B)	帧前定界符 (1B)	目的地址 (6B)	源地址 (6B)	长度/类型 (2B)	数据 (可变长度,46~1500B)	帧校验码 (4B)

图 2-1 以太网中数据帧结构

1. 前导码和帧前定界符

设置前导码和帧前定界符的目的是保证接收电路在目的地址字段到达前达到稳定状态，能够正常接收比特流。前导码由 7 个字节（56 位）的 10101010…101010 序列组成，前几位允许丢失。帧前定界符可以视为前导码的延续，由 1 个字节的 10101011 比特序列组成。如果将前导码与帧前定界符一起考虑，那么在 62 位交替的"1""0"比特序列后出现"11"。一旦"11"出现之后，接收方即可准备接收目的地址字段。前导码与帧前定界符通常由硬件处理，主要起到接收同步的作用。因此，收到的前导码和帧前定界符不需要保留和存储。

2. 目的地址与源地址

在以太网中，主机通过网卡连入网络。每块网卡都有一个唯一的标识，用于表示网卡所在的物理位置。因此，这个唯一的标识被称为网卡的物理地址或 MAC 地址。MAC 地址由 6 个字节（48 位）组成，通常使用 16 进制数表示（如 52-54-ab-31-ac-c6）。为了保证 MAC 地址的全球唯一性，IEEE 注册管理委员会负责为网卡生产厂家分配 MAC 地址。

在以太网帧中，目的地址和源地址分别表示数据帧接收节点和发送节点。源地址为发送节点网卡的 MAC 地址。与源 MAC 地址不同，目的 MAC 地址可以为单播地址、组播地址或广播地址三种形式之一。其中，单播地址用于指定以太网中一台特定的目标主机。实际上，该地址就是目标主机网卡的 MAC 地址；多播地址用于指定以太网中的一组目标主机。每个多播地址包含的组成员需要通过高层协议进行约定；广播地址用于指定以太网中的所有主机。广播地址使用 48 位全"1"表示（即 ff-ff-ff-ff-ff-ff）。

在处理接收到的以太网数据帧时，接收主机首先判定帧的目的地址字段。如果目的地址字段既不与本机的 MAC 地址相符，也不是全"1"的广播地址，同时与网卡设置的多播地址也不匹配，那么可以抛弃该数据帧。

3. 长度/类型

长度/类型字段的设置目的是表示数据字段拥有的长度或上层使用的协议类型。

在小于 0800H 时，该字段用于说明整个帧的长度。该长度为目的地址字段、源地址字段、长度/类型字段、帧校验字段和数据字段具有的字节之和；在大于或等于 0800H 时，该字段用于说明所封装数据使用的协议类型。例如，该字段的值为 0800H，则说明它所封装数据使用的协议类型为 IP。

4. 数据

数据字段是一个可变长度字段，最短 46 字节，最长 1500 字节。数据字段用于携带上层传下来的数据。如果实际数据不足 46 字节，那么需要将其填充到 46 字节。

5. 帧校验码

帧校验码用于验证接收到的数据帧是否正确。以太网的帧校验采用 32 位的循环冗余校验 CRC，校验的范围包括目的地址字段、源地址字段、长度/类型字段和数据字段。

理论上可以证明，循环冗余校验具有较强的检错能力。在以太网中，接收节点检测到数据帧发生错误的处理方式就是将其抛弃。

2.2 共享式以太网的收发过程

共享式以太网是最早出现的以太网。在共享式以太网中,所有节点通过相应网卡上的接口直接连接到一条作为公共传输介质的总线上,信息的传输以"共享介质"方式进行。共享式以太网的物理构型通常包括总线型和星形两种,其中,物理构型为总线型的共享式以太网通过同轴电缆连接各个节点;物理构型为星形的共享式以太网通过集线器连接各个节点。但是无论哪种物理构型,共享式以太网中一定存在一段所有节点共享的传输信道。图2-2(a)显示了一个物理构型为总线型的共享式以太网,图2-2(b)则显示了一个物理构型为星形的共享式以太网。从图1-2中可以看到,在星形的共享式以太网中,总线被集成在集线器的内部。因此,星形共享以太网实际上是总线型共享式以太网的变形。由于以集线器为中心的共享以太网管理简单、设备连接牢靠,因此曾被广泛使用。

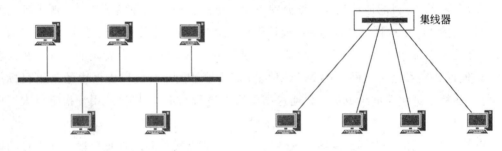

(a) 总线型构型的共享式以太网　　　　　　(b) 星形构型的共享式以太网

图 2-2　物理构型为总线型和星形的共享式以太网

在共享式以太网中,所有节点都可以通过共享介质发送和接收数据,但不允许两个或多个节点在同一时刻同时发送数据,也就是说,数据传输应该以"半双工"方式进行。

由于缺乏中心控制节点,以太网中两个或多个节点同时发送的情况总是存在的。这些"冲突"的信息在共享介质上相互干扰,致使接收节点接收错误。"冲突"问题的产生犹如一个多人参加的讨论会,一个人发言不会产生问题;如果两个或多个人同时发言,会场就会出现混乱,听众就会被干扰。如图2-3所示为共享式以太网中的"冲突"现象示意图。

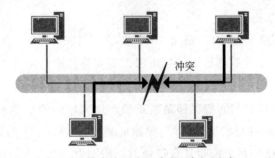

图 2-3　共享式以太网中的"冲突"现象

为了解决"冲突"问题,共享式以太网采用了带有冲突监测的载波侦听多路访问(carrier

sense multiple access with collision detection，CSMA/CD）方法对共享介质进行访问控制。CSMA/CD 是一种分散式的介质访问控制方法，它要求共享式以太网中的所有节点都参与对共享介质的访问控制。同时，CSMA/CD 也是一种随机争用式的介质访问控制方法，共享式以太网中的任何节点都没有可预约的发送时间，所有节点必须平等地争用发送时间。

2.2.1　CSMA/CD 的发送流程

共享式以太网中的一个节点在发送数据时，总是通过"广播"方式将数据送往共享信道，因此，连在共享信道上的所有节点都能"收听"到发送节点发送的数据信号。由于共享式以太网中所有节点都可以利用共享信道进行传输并且没有控制中心，因此，冲突的发生将不可避免。CSMA/CD 对节点何时能够使用信道进行控制，以便减少冲突。CSMA/CD 的发送流程可以概括为"先听后发，边听边发，冲突停止，延迟重发"16 个字。图 2-4 显示了以太网节点的发送流程。

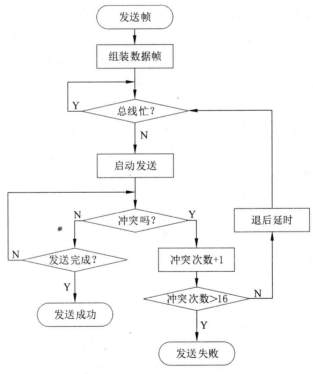

图 2-4　CSMA/CD 的发送流程

在采用 CSMA/CD 的共享式以太网中，节点发送数据时首先需要将发送的数据组装成一个数据帧，然后通过"载波侦听"确定共享信道的忙、闲状态。如果共享信道上已经有数据信号传输，那么发送节点必须等待，直到共享信道空闲为止；在共享信道空闲的状态下，发送节点便可以启动发送过程。

虽然载波侦听的方法可以有效地减少冲突的发生，但并不能完全消除冲突。如果两个节点同时或几乎同时发送了一个数据帧，那么冲突的发生就不可避免。因此，CSMA/CD 在发送的过程中，一直需要监测信道的状态。当发送节点检测到冲突发生时（即检测到共享信道中传输的信号发生畸变时),发送节点停止发送数据并进入延迟重发流程。

以太网规定一个帧的最大重发次数为 16。如果重发次数超过 16,那么系统认为网络过于繁忙或网络故障,本次发送以失败告终。如果重发次数≤16,那么允许发送节点在一定的时间范围内随机延迟一段时间,然后重新发送该帧。

2.2.2 CSMA/CD 的接收流程

按照 CSMA/CD 控制方法的要求,接入以太网的节点通常处于侦听状态,随时准备接收共享信道上的帧信息。

在接收过程中,以太网中的各节点同样需要监测信道的状态。如果发现信号畸变,说明信道中有两个或多个节点同时发送数据,冲突发生,这时必须停止接收,并将接收到的数据废弃;如果在整个帧的接收过程中没有发生冲突,节点则通过帧的目的地址字段判定该帧是否需要本机处理(如目的地址字段是否与自己的 MAC 地址相同、是否是广播地址、是否是自己所在的多播组等)。在确认自己需要处理该帧后,接收节点利用帧校验字段判定帧的完整性。如果校验正确,则接收成功,系统将数据字段中的数据提交上层处理,之后再次进入侦听状态;如果校验错误,则接收失败,系统丢弃接收到的数据帧,重新进入侦听状态,准备下一轮的接收。图 2-5 为 CSMA/CD 的接收流程。

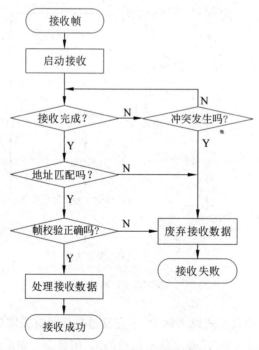

图 2-5　CSMA/CD 接收流程

共享式以太网适用于负载较轻的局域网环境。随着网络应用和网络用户的增长,共享式以太网会越来越拥塞和不堪重负。为了提高局域网的工作效率,交换式以太网应运而生。

2.3　交换式以太网的提出

共享式以太网技术简单、造价低廉,曾经被广泛使用。但是,随着网络应用和网络用户的增长,共享式以太网的问题越来越突出。同时,电子技术和计算机技术的发展,使交换式网络设备的交换速度迅速提升,产品造价大幅度降低。目前,以集线器为中心的共享式以太网已经被以交换机为中心的交换式以太网取代。

2.3.1　共享式以太网的主要问题

利用共享式以太网进行组网的主要问题包括以下 3 个方面。

(1) 覆盖的地理范围有限:按照 CSMA/CD 的有关规定,以太网覆盖的地理范围随网络速度的增加而减小。一旦网络速率固定下来,网络的覆盖范围也就固定下来了。因此,只要两个节点处于同一个以太网中,它们之间的最大距离就不能超过某一固定值,不管它们之间的连接跨越一个集线器还是多个集线器。如果超过这个值,网络通信就会出现问题。

(2) 网络总带宽容量固定:共享式以太网中的所有节点共享同一传输介质。在一个节点使用传输介质的过程中,另一个节点必须等待。因此,共享式以太网的固定带宽容量被网络上的所有节点共同拥有,随机占用。网络中的节点越多,每个节点平均可以使用的带宽越窄,网络的响应速度就会越慢。例如,对于 100Mbps 共享式以太网,如果连接 10 个节点,则每个节点平均带宽为 10Mbps;如果连接节点增加到 100 个,则每个节点平均带宽下降为 1Mbps。另外,在发送节点竞争共享介质的过程中,冲突和碰撞不可避免。冲突和碰撞会造成发送节点随机延迟和重发,进而浪费网络带宽。随着网络中节点数的增加,冲突和碰撞的概率必然加大,随之而来的带宽浪费也会变大。

(3) 不能支持多种速率:网络应用是多种多样的。有的应用信息传输量小,低速网络就可以满足要求;有的应用信息传输量大,要求快速的网络响应。不同速率的混合型组网不但有其存在的客观要求,而且可以提高组网的性能价格比。但是,由于共享式以太网使用共享传输介质,因此网络中的设备必须保持相同的传输速率,否则一个设备发送的信息,另一个设备不可能正确接收。一个共享式以太网不可能提供多种速率的设备支持。

2.3.2　交换局域网的提出

集线器中集成了一段总线,集线器从一个接口收到数据会直接传送到集线器的其他接口。因此,在共享式以太网上,同一时刻只能有一个节点发送数据,否则就会发生冲突。即使采用 CSMA/CD 介质访问控制方法,冲突的发生也不能完全避免。

为了解决共享式以太网的问题,一个很自然的解决思路就是将集线器进行改造,使其在每个接口上独立地接收数据帧并进行存储。在分析得到数据帧应该转发的目的接口后,再将数据帧送往目的接口的缓存队列中排队,按顺序进行发送。按照这种解决思路,改造后的设备抛弃了共享式以太网中的总线,每个接口都能独立地收发并缓存数据帧,数据在接口间并发转发。这种改造后的设备被称为以太网交换机(switch),利用交换机组建的以太网被称为交换式以太网。

交换的思想在共享式集线器盛行的时期就有,只不过受当时的技术限制,以太网交换机的制作成本极高,所有主机直接连接到交换机代价太高。因此,当时出现了一种接口数很少的交换设备(通常只有 2～3 个接口),主要用于共享式以太网之间的连接,将大的共享式以太网分成多个小的以太网,以减少冲突的发生,如图 2-6 所示。这种接口较少的交换设备当时被称为网桥(bridge)。

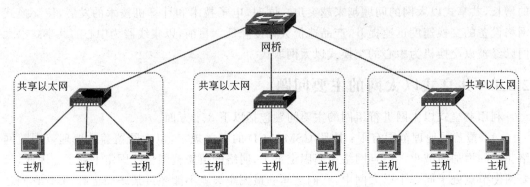

图 2-6　使用交换设备对共享式以太网分段

随着电子技术和计算机技术的发展,交换机的生产成本大幅度下降,主机直接连接到交换进行组网已经成为可能。因此,交换机作为组建以太网的宠儿,逐渐取代了共享式集线器,站在了舞台的中央。

2.4　交换式以太网的工作原理

以太网交换机是交换式以太网中的核心设备,也是以太网集线器的替代品和终结者。以太网交换机可以通过交换机接口之间的多个并发连接,实现多节点之间数据的并发传输。这种并发数据传输方式与共享式以太网在某一时刻只允许一个节点占用共享信道的方式完全不同。

2.4.1　以太网交换机的转发机制

从本质上来说,以太网交换机就是一台专用计算机,只不过这台计算机具有多个网络接口,拥有专用的硬件芯片和(或)多个微处理器。

为了提高交换机的转发速率,降低生产成本,交换机内部可能采取不同的结构。一般情况下,交换机会包含多个网络接口模块、交换与转发模块、输入/输出缓冲区等组成部件,如图 2-7 所示。其中,交换与转发模块既可以通过专用芯片硬件来实现,也可以通过软件来实现。在交换机的内存中,都会存储一个"接口/MAC 地址映射表(简称地址映射表)",用于记录每个接口上连接主机的 MAC 地址。

在图 2-7 中,交换机有 6 个接口,其中接口 1、2、3、5、6 分别连接了主机 A、主机 B、主机 C、主机 D 和主机 E。图中给出的地址映射表为交换机当时内存中的地址映射表。

当主机 A 需要向主机 D 发送信息时,主机 A 首先将带有"目的 MAC 地址=主机 D"的数据帧发往交换机接口 1。交换机接收该帧,并在检测到其"目的 MAC 地址=主机 D"后,

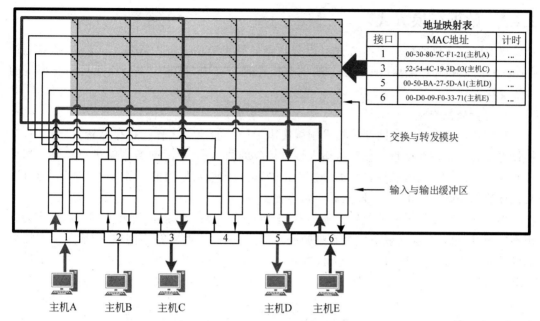

地址映射表		
接口	MAC地址	计时
1	00-30-80-7C-F1-21(主机A)	...
3	52-54-4C-19-3D-03(主机C)	...
5	00-50-BA-27-5D-A1(主机D)	...
6	00-D0-09-F0-33-71(主机E)	...

交换与转发模块

输入与输出缓冲区

图 2-7　交换机的结构与数据转发过程

在交换机的地址映射表中查找主机 D 所连接的接口号。一旦查到主机 D 所连接的接口号为 5，交换机将在接口 1 与接口 5 之间建立连接，将信息转发到接口 5。

与此同时，主机 E 需要向主机 C 发送信息。按照同样的方式，交换机的接口 6 与接口 3 也建立一条连接，并将接口 6 接收到的信息转发至接口 3。这样，交换机在接口 1 至接口 5 和接口 6 至接口 3 之间建立了两条并发的连接。主机 A 和主机 E 可以同时发送信息，主机 D 和主机 C 可以同时接收信息。根据需要，交换机的各接口之间可以建立多条并发连接。利用这些并发连接，交换机对收到的数据进行转发和交换。

如果这时主机 A 向主机 B 发送信息会发生什么情况呢？ 主机 A 首先会将带有"目的 MAC 地址＝主机 B"的数据帧发往交换机接口 1。交换机接收该帧，并在检测到"目的 MAC 地址＝主机 B"后，在交换机的地址映射表中查找主机 B 所连接的接口号。遗憾的是，交换机的地址映射表中并没有主机 B 连接在哪个接口的信息，这时，交换机将向除输入接口外的所有接口转发信息。也就是说，在这种情况下，主机 B、主机 C、主机 D 和主机 E 都能收到主机 A 发送的信息。由于该信息的"目的 MAC 地址＝主机 B"，因此主机 C、主机 D、主机 E 在收到信息后会将其抛弃。

另外，在收到目的 MAC 地址为广播地址（即目的 MAC 地址为 ff-ff-ff-ff-ff-ff）的数据帧时，交换机会直接向除输入接口外的所有接口转发，以保证网上的所有主机能够收到该数据帧。

交换机将接收到的数据帧转发到另一个接口的快慢（即交换机的转发速率）是衡量交换机性能的一个重要指标。目前交换机的交换速度一般能满足 10Mbps、100Mbps 或 1Gbps 网络的数据转发要求，高性能的交换机甚至能满足 10Gbps 或更高的网络数据转发要求。

2.4.2　数据交换方式

以太网交换机的数据交换方式可以分为存储转发(store and forward)交换、直接(cut through)交换和碎片隔离(fragment free)交换三种。其中,存储转发交换是目前交换机的主流交换方式。

1. 存储转发交换

存储转发交换是以太网交换技术领域使用最广泛的技术之一。在存储转发方式中,交换机首先需要完整地接收并缓存从输入接口接收的数据帧,然后对数据帧进行校验。如果校验发生错误,则丢弃该数据帧;如果校验正确,则取出该数据帧的目的 MAC 地址,通过查找地址映射表确定输出接口号,然后转发出去。

由于存储转发方式具有差错校验能力,不会转发出错的数据帧,因此能够提高带宽的利用率。同时,由于存储转发方式具有整帧缓存能力,因此能够支持不同输入/输出速率接口之间的数据转发。这样,同一交换机在拥有 10Mbps 接口的同时,可以拥有 100Mbps、1Gbps 乃至 10Gbps 的接口。存储转发方式的缺点是交换延迟(数据帧在交换机的停留时间)相对较长。

2. 直接交换

在直接交换方式中,交换机边接收边检测。一旦检测到目的 MAC 地址字段,交换机就立即通过地址映射表查找该帧的输出接口,并启动转发功能。直接交换方式不负责数据帧的差错校验,出错检测任务由主机完成。由于采用直接交换方式的交换机只检查数据帧头部的前几个字节(通常是前 14 个字节),不需要整帧的缓存,因此,具有交换速度快、延迟小的特点。

但是,由于直接交换方式不进行差错校验,因此,出错的数据帧也会被交换机转发。出错帧的转发势必占用宝贵的带宽,从而降低交换机的整体性能。由于共享式以太网的数据帧会发生冲突,因此,当交换机的接口连接共享式以太网时,由转发出错帧造成的性能下降更为明显。同时,由于没有帧缓存能力,因此,直接交换方式不支持不同输入/输出速率的接口之间的直接数据转发。

3. 碎片隔离交换

碎片隔离交换方式是存储转发交换方式和直接交换方式之间的折中,它在转发前先检查接收到的数据帧长度是否达到 64 个字节。按照以太网标准的规定,完整的数据帧不会小于 64 个字节。因此,如果交换机收到的帧小于 64 个字节,则说明该帧一定存在错误(在共享式以太网中,发生冲突后会形成长度小于 64 个字节的碎片),应该丢弃。采用碎片隔离交换方式的交换机,在收到第 64 个字节后,立即启动转发程序。

采用碎片隔离方式,交换机的数据转发速度比存储转发方式快,比直接交换方式慢。但是由于能够避免冲突碎片的转发,因此,当交换机的接口连接的是共享式以太网时,碎片隔离方式比直接交换方式具有更好的整体性能。

2.4.3　地址学习

以太网交换机利用接口/MAC 地址映射表进行信息的交换与转发,因此,接口/MAC 地址映射表的建立和维护显得相当重要。一旦地址映射表出现问题,就可能造成信息转发错误。那么,交换机中的地址映射表是怎样建立和维护的呢?

这里有两个问题需要解决:一是交换机怎样知道哪台主机连接到哪个接口;二是当主机在交换机的接口之间移动时,交换机怎样更新地址映射表。显然,通过人工建立交换机的地址映射表是不切实际的,交换机应该采用一种策略自动建立地址映射表。

通常,以太网交换机利用"地址学习"法动态建立和维护接口/MAC 地址映射表。以太网交换机的地址学习是通过读取帧的源地址并记录帧进入交换机的接口进行的。当得到MAC 地址与接口的对应关系后,交换机将检查地址映射表中是否已经存在该对应关系。如果不存在,交换机就将该对应关系添加到地址映射表;如果已经存在,交换机将更新该表项。因此,在以太网交换机中,地址是动态学习的。只要这个节点发送信息,交换机就能捕获到它的 MAC 地址与其所在接口的对应关系。

由于交换机接口连接的主机有可能发生变化,因此接口/MAC 地址映射表需要不断地更新,更换过时的表项。为此,在每次添加或更新地址映射表的表项时,添加或更改的表项被赋予一个计时器,这使该接口与 MAC 地址的对应关系能够存储一段时间。如果在计时器溢出之前没有再次捕获到该接口与 MAC 地址的对应关系,该表项将被交换机删除。通过移走过时的或老的表项,交换机维护了一个精确的和有用的地址映射表。

2.5　以太网组网技术

以太网组网技术包括组网涉及的网络设备和器件、传输介质及其连接方法、网络设备的级联等内容。

2.5.1　组网涉及的主要设备和器件

以太网组网涉及的网络设备和部件可以分成 3 类:以太网交换机、网络接口卡和传输介质,如图 2-8 所示。

1. 以太网交换机

以太网交换机是交换式以太网组网中最重要、最核心的设备之一,如图 2-8(a)所示。交换机一方面具有多个网络接口,可以作为以太网的集中连接点;另一方面可以从一个接口接收数据,经过分析后交换到另一个接口。

交换机一般都配备多个 RJ-45 标准接口,能够通过非屏蔽双绞线电缆连接主机或其他的交换机。有些交换机还配备了光接口,用于通过光纤电缆连接其他网络设备。

按照速率,交换机可以分为 10Mbps、100Mbps、1Gbps、10Gbps 等不同类型。由于采用交换方式而非共享方式,因此,同一交换机不同接口运行的速率可能不同。例如,在同一交换机中,一些接口的速率为 100Mbps,而另一些接口的速率可能为 1Gbps。目前,多数交换机的接口可以根据连接设备速率的不同,自动进行协商和适应。

2. 网络接口卡

网络接口卡(network interface card),简称网卡或接口卡,如图 2-8(b)所示。网卡安装在主机之中,用于将主机与通信介质相连,达到主机接入网络的目的。网卡的主要功能包括:①实现主机与传输介质之间的物理连接和电信号匹配,接收和执行主机送来的各种控

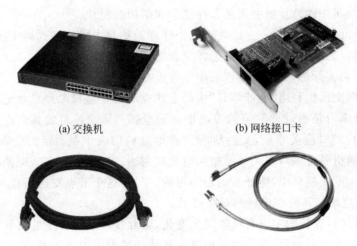

(a) 交换机   (b) 网络接口卡

(c) 传输介质(非屏蔽双绞线电缆和光缆)

图 2-8 以太网组网设备和部件

制命令,完成物理层功能;②实现介质访问控制方法,发送和接收数据帧,实现帧的差错校验等数据链路层的基本功能。

以太网卡大多采用 RJ-45 标准接口,以便与非屏蔽双绞线电缆相连。有些网卡也配备光接口,用于通过光纤电缆与其他设备连接。

按照传输速率,以太网卡分为 10Mbps、100Mbps、1Gbps、10Gbps 等几类。目前,主流以太网卡都是速率自适应网卡,可以根据网络中使用的以太网交换机的速率,自动调整和适应自己的速率。

有些主机的主板中集成了网卡。如果没有集成或需要性能更好的网卡,那么用户则需要单独购置并插入主机中。

3. 传输介质

传输介质是指传输信号经过的各种物理环境。对于计算机网络来说,传输介质就是物理上将各种设备互连起来的介质。目前,以太网组网主要使用的传输介质为非屏蔽双绞线(unshielded twisted paired,UTP)电缆和光缆,如图 2-8(c)所示。

(1) UTP 电缆:非屏蔽双绞线由 8 根铜缆组成,如图 2-9 所示。这 8 根线由绝缘体分开,每两根线通过相互绞合成螺旋状而形成一对。在这 4 对线的外部是一层外保护套,用于保护内部纤细的铜导体和加强拉伸力。非屏蔽双绞线的主要特点是尺寸小、质量轻、容易弯曲、价格便宜、容易安装和维护。与此同时,非屏蔽双绞线使用标准 RJ-45 连接器,如图 2-9 所示,连接牢固、可靠。但是非屏蔽双绞线的抗干扰能力比光缆差,传输距离也比较短。按照传输质量由低到高,非屏蔽双绞线分为 3 类线、4 类线、5 类线、6 类线等。这些非屏蔽双绞线虽然看上去基本相同,但它们的传输质量、抗干扰能力有很大区别。如果组建 100Mbps 以上的以太网,那么必须使用 5 类以上的非屏蔽双绞线。总体上来看,非屏蔽双绞线非常适合于楼宇内部的结构化布线。现在大家见到的大部分以太网都是通过非屏蔽双绞线连接而成的。

(2) 光缆:光缆是另一种常用的网络连接介质,这种介质能传输调制后的光信号。一条光缆中通常含有一条或多条光纤,如图 2-10(a)所示。光纤的结构可以分成 3 层:纤芯、

图 2-9　非屏蔽双绞线与 RJ-45 连接器

包层和涂覆层。其中,纤芯的折射率较高,包层的折射率较低。这样,导入光纤的光波在纤芯与包层的交界处形成全反射,使其沿纤芯传播,如图 2-10(b)所示。涂覆层的主要作用是加强光纤的强度和弯曲性。涂覆层不作导光使用,可以染成各种颜色对光纤区分。为了保护光纤,增强光缆的抗拉性,光缆通常都有一个外保护套,中间添加填充物和抗拉线。与非屏蔽双绞线相比,光缆具有更高的传输速度,更好的抗干扰性,更低的传输损耗。但是,光缆的制作、安装和维护相对复杂,光电转换等设备造价也比较高。

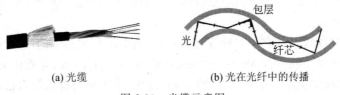

(a) 光缆　　　　　　　　　(b) 光在光纤中的传播

图 2-10　光缆示意图

2.5.2　UTP 电缆与 RJ-45 接口

非屏蔽双绞线通常由 8 芯导线组成,这 8 芯导线可以用颜色进行区分。其中,橙和橙白绞合在一起形成一对,绿和绿白绞合在一起形成一对,蓝和蓝白绞合在一起形成一对,棕和棕白绞合在一起形成一对,如图 2-11 所示。在使用 UTP 电缆连接主机、中继器等设备时,UTP 的两端需要安装 RJ-45 水晶头,形成如图 2-12 所示的 UTP 电缆。

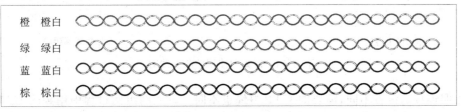

橙　橙白

绿　绿白

蓝　蓝白

棕　棕白

图 2-11　非屏蔽双绞线中的 8 芯导线的颜色

在布线施工和用户使用过程中,通常按照 EIA/TIA 的 568A 标准或 568B 标准制作 UTP 电缆接头。EIA/TIA-568A 和 EIA/TIA-568B 规定了两种 UTP 连接 RJ-45 水晶头的接线线序。

为了区分 RJ-45 水晶头的引脚号排序,可以将 RJ-45 插头正面(平面,没有凸起的一面)朝自己,有铜针一头朝右方,连接线缆的一头朝左方,从上到下 8 个引脚依次为第 1 引脚、第 2 引

图 2-12　两端带有水晶头的 UTP 电缆

脚、……、第8引脚,如图2-13所示。

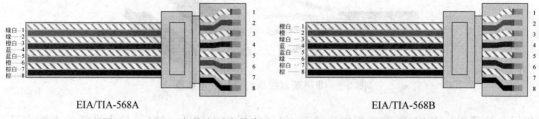

EIA/TIA-568A   EIA/TIA-568B

图2-13 RJ-45水晶头引脚排序及EIA/TIA568A、568B规定的线序

EIA/TIA-568A规定的线序为:UTP的绿白色线接RJ-45水晶头的第1引脚,绿色线接第2引脚,橙白色线接第3引脚,蓝色线接第4引脚,蓝白色线接第5引脚,橙色线接第6引脚,棕白色线接第7引脚,棕色线接第8引脚。而EIA/TIA-568B规定的线序为:UTP的橙白色线接RJ-45水晶头的第1引脚,橙色线接第2引脚,绿白色线接第3引脚,蓝色线接第4引脚,蓝白色线接第5引脚,绿色线接第6引脚,棕白色线接第7引脚,棕色线接第8引脚,如图2-13所示。

尽管非屏蔽双绞线中具有4对导线,但是以太网中仅利用其中的两对线进行信息传输。主机使用的网卡接口一般符合MDI(medium dependent interface,介质相关接口)标准。符合MDI标准的接口将第1、2引脚连接自己的发送线,第3、6引脚连接自己的接收线。而交换机的普通接口一般符合MDIX(MDI crossover)标准。符合MIDX标准的接口将第1、2引脚连接自己的接收线,第3、6引脚连接自己的发送线,如图2-14所示。

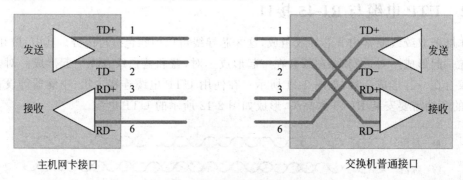

主机网卡接口   交换机普通接口

图2-14 以太网使用的收发线对

按照连接的设备不同,需要的UTP电缆也不同。以太网组网过程中用到的UTP电缆有两种,一种是直通UTP电缆,另一种是交叉UTP电缆。

1. 直通UTP电缆

在通信过程中,主机的发线要与交换机的收线相接,主机的收线要与交换机的发线相连。因为主机网卡的第1、2引脚连接发送线,第3、6引脚连接接收线,而交换机接口的第1、2引脚连接接收线,第3、6引脚连接发送线(交换机内部发线和收线进行了交叉),所以在将主机连入交换机时需要使用直通UTP电缆,如图2-15所示。

在制作直通UTP电缆时,电缆的两端需要同时按照EIA/TIA-568A标准或同时按照EIA/TIA-568B标准压制RJ-45水晶头,如图2-16所示。但是,在实际应用中,电缆的两端同时按照 EIA/TIA-568B 标准制作的直通 UTP 电缆更为多见。

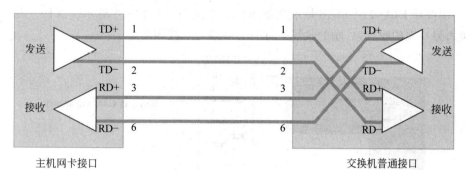

图 2-15 直通 UTP 电缆的使用

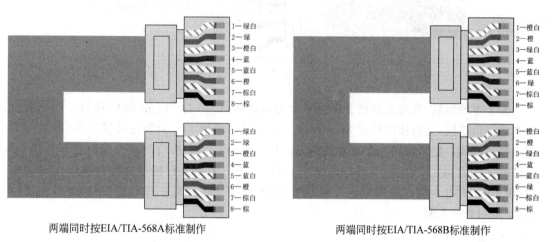

两端同时按EIA/TIA-568A标准制作 两端同时按EIA/TIA-568B标准制作

图 2-16 直通 UTP 电缆的线对排列

2. 交叉 UTP 电缆

主机与交换机连接可以使用直通 UTP 电缆,那么交换机与交换机级联使用什么样的电缆呢?

交换机普通接口的第 1、2 引脚连接接收线,第 3、6 引脚连接发送线。如果利用一个交换机普通接口与另一个交换机普通接口进行连接,那么必须使用交叉 UTP 电缆,使一端的第 1、2 引脚连接另一端的第 3、6 引脚,一端的发送接入另一端的接收,如图 2-17 所示。

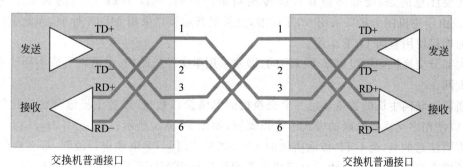

图 2-17 两个交换机使用普通接口级联

29

在制作交叉 UTP 电缆时,电缆的一端需要按照 EIA/TIA-568A 标准压制 RJ-45 水晶头,另一端按照 EIA/TIA-568B 标准压制 RJ-45 水晶头,如图 2-18 所示。这样一端的发线正好接入另一端的收线,一端的收线正好与另一端的发线相连。

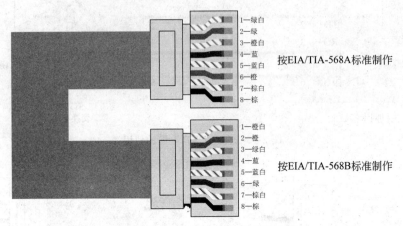

图 2-18　交叉 UTP 电缆的线对排列

为了方便级联,有的交换机会提供一个特殊的接口——上行(up link)接口。与交换机的普通接口不同,上行接口符合 MDI 标准。这个接口的第 1、2 引脚连接发送线,第 3、6 引脚连接接收线。如果使用一个交换机的上行接口与另一个交换机的普通端口进行连接,那么必须使用直通 UTP 电缆,而不是交叉 UTP 电缆。采用上行接口进行交换机之间的连接,使用的 UTP 电缆与主机接入交换机使用的 UTP 相同,减少了交叉 UTP 电缆的使用量,使组网更加方便。

2.6　多交换机组网

根据网络规模和主机的分布情况,利用交换机和 UTP 电缆(或光缆)可以组建单一交换机结构或多交换机级联结构的以太网。

交换机具有多个网络接口(通常为 2~48 个)。如果交换机的接口数量能满足所有主机的联网需求,那么可以使用单一交换机结构进行组网,如图 2-19(a)所示。

需要注意的是,受非屏蔽双绞线传输质量的影响,一段 UTP 电缆的长度不应超过 100m。由于主机网卡接口采用 MDI 标准,交换机普通接口采用 MDIX 标准,因此主机与交换机的连接使用直通 UTP 电缆。

大部分交换机的接口速率可以不同,即使采用单交换机结构,也可以组成不同速率混合的以太网。

当需要联网主机的数量超过一个交换机的网络接口数量,或者主机地理位置比较分散时,可以使用多交换机级联的方式组建以太网,如图 2-19(b)所示。

需要注意的是,受 UTP 传输质量的影响,如果使用 UTP 电缆进行级联,那么这段 UTP 电缆长度不应超过 100m。由于交换机的普通接口采用 MDIX 标准,上行接口采用 MDI 标准,因此如果一个交换机的上行接口与另一个交换机的普通接口级联,那么需要使用直通

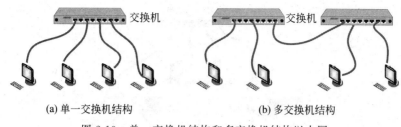

(a) 单一交换机结构　　　　　　　(b) 多交换机结构

图 2-19　单一交换机结构和多交换机结构以太网

UTP 电缆;如果一个交换机的普通接口与另一个交换机的普通接口级联,那么需要使用交叉 UTP 电缆;如果一个交换机的上行接口与另一个交换机的上行接口级联,那么也需要使用交叉 UTP 电缆。

在组网时需要坚持一个原则,那就是尽量使用直通 UTP 电缆。因此,如果交换机提供上行接口,尽量使用交换机的上行接口与另一个交换机的普通接口级联。现在,很多网卡上的接口和网络设备上的接口都具有自适应功能,网络接口会根据 UTP 电缆的连接方式,自动进行 MDI 和 MDIX 之间的转换。这种情况下,无论使用的是直通 UTP 电缆还是交叉 UTP 电缆,网络都可以连通。即使具有自适应功能,在组网时也要尽量使用直通 UTP 电缆。

大部分交换机的接口速率可以不同,因此,两个交换机的速率不同,通常也可以级联。

下面,就多交换机的级联结构、多交换机以太网中的生成树协议、多交换机以太网中的数据转发等问题进行说明。

2.6.1　多交换机级联结构

在实际组网中,多交换机级联一般采用平行式级联或树形级联。

平行式级联是用第 1 台交换机的接口与第 2 台交换机的接口相连,第 2 台交换机的接口与第 3 台交换机的接口相连……级联后的交换机形成一条平行线,如图 2-20 所示。如果每个交换机都有一个上行接口,那么可以用上行接口连接下一个交换机的普通接口。这样,无论主机与交换机之间的连接还是交换机与交换机之间的连接,整个网络中都可以使用统一的直通 UTP 电缆。

图 2-20　采用平行式结构的多交换机级联

树形级联是一种层次型的级联,第 2 层各个交换机分别通过接口与第 1 层的交换机连接,第 3 层各个交换机分别通过接口与第 2 层的交换机连接……级联后的交换机形成一个树形结构,如图 2-21 所示。在树形级联方式中,如果下层的交换机都使用上行接口与上层的交换机级联,那么整个网络中使用的 UTP 电缆也都是统一的直通 UTP 电缆。

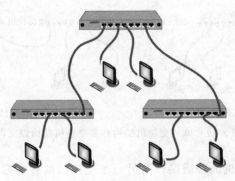

图 2-21　采用树形结构的多交换机级联

2.6.2　多交换机以太网中的生成树协议

在多交换机以太网中,交换机之间通常按照平行式结构或树形结构进行级联。那么,交换机之间是否可以不按平行式结构或树形结构进行级联呢? 答案是肯定的。但是,如果级联的过程中出现了环路,那么交换机就需要进行特殊的处理,以防止交换的信息在网中无限循环。

在图 2-22 中,交换机 1、2 和 3 相互级联,形成了一个环状结构。按照交换的原理,交换机从一个接口收到数据之后,可以对该数据进行处理,然后根据处理的结果决定是否转发以及转发到哪里。如果交换机 2 从不向其第 2 接口转发数据,交换机 3 从不向其第 4 接口转发数据,那么交换机 2 的第 2 接口与交换机 3 的第 4 接口的连接线就形同虚设。虽然交换机 2 的第 2 接口与交换机 3 的第 4 接口物理连接,但逻辑上是断开的。

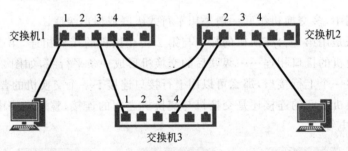

图 2-22　交换机环型级联示意图

为了发现和断开交换以太网中存在的环路,级联式以太网中的所有交换机都需要运行一种被称为生成树协议(spanning tree protocol,STP)的软件。利用生成树协议,级联交换机之间相互交换信息,并利用这些信息将网络中的环路断开,从而在逻辑上形成一种树形的结构。交换机按照这种逻辑结构转发信息,保证网络上发送的信息不会绕环传播。图 2-22 中的以太网在使用生成树协议后,形成的树形无环路逻辑结构如图 2-23 所示。

2.6.3　多交换机以太网中的数据转发

利用接口/MAC 地址映射表,交换机基于数据帧中的目的 MAC 地址做出是否转发或转发到何处的决定。下面通过举例的方式介绍在多交换机以太网中,数据帧是如何转发的。

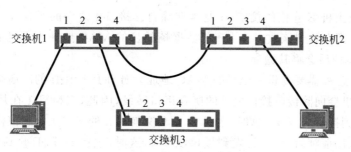

图 2-23　数据转发使用的逻辑树形结构

图 2-24 显示了由两个交换机级联组建的以太网。其中,交换机 1 的接口 1 与交换机 2 的接口 1 相连,主机 A、B、C 分别连接在交换机 1 的第 2、3、4 接口,主机 D、E、F 分别连接在交换机 2 的 2、3、4 接口。经过一段时间的运行,交换机 1 和交换机 2 分别形成了图中所示的接口/MAC 地址映射表。

交换机1的地址映射表	
端口	MAC地址
1	52-54-4C-19-3D-03 (D)
1	00-50-BA-27-5D-A1 (F)
3	00-30-80-7C-F1-21 (B)
2	00-00-B4-BF-1B-77 (A)

交换机2的地址映射表	
端口	MAC地址
1	00-30-80-7C-F1-21 (B)
2	52-54-4C-19-3D-03 (D)
4	00-50-BA-27-5D-A1 (F)
1	00-E0-4C-49-21-25 (C)

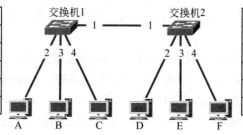

图 2-24　交换机的通信过滤

(1) 假设主机 A 需要向主机 B 发送数据。因为主机 A 连接交换机 1 的接口 2,所以交换机 1 从接口 2 读入数据帧。交换机 1 通过搜索自己的地址映射表,发现主机 B 连接自己的接口 3。于是,交换机 1 将数据帧转发到接口 3,不再向接口 1、接口 2 和接口 4 转发。主机 C、D、E 和 F 不会收到该数据帧。

(2) 假设主机 A 需要向主机 C 发送数据。交换机 1 从接口 2 读入 A 发送的数据帧,而后搜索自己的地址映射表。由于没有在地址映射表中发现 C 连接的接口,因此交换机 1 向除接口 2 外的所有接口转发该数据帧,这时,主机 B、C 和交换机 2 都会收到该帧。由于该帧的目的 MAC 地址与主机 B 不符,因此主机 B 会抛弃该帧。交换机 2 从接口 1 收到该帧后,在自己的地址映射表中查找主机 C 所在的接口。由于查找的结果为主机 C 连接自己的接口 1,与接收该帧的接口相同,因此交换机 2 将抛弃该帧,不再向其他接口转发。主机 D、E 和 F 不会收到该数据帧。

(3) 假设主机 A 需要向主机 D 发送数据。交换机 1 从接口 2 接收该数据,通过搜索自己的地址映射表发现主机 D 位于接口 1,于是向接口 1 转发数据。交换机 2 从自己的接口 1 收到数据后,通过搜索自己的地址映射表发现主机 D 位于接口 2,于是向接口 2 转发数据。在这种情况下,主机 B、C、E、F 都不会收到该数据。

(4) 假设主机 A 需要向主机 E 发送数据。交换机 1 从接口 2 接收该数据,在搜索自己的地址映射表时未发现主机 E 连接的接口,于是向除接口 2 外的所有接口转发数据,这时,主机 B、C 和交换机 2 的接口 1 都会收到该数据。交换机 2 收到该数据后,也在自己的地址

33

映射表中未发现主机 E 连接的接口,于是也向除自己接口 1 之外的所有接口转发数据。这时,主机 D、E、F 都会收到该数据。由于该数据帧的目的 MAC 地址为主机 E,因此主机 B、C、D、F 在收到该帧后会将其抛弃。

(5) 假设主机 A 需要发送一个目的 MAC 地址为 ff-ff-ff-ff-ff-ff 的广播帧。由于接收到广播帧后,交换机会向除接收接口之外的所有接口转发,因此,交换机 1 在从接口 2 收到广播帧后,会转发到接口 1、3、4。这时,主机 B、C 和交换机 2 的接口 1 收到该帧。交换机 2 在从接口 1 收到该广播帧后,也会转发到接口 2、3、4,这时,主机 D、E、F 收到该帧。至此,网络中的所有主机都收到了主机 A 发送的广播帧。

2.7 实验：以太网组网

以太网组网实验是一个最基本的实验。通过动手组装以太网,可以熟悉以太网使用的基本设备和器件,学习 UTP 电缆的制作过程,了解网卡和驱动程序的安装步骤,掌握以太网的连通性测试方法。

组装简单
的以太网

以太网组网实验需要用到主机、交换机等设备和仪器。如果实验室无法为每个学生提供这些设备和仪器,那么可以采用仿真环境进行实验训练。所谓仿真环境,就是在计算机中运行仿真软件,进而模仿真实的网络环境。本书选用的仿真软件为 Cisco 公司的 Packet Tracer。Packet Tracer 使用简单、界面直观,不但能完成绝大部分组网和网络设备配置实验,而且能一步一步地观察网络设备对传输数据的处理过程。

本节介绍如何在真实环境和仿真环境下进行以太网组网实验。

2.7.1 设备、器件的准备和安装

以太网组网的第一步是准备所需的设备和器件,并将设备和器件安装到位。

1. 所需设备和器件

组装以太网之前,需要准备主机、网卡、交换机和其他网络器件。作为练习,交换机可以是 10Mbps、100Mbps 或 1Gbps,但是,准备的交换机应该是可网管的交换机。也就是说,该交换机可以提供一定的方式,使网络管理员能够查看它的状态、配置它的参数。具体所需的设备和配件如表 2-1 所示。

表 2-1 组装交换式以太网所需的设备和器件

设备和器件名称	数　　量
主机	2 台以上
带有 RJ-45 端口的以太网卡	2 块以上
可网管交换机	1 台(如组装级联结构的以太网则需要 2 台以上)
RJ-45 水晶头	4 个以上
非屏蔽双绞线	若干米

2. 工具准备

在组装以太网时,除了需要准备构成以太网所需要的设备和器件外,还需要准备必要的工具。最基本的工具包括制作网线的网线钳 1 把及测量电缆连通性的测线仪(也称为巡线仪)1 台,如图 2-25 所示。

网线钳　　　　　　　　　测线仪

图 2-25　网线钳和测线仪

3. 制作直通 UTP 电缆

(1)取一段长度适中的非屏蔽双绞线,用 RJ-45 电缆专用网线钳将电缆两端的外皮剥去约 12mm,观察电缆内部 8 芯引线的色彩,并按照 EIA/TIA-568B(或 EIA/TIA-568A)的色彩顺序排好,再用网线钳将 8 芯引线剪齐,如图 2-16 所示。

UTP 电缆
的制作

(2)取出 RJ-45 水晶头,将排好顺序的非屏蔽双绞线按照规范插入 RJ-45 接头内,用 RJ-45 网线钳将接头压紧,确保无松动现象。在电缆的另一端,按照同样的方法将 RJ-45 水晶头与非屏蔽双绞线相连,形成一条直通 UTP 电缆。

(3)利用测线仪测试制作完成的电缆,保证全部接通。

4. 安装以太网卡

网卡是主机与网络的接口,一般都支持即插即用的配置方式,不需要对网卡的参数进行手工配置。

多数主机在出厂时已经集成了以太网卡,实验时直接使用即可。如果需要为主机增加网卡,在打开主机的机箱前一定要切断主机的电源。将网卡插入主机扩展槽中后,拧上固定网卡用的螺丝,再重新装好机箱。

5. 将主机接入网络

利用制作的直通 UTP 电缆将主机与交换机连接起来,就形成了一个如图 2-26 所示的简单以太网。

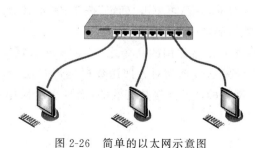

图 2-26　简单的以太网示意图

2.7.2　网络软件的安装和连通性测试

网络硬件安装完成后,需要安装网络软件并进行连通性测试。网络软件捆绑在网络操作系统之中,通常在安装操作系统时自动安装。如果安装操作系统时未安装,也可以在需要时安装。Windows、UNIX 和 Linux 等操作系统都提供了强大的网络功能。下面以 Windows 10 为例,介绍网络软件的安装和连通性测试方法。

1. 安装网卡驱动程序

网卡驱动程序的主要功能是实现网络操作系统上层程序与网卡的接口,因此,网卡驱动程序随网卡和操作系统的不同而不同。不同种类的网卡在同一种操作系统下需要不同的驱动程序,同一种类的网卡在不同的操作系统上也需要不同的驱动程序。

由于操作系统集成了常用的网卡驱动程序,因此,安装这些常见品牌的网卡驱动程序不需要额外的驱动软件。如果选用的网卡较为特殊,那么这块网络就需要利用随同网卡一起发售的驱动程序进行驱动。

Windows 是一种支持"即插即用"的操作系统。在安装网卡之后启动主机,Windows 系统会自动搜索合适的驱动程序,然后进行安装和配置。如果 Windows 系统找不到合适的驱动程序,那么需要按照网卡的使用手册,手工安装驱动程序。

2. TCP/IP 模块的安装和配置

为了实现资源共享,操作系统需要安装一种称为"网络通信协议"的模块。网络通信协议有多种,TCP/IP 就是其中之一。本小节简单介绍如何在 TCP/IP 模块中配置 IP 地址,以便进行连通性测试。TCP/IP 的详细内容将在后续章节中进行介绍。

Windows 10 配置 IP 地址的过程如下。

(1) 启动 Windows 10,依次选择"开始"⊞→"Windows 系统"→"控制面板"→"网络和共享中心"→"更改适配器设置",进入网络连接界面[①]。在装有多块网卡(如既装有有线网卡,又装有无线网卡)的主机上,网络连接界面中会出现多个网络连接。双击需要配置的网络连接,在弹出的界面单击"属性"按钮,系统进入网络接口的属性界面,如图 2-27 所示。

(2) 选中"此连接使用下列项目"列表框中的"Internet 协议版本 4(TCP/IPv4)",单击"属性"按钮进行 TCP/IP 配置,如图 2-28 所示。

(3) 在"Internet 协议版本 4(TCP/IPv4)属性"对话框中选中"使用下面的 IP 地址"。在 192.168.0.1～192.168.0.254 中任选一个 IP 地址,填入"IP 地址"文本框(注意网络中每台主机的 IP 地址必须不同),同时在"子网掩码"文本框中填入 255.255.255.0,如图 2-29 所示。单击"确定"按钮,返回上一级对话框;再单击"确定"按钮,完成 IP 地址的配置。

3. 用 ping 命令测试网络的连通性

ping 命令是测试网络连通性最常用的命令之一,它发送数据到对方主机,并要求对方主机将数据返回。通过判断发送数据与对方回送数据是否一致,测试网络的连通性。ping 命令的测试成功不仅表示网络的硬件连接是有效的,而且表示操作系统中网络通信模块的运行是正确的。

---

① 受 Windows 个性化的影响,进入网络连接界面的步骤可能稍有不同。

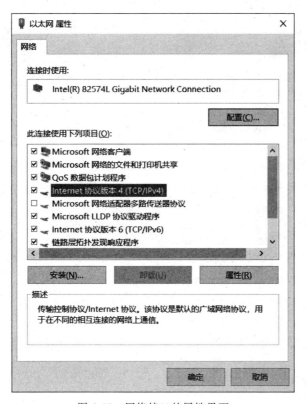

图 2-27　网络接口的属性界面

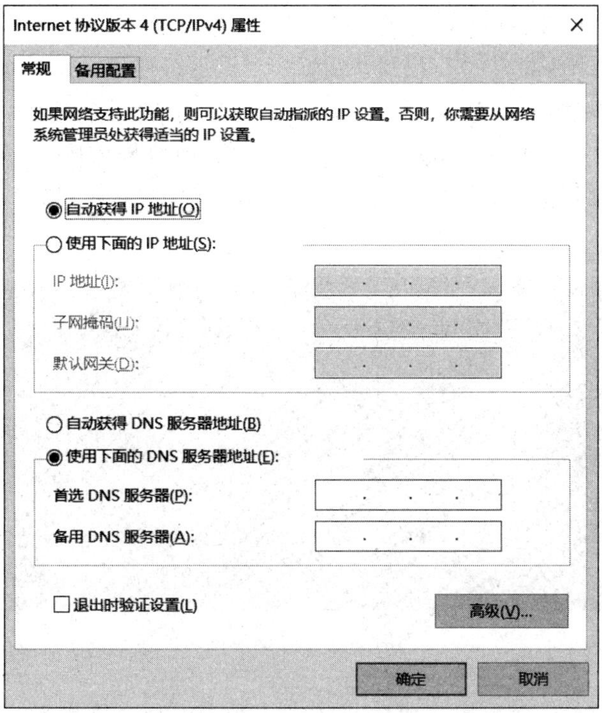

图 2-28　"Internet 协议版本 4(TCP/IPv4)属性"对话框

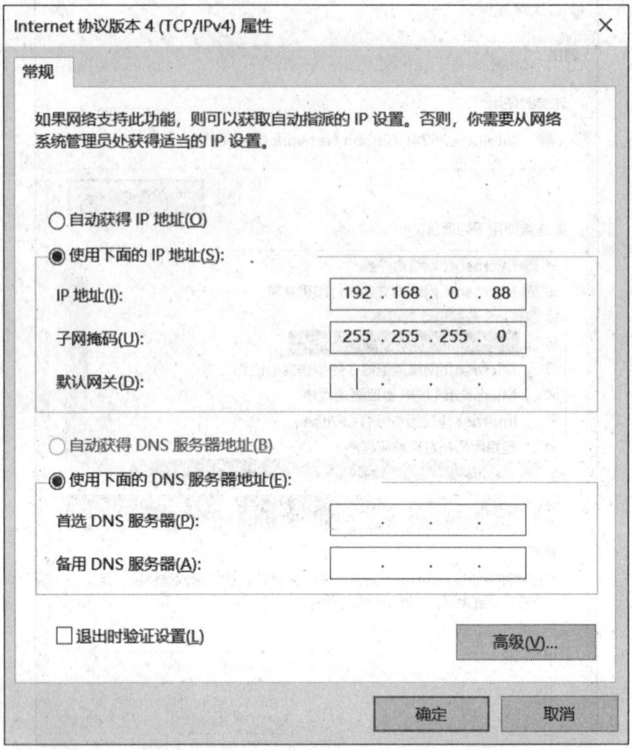

Internet 协议版本 4 (TCP/IPv4) 属性 ✕

常规

如果网络支持此功能,则可以获取自动指派的 IP 设置。否则,你需要从网络系统管理员处获得适当的 IP 设置。

○ 自动获得 IP 地址(O)
● 使用下面的 IP 地址(S):

IP 地址(I):   192 . 168 . 0 . 88

子网掩码(U):   255 . 255 . 255 . 0

默认网关(D):

○ 自动获得 DNS 服务器地址(B)
● 使用下面的 DNS 服务器地址(E):

首选 DNS 服务器(P):

备用 DNS 服务器(A):

☐ 退出时验证设置(L)   高级(V)...

确定   取消

图 2-29　配置 IP 地址和子网掩码

ping 命令需要在 Windows 10 的"命令提示符"程序下运行。依次选择"开始"→"Windows 系统"→"命令提示符",找到并运行命令提示符程序。

ping 命令非常容易使用,只要在 ping 命令之后加上对方主机的 IP 地址即可,如图 2-30 所示。如果测试成功,命令将给出测试分组发出到收回所用的时间;如果网络不通,那么 ping 命令将给出超时提示,这时需要重新检查网络的硬件和软件,直到 ping 通为止。

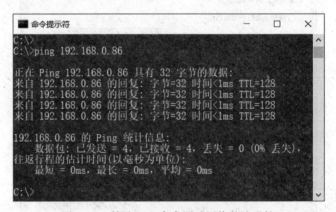

图 2-30　利用 ping 命令测试网络的连通性

网络的硬件和软件安装配置完成后,网络便利性就可以体现出来。可以将 Windows 10 中的一个文件夹进行共享,也可以通过网络使用其他主机上的打印机。网络把主机连接起来的同时,也把使用主机的用户连接了起来。

2.7.3　交换机级联实验

如果有两台交换机,那么可以在实验中尝试交换机的级联。

如果交换机具有上行接口,那么可以通过直通 UTP 电缆将一台交换机的上行接口连入另一台交换机的普通接口。这条直通 UTP 电缆与主机接入交换机使用的 UTP 电缆相同,如图 2-31 所示。由于交换机级联使用的直通 UTP 电缆与主机接入交换机的 UTP 电缆相同,因此在安装过程中不容易产生混乱,管理较为方便。如果可能,建议尽量采用这种级联方式。

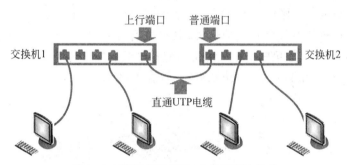

图 2-31　使用直通 UTP 电缆级联交换机

如果交换机没有上行接口,那么可以使用两台交换机的普通接口进行级联。使用普通端口进行级联,必须采用交叉 UTP 电缆,如图 2-32 所示。由于交叉 UTP 电缆与主机接入交换机使用的直通 UTP 电缆不同,因此,采用这种方式时一定要将级联使用的交叉 UTP 电缆做好标记,以免与主机接入交换机使用的直通 UTP 电缆混淆。

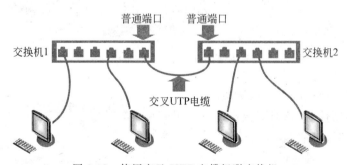

图 2-32　使用交叉 UTP 电缆级联交换机

2.7.4　查看交换机的接口/MAC 地址映射表

可网管交换机都可以通过一定的方式查看它的状态,配置它的参数。其中,使用终端控制台查看交换机的状态,配置交换机的参数是最基本、最常用的一种。按照交换机品牌的不同,配置方法和配置命令也有很大差异。Cisco 2924 是思科公司的一款以太网交换机,它带有 24 个接口,并具有接口速率自适应能力。下面以 Cisco 2924 组成的交换式以太网为例,介绍其简单的配置方法。

1. 终端控制台的连接和配置

通过终端控制台查看和修改交换机的配置需要一台具有串行口的主机,并在该主机上运行串行终端仿真软件。在 Windows 10 系统下,终端仿真软件有很多,例如 Hyper Terminal、PuTTY、SecureCRT 等都可以进行串行终端仿真。早期版本的 Windows 系统(如 Windows XP)都集成了一个叫作"超级终端"的终端仿真软件。虽然 Windows 10 没有集成该软件,但是可从网上下载并使用。"超级终端"软件非常小,无须安装,下载后直接使用即可。

连接主机与交换机需要一条串行配置电缆,通常该电缆与交换机一起发售。配置电缆的一端连接交换机的控制接口,另一端连接主机的串行口,如图 2-33 所示。交换机上的控制接口通常是一个 RJ-45 接口。不过需要注意的是,该接口用于连接主机的串行口,不可用于连接以太网。主机的串行口有多种形式,老主机通常采用 DB25 接口或 DB9 接口,新主机通常采用 USB 接口。如果随交换机发售的配置电缆的接口与主机的接口不一致,就需要使用一个接口转换头(如 DB9-USB 转换头等,如图 2-34 所示)。

图 2-33　Cisco 2924 以太网交换机的控制接口

图 2-34　具有不同接口的配置串行电缆和接口转换头

主机与交换机通过配置电缆连接之后,运行主机中的仿真终端软件,可以对交换机进行配置和调试。本小节以"超级终端"软件为例,介绍思科交换机的基本配置过程。具体过程如下。

(1) 启动"超级终端"软件,选择连接以太网交换机使用的串行口,并将该串行口设置为 9600 波特、8 个数据位、1 个停止位、无奇偶校验和硬件流量控制,如图 2-35 所示。

(2) 按 Enter 键,系统将收到以太网交换机的回送信息,如图 2-36 所示。

2. 查看以太网交换机的接口/MAC 地址映射表

在超级终端与以太网交换机连通后,可以查看交换机的配置并对交换机的配置进行修改。本实

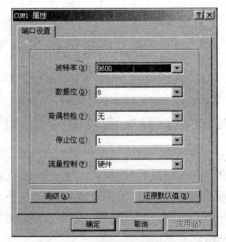

图 2-35　设置超级终端的串行口

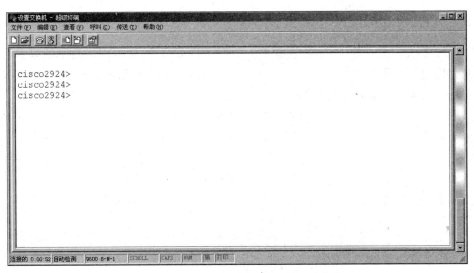

图 2-36　超级终端收到交换机的回送信息

验使用 show mac-address-table 命令查看交换机的接口/MAC 地址映射表。

　　输入 show mac-address-table 命令，交换机将回送当前存储的接口/MAC 地址映射表，如图 2-37 所示。观察图 2-37 所示的接口/MAC 地址映射表，查看主机连接的接口与该表给出的结果是否一致。如果某台主机没有在该表中列出，可以在该主机使用 ping 命令 ping 网上其他主机，然后使用 show mac-address-table 命令显示交换机的接口/MAC 地址映射表。如果没有差错，表中应该出现这台主机使用的 MAC 地址。

```
Dynamic Address Count:               47
Secure Address Count:                0
Static Address (User-defined) Count: 0
System Self Address Count:           49
Total MAC addresses:                 96
Maximum MAC addresses:               2048
Non-static Address Table:
Destination Address   Address Type   VLAN   Destination Port
-------------------   ------------   ----   ----------------
0000.b4bf.1b77        Dynamic          1    FastEthernet0/15
0000.e86f.0dd2        Dynamic          1    FastEthernet0/23
0000.e86f.2f13        Dynamic          1    FastEthernet0/23
0003.6bb8.ea02        Dynamic          1    FastEthernet0/23
0007.9501.6829        Dynamic          1    FastEthernet0/18
0010.8802.4604        Dynamic          1    FastEthernet0/14
0030.807c.f120        Dynamic          1    FastEthernet0/23
0030.807c.f121        Dynamic          1    FastEthernet0/23
0050.ba25.860d        Dynamic          1    FastEthernet0/23
0050.ba27.5da1        Dynamic          1    FastEthernet0/16
0050.ba27.7759        Dynamic          1    FastEthernet0/21
0050.ba29.b970        Dynamic          1    FastEthernet0/23
0050.ba57.88d6        Dynamic          1    FastEthernet0/23
0050.baa1.f093        Dynamic          1    FastEthernet0/12
--More--
```

图 2-37　当前交换机的接口/MAC 地址映射表

2.7.5 Packet Tracer 与以太网组网

Packet Tracer 是一款由 Cisco 公司开发的网络仿真软件,学习网络技术的读者可以免费下载和使用。本节介绍 Packet Tracer 的基本使用方法,并在其环境下进行组网实验。

1. Cisco Packet Tracer 工作界面

Cisco Packet Tracer 工作界面如图 2-38 所示。与常用的软件相似,Cisco Packet Tracer 工作界面中包含了菜单栏、工具栏、工作区和一些快捷键。

虚拟仿真环境下的以太网组网

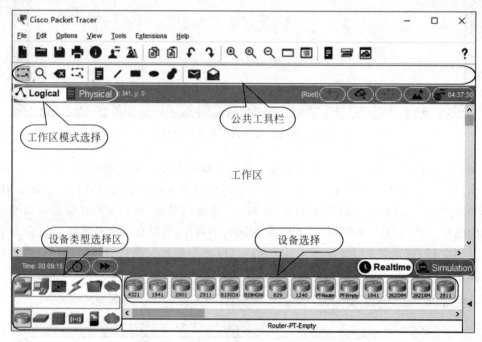

图 2-38 Cisco Packet Tracer 的工作界面

在工作区模式选择栏中,可以将工作区设置为 Logical(逻辑)或 Physical(物理)工作模式。在逻辑工作模式下,工作区中显示各个设备的逻辑连接状况和拓扑结构;在物理工作模式下,工作区中显示设备在各个设备间、建筑物和城市中的物理位置。本书中的实验全部在逻辑工作区中完成。

在设备类型选择区和设备选择区中,可以选择设备类型(如网络设备、主机设备等)、设备的子类型(如在网络设备中可以选择交换机、路由器等)和具体的设备(如哪个型号的交换机等)。

公共工具栏中包括了一些仿真中常用的工具。例如,如果需要删除工作区中的设备或设备间的连线,那么可以在工作区中选择需要删除的设备或连线,然后单击公共工具栏中的 ✖ 按钮("删除"按钮)。

2. 以太网组网

启动 Packet Tracer 仿真软件,保证工作区处于逻辑工作模式。在设备类型中选择 Network Devices(网络设备),子类型选择 Switches(交换机),这时,设备列表中将显示不同型号的集线器。用鼠标选择一个常用型号的交换机(如 2960)拖入工作区,如图 2-39 所示。

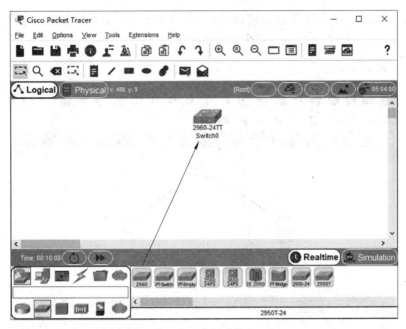

图 2-39　选择交换机

按照同样的方式,在设备选择区选择 End Devices(终端设备),在工作区中放置两台 PC,如图 2-40 所示。

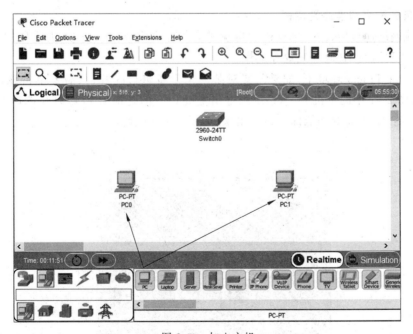

图 2-40　加入主机

为了将主机与交换机进行连接,需要在设备选择区选择 Connection(连接)。在使用自动连接时,Packet Tracer 软件会自动选择合适的线路和接口。这时只要用鼠标选中自动连接图标 ,然后分别单击需要连接的两个设备即可。如果使用直通 UTP 电缆 或交叉

UTP 电缆 ✎,那么在单击需要连接的设备后,需要人工选择合适的接口。如果连接正确,线路的两端会出现绿色的小三角,如图 2-41 所示。

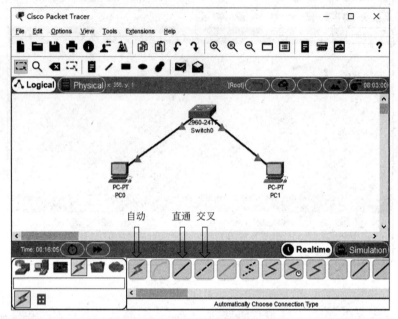

图 2-41   使用线缆连接设备

3. 设备的配置和连通性测试

在完成网络连接后,需要进行连通性测试。与在真实环境下类似,为了使用 ping 命令测试网络,需要进行 IP 地址配置等工作。

在 Packet Tracer 环境下,如果需要对某一个设备进行配置,只需要单击该设备即可。例如,单击图 2-41 中的主机 PC0,系统则弹出主机 PC0 的配置和属性界面,选择该界面中的 Desktop 标签,IP 配置等功能即可显示出来,如图 2-42 所示。

图 2-42   主机的配置和属性界面

单击 IP Configuration,系统进入 IP 配置界面,如图 2-43 所示。与真实环境一样,在 192.168.0.1~192.168.0.254 中任选一个 IP 地址填入图 2-43 中的 IP Adress 文本框(注意每台主机必须选用不同的 IP 地址),同时在 Subnet Mask 文本框中填入 255.255.255.0。配置完成后,单击返回按钮,系统返回到如图 2-42 所示的界面。

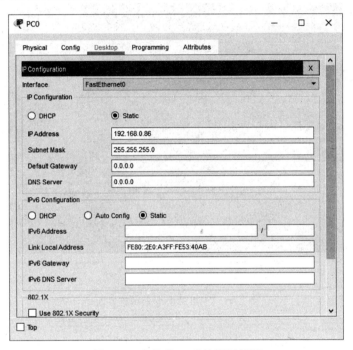

图 2-43　主机的 IP 地址配置界面

在配置主机 PC0 和 PC1 的 IP 地址后,可以在一台主机上使用 ping 命令去 ping 另一条主机。如果信息能够正确返回,那么说明网络的连通性没有问题。在图 2-42 所示的界面中,单击 Command Prompt 图标,系统将弹出"命令提示符"界面,如图 2-44 所示。在该界面中可以运行 ping 等各种命令。

用一个主机去 ping 另一台主机,测试构建的以太网的连通性。

4. 查看交换机的接口/MAC 地址映射表

在 Packet Tracer 环境下,也可以使用终端控制台查看交换机的状态、配置交换机的参数。

Packet Tracer 模拟了真实环境下利用终端控制台对交换机进行配置的方法。在使用这种方法时,需要在图 2-41 的工作区中增加 1 台主机,并使用串口线将该主机的 RS-232 串行口与交换机的 Console(控制)端口进行连接,如图 2-45 所示。

单击用于控制终端的主机 PC2,在弹出的配置界面中依次选择 Desktop-Terminal,启动终端控制程序。与真实环境相同,仿真环境中的控制终端串行口也需要设置为 9600 波特、8 个数据位、1 个停止位,如图 2-46(a)所示。单击 OK 按钮,可以像在真实环境一样配置交换机,如图 2-46(b)所示。在这里,可以使用真实环境中介绍的 showmac-address-table 命令显示交换机中的接口/MAC 地址映射表。

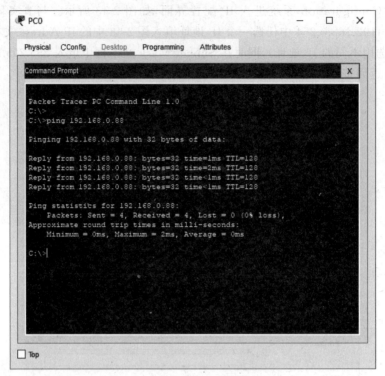

图 2-44 主机的命令提示符界面

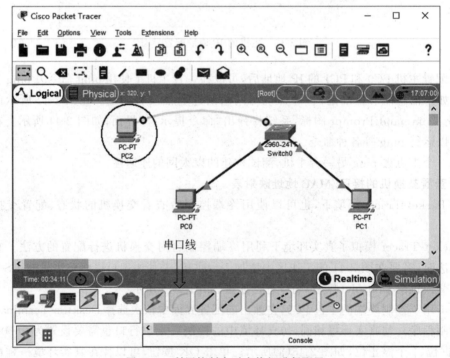

图 2-45 利用控制台对交换机进行配置

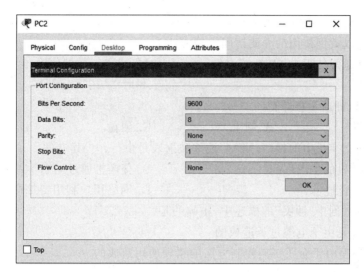

(a) 串口配置界面

(b) 控制终端界面

图 2-46　启动 PC0 上的控制终端

练　习　题

1. 填空题

（1）以太网交换机的数据转发方式可以分为 3 种，它们是 _____、_____ 和 _____。

(2) 交换式局域网的核心设备是_____。

(3) 共享式以太网使用的介质访问控制方法为_____。

(4) 以太网通常使用 UTP 电缆中的_____对导线进行数据传输。

2. 单选题

(1) MAC 地址通常存储在（　　）。

    A. 内存　　　　　　　　B. 网卡　　　　　　　　C. 硬盘　　　　　　　　D. CPU

(2) 以太网交换机中的接口/MAC 地址映射表是由（　　）建立的。

    A. 交换机的生产厂商　　　　　　　　B. 交换机通过动态学习

    C. 网络管理员　　　　　　　　D. 网络用户利用特殊命令

(3) 关于以太网中"冲突"的描述中,正确的是（　　）。

    A. 冲突是由于电缆过长造成的

    B. 冲突是由于介质访问控制方法的错误使用造成的

    C. 冲突是由于网络管理员的失误造成的

    D. 冲突是一种正常现象

(4) 在以太网中,两台交换机通过 MDIX 接口进行级联时必须使用（　　）。

    A. 直通 UTP 电缆　　　　　　　　B. 交叉 UTP 电缆

    C. 相同速率的交换机　　　　　　　　D. 相同品牌的交换机

3. 实操题

(1) 在只有两台主机的情况下,可以利用以太网卡和 UTP 电缆直接将它们连接起来,构成如图 2-47 所示的小网络。想一想组装这样的小网络需要什么样的网卡和 UTP 电缆。动手试一试,验证你的想法是否正确。

图 2-47　两台主机组成的小网络

(2) 在 Packet Tracer 环境下,通过交换机级联组建一个多交换机的以太网,如图 2-48 所示。通过添加终端控制台的方式查看每个交换机的接口/MAC 地址映射表,观察并解释这些表项。

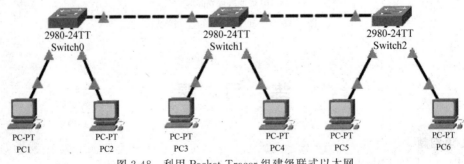

图 2-48　利用 Packet Tracer 组建级联式以太网

第 3 章　虚拟局域网

本章要点

➢ VLAN 工作原理与划分方法
➢ 802.1q 协议的主要作用
➢ VLAN 组网方法和特点

动手操作

➢ 使用常用的交换机配置命令
➢ 在交换式以太网上划分 VLAN
➢ 观察数据分组在 VLAN 中的传递过程

虚拟局域网(virtual LAN,VLAN)技术是在交换式以太网的基础上发展起来的一种技术。利用这种技术,可以进一步提高交换式以太网的传输效率,增强网络的安全性,降低网络的管理成本。本章将对虚拟局域网的工作原理和组网方法进行讨论和介绍。

3.1　VLAN 的提出

交换式以太网是以交换机为中心的以太网。尽管交换式以太网的工作效率比共享式以太网提高了很多,但是在应用中也暴露出一些问题。

3.1.1　交换式以太网的主要问题

交换式以太网的主要问题表现在三个方面:广播风暴、网络安全性和网络的可管理性。

1. 广播风暴

在交换式以太网中,交换机具有一定的处理能力,能够将一个接口收到的数据转发至另外一个接口。对于目的 MAC 地址指向一台特定主机的数据帧,交换机按照接口/MAC 地址映射表进行转发。但是,对于目的 MAC 地址为 ff-ff-ff-ff-ff-ff 广播地址的数据帧,交换机将向除接收接口外的所有接口转发数据帧,以保证网中的所有主机都能接收到该数据帧。

广播帧能够传播的范围被称为广播域。在交换式以太网中,一台主机发送的广播帧总会转发到网络中的所有节点,因此,整个以太网就是一个广播域。无论这个以太网中连接了多少主机,级联了多少交换机,它们都在一个广播域中。

图 3-1 是由 4 台交换机级联而成的以太网。按照交换机转发数据帧的规则,如果其中一台主机(如主机 A)发送广播帧,网中的所有主机都会收到,因此,图中所有的主机都在一个广播域中。

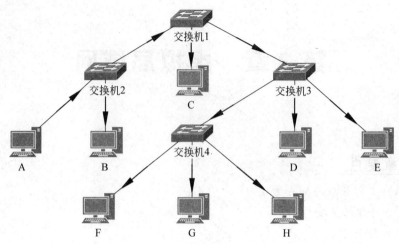

图 3-1　以太网中的广播域

　　尽管在设计网络应用时都会对广播帧的使用进行认真的考虑,但是网络中广播帧的出现频率仍然很高,很多功能(如以后将要讨论的 ARP 功能等)需要通过发送广播帧实现。即使有些主机与这些广播帧无关,它们也需要接收并进行处理。在大规模以太网中,频繁出现的广播帧占用了网络带宽和主机的处理资源,降低了网络效率。在有些情况下,同时出现的大量广播帧会造成网络阻塞,使整个网络瘫痪,这就是广播风暴。

　　2. 网络安全性

　　以太网中的主机处于一个广播域中,因此一台主机发送的广播帧会转发到所有主机。即使主机发送的不是广播帧,交换机依据接口/MAC 地址映射表进行转发时,也有可能将数据转发给无关的主机。

　　在图 3-2 中,当主机 A 向主机 E 发送数据时,由于交换 1 和交换 2 的接口/MAC 地址映射表中都没有关于主机 E 在哪个接口的信息,因此交换机 1 和交换机 2 都会向除接收接口外的所有接口转发数据。主机 B、C、D、F 都会收到该信息。

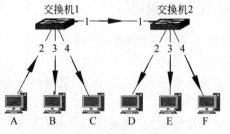

交换机1的地址映射表	
端口	MAC地址
1	52-54-4C-19-3D-03 (D)
1	00-50-BA-27-5D-A1 (F)
3	00-30-80-7C-F1-21 (B)
2	00-00-B4-BF-1B-77 (A)

交换机2的地址映射表	
端口	MAC地址
1	00-30-80-7C-F1-21 (B)
2	52-54-4C-19-3D-03 (D)
4	00-50-BA-27-5D-A1 (F)
1	00-E0-4C-49-21-25 (C)

图 3-2　无关主机接收到主机 A 发送给主机 E 的信息

　　如果网络中存在恶意用户,那么就可以收集和分析这些零零散散的数据,以达到自己的目的,为此,需要对不同类型的用户进行隔离,以防止网络安全问题的发生。

　　3. 网络的可管理性

　　以太网的可管理性相对较差,运营和管理成本较高。例如,某单位初始规划将办公楼的一层设为财务部,二层设为业务部。为了保证财务部的信息不外流,单位为财务部和业务部分别在一层和二层组建了以太网。这两个以太网不能相互连接,以防止财务部的数据转发到业务部的主机中,如图3-3(a)所示。如果随着业务的发展,单位在一楼为业务部分配了一个房间,那么为了将业务部的主机连入业务部网络,则需要重新进行布线,即使这些计算机连入一层财务部的交换机更方便,如图3-3(b)所示;同样,业务部的人员调入财务部,但办公位置希望不变,那么也需要重新布线,将该人员的主机连入一楼的交换机。

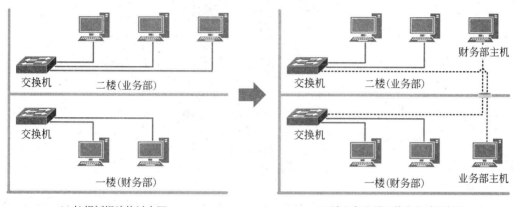

(a) 按规划组建的以太网   (b) 随业务和员工的变化重新布线

图 3-3 以太网的管理

网络运营和管理成本的提高,增加了用户的负担,因此,需要使用新技术简化网络的管理,降低运营和管理成本。

3.1.2 VLAN 的特性

为了解决交换式以太网的广播风暴问题、网络安全性问题和网络的可管理性问题,人们开始使用虚拟局域网(VLAN)进行以太网组网。

VLAN利用交换机的强大处理能力,对收到的数据帧进行处理,控制其流动的方向和路径。VLAN技术将连入交换机的主机划分成若干"逻辑工作组",逻辑工作组中的主机可以根据功能、部门、应用等因素划分,而无须考虑它们所处的物理位置。交换机控制数据帧的流向,保证一个逻辑工作组中的数据帧只在该工作组内部流动,不会转发到其他逻辑工作组。

加入一个VLAN中的主机,感觉不到其他VLAN的存在。尽管自己所在的VLAN与其他VLAN共享了交换机,但是自我感觉自己所在的VLAN就是整个以太网。VLAN的原理与一台主机上运行多个虚拟机的原理一样,只不过虚拟局域网是在一台交换机(也可以是多台交换机)上运行多个VLAN。

VLAN技术的使用,有效地解决了以太网原有的广播风暴、网络安全性、网络的可管理性等问题,被广泛应用于以太网组网之中。

(1) VLAN技术有效地降低了广播风暴风险:使用VLAN技术以后,交换机在收到广播帧后首先判断发送主机所属的VLAN,然后向属于该VLAN的主机转发广播帧。在图3-4显示的以太网中,主机A、B和C属于VLAN1,主机D和E属于VLAN2。当交换机收到主机A发送的广播帧后,只会向主机B和C转发,主机D和E不会收到该广播帧。由

51

于一个 VLAN 中的广播帧不会出现在其他的 VLAN 中,因此,一个 VLAN 就是一个广播域。在使用 VLAN 之后,原有的大广播域被分割成多个小广播域,有效地降低了广播风暴发生的风险。

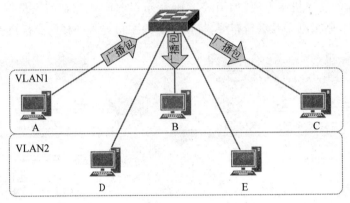

图 3-4 利用 VLAN 分割广播域

(2) VLAN 技术增强了网络的安全性:不但一个 VLAN 中的广播帧不会传播到其他 VLAN,一个 VLAN 中的其他数据帧也不会传播到其他 VLAN。不同 VLAN 之间的数据相互隔离的特性,增强了网络的安全性。

(3) VLAN 技术增强了网络的可管理性:在组网完成后,网络管理员利用 VLAN 技术通过软件就可以对用户进行工作组的划分,无须考虑他们所在的物理位置,节省了重新布线等管理和运营开销。

3.2 VLAN 的工作原理

VLAN 的划分可以根据功能、部门或应用而无须考虑主机的物理位置。属于同一 VLAN 的主机可以相互发送信息,共享同一个广播域,不同 VLAN 中的主机不能相互通信。

VLAN 的划分方法分为两种,一种是静态 VLAN 划分方法,另一种是动态 VLAN 划分方法。其中,动态 VLAN 划分方法又包括基于 MAC 地址、基于互联层协议、基于 IP 组播、基于策略等多种方法。不同的划分方法有不同的特点,其区别主要表现在对 VLAN 成员的定义上。在组建以太网时,网络管理员需要按照网络应用环境的不同选择合适的划分方法。本节对基于接口的静态 VLAN 划分法和基于 MAC 的动态 VLAN 划分法进行介绍。

3.2.1 基于接口的静态 VLAN

在实际工作中,基于接口的静态 VLAN 是最实用(也是最常用)的一种 VLAN。静态 VLAN 通过网络管理员静态地将交换机上的接口划分给某个 VLAN,从而把主机划分为不同的部分,实现不同逻辑组之间的相互隔离。划分后的接口与 VLAN 之间一直保持着这种配置关系,直到人为改变它们。

在图 3-5 所示的 VLAN 配置中,以太网交换机接口 1、2、4、6 被划分到 VLAN1,接口 3、5 被划分到 VLAN2。按照网络管理员的配置指令,交换机形成 VLAN 与其接口的对照表,如图 3-5 所示。从一个接口收到数据帧后,交换机首先通过接口/MAC 地址映射表查找需要转发的接口,而后再通过 VLAN 成员对照表判定需要转发的接口是否与接收接口同属一个 VLAN。如果同属一个 VLAN 则转发,否则就抛弃。这样,就保证了一个 VLAN 中的数据不会转发到另外一个 VLAN 中。例如,在图 3-5 提供的示意图中,由于接口 1 属于 VLAN1,因此,交换机从该接口收到的数据帧只可能转发给 VLAN1 拥有的接口 2、4 和 6,其他接口(接口 3 和 5)不会收到该帧的任何信息。

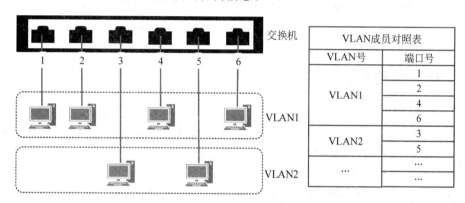

图 3-5　基于接口的 VLAN 划分

尽管静态 VLAN 方法需要网络管理员通过配置交换机进行更改,但这种方法安全性高,配置简单并且可以直接监控,因此,很受网络管理人员的欢迎。特别是主机位置相对稳定时,应用基于接口的静态 VLAN 划分策略是一种最佳选择。

3.2.2　基于 MAC 地址的动态 VLAN

在以 MAC 地址为基础划分 VLAN 时,网络管理员可以指定一个 VLAN 包含哪些 MAC 地址。如果一台主机的 MAC 地址与 VLAN 包含的一个 MAC 地址相同,那么这台主机就属于这个 VLAN。在图 3-6 给出的例子中,由于 VLAN1 包含的 MAC 地址为 00-30-80-7C-F1-21、52-54-4C-19-3D-03、00-50-BA-27-5D-A1 和 04-05-03-D4-E3-2A,因此,拥有这些 MAC 地址的主机属于 VLAN1;由于 LAN2 包含的 MAC 地址为 04-0E-C4-FE-51-3A 和 07-0E-76-BC-CF-3D,因此,拥有这两个 MAC 地址的主机属于 VLAN2。在基于 MAC 地址的动态 VLAN 中,判断一台主机属于哪个 VLAN,不是依据它所连接的交换机接口,而是根据它拥有的 MAC 地址。无论是从一个位置移动到另一个位置,还是从一个接口换到另一个接口,只要主机的 MAC 地址不变(即主机使用的网卡不变),这台主机就属于原来的 VLAN。

采用这种划分方法,需要将网络中每台主机的 MAC 地址绑定到特定的 VLAN。如果网络的规模比较大,网络管理员初始的配置工作量相当大。另外,当用户的主机更换网卡后,网络管理员也需要对 VLAN 的配置进行相应的改变。

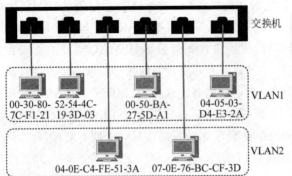

图 3-6　基于 MAC 地址的 VLAN 划分

3.2.3　跨越交换机的 VLAN

　　一个 VLAN 可以跨越多台交换机。那么,VLAN 在跨越交换机时会出现什么问题? 怎么解决这些问题? 为了讨论方便,本小节以基于接口的 VLAN 划分方法为例,介绍 VLAN 如何跨越交换机,以及数据帧在跨越交换时的传输过程。

1. 问题提出与解决方法

　　支持 VLAN 的交换机通常需要保存各个 VLAN 与其拥有成员的对照表。在采用基于接口的静态 VLAN 划分方法时,VLAN 与其成员对照表包含了每个 VLAN 拥有的接口号, 如图 3-5 所示。从一个接口收到的数据帧只能转发到与该接口处于同一 VLAN 的接口上。

　　当 VLAN 在单一交换机上实现时,交换机接收时即可掌握接收帧的输入接口,从而可以通过 VLAN 成员对照表判定该帧所属的 VLAN 和该帧的转发去向。例如在图 3-5 中, 交换机在接口 1 接收到帧时,可以通过 VLAN 成员对照表知道该帧属于 VLAN1,因此,这个帧只可能转发给接口 2、接口 4 或接口 6。

　　但是,当 VLAN 跨越两台或多台交换机时,由于连接交换机与交换机的中继线需要传递属于多个 VLAN 的数据帧,因此,仅依靠每个交换机中存储的 VLAN 成员对照表很难知道一个帧属于哪个 VLAN,一个帧应该转发到哪个接口。

　　例如在图 3-7 中,VLAN1 包含了交换机 1 的接口 1 和接口 3,交换机 2 的接口 3 和接口 5;VLAN2 包含了交换机 1 的接口 2 和接口 4,交换机 2 的接口 4 和接口 6。交换机 1 的接口 6 与交换机 2 的接口 1 通过中继线相连。由于中继线上既要传输 VLAN1 的数据帧,又要传输 VLAN2 的数据帧,因此,交换机 1 的接口 6 和交换机 2 的接口 1 既属于 VLAN1 又属于 VLAN2。当交换机 1 从接口 1 收到数据帧时,它通过查看自己的 VLAN 成员对照表可以判定该数据帧属于 VLAN1,只可能向接口 3 或接口 6 转发。如果该帧向接口 6 转发, 那么交换机 2 将在自己的接口 1 接收该帧。由于交换机的接口 1 既属于 VLAN1 又属于 VLAN2,而收到的数据帧中又没有携带该帧从属于哪个 VLAN,因此,交换机无法转发该帧。

　　为了解决交换机之间的 VLAN 信息交换问题,IEEE 推出了 802.1q 标准。IEEE 802.1q 通过扩展以太网数据帧结构,使交换机之间转发的数据帧中携带所属的 VLAN 信息,从而使接收的交换机能够了解数据帧的转发方向。

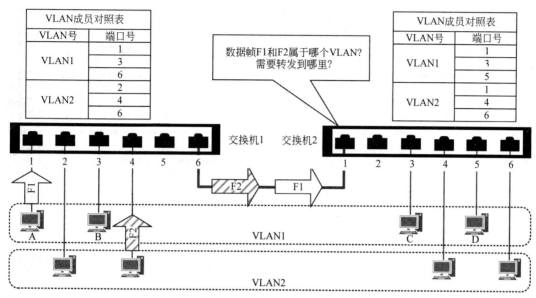

图 3-7　VLAN 跨越交换机的转发问题

当交换机在向与交换机连接的中继接口转发数据帧时,首先需要在原数据帧的源 MAC 地址字段之后增加一个 4 字节的 802.1q 标记字段,如图 3-8 所示。802.1q 标记字段除了包含一些控制信息外,最主要的是包含了一个 VLAN 标识符 VID。VID 的长度为 12 比特,用于标识该帧所属的 VLAN 号。由于 VID=0 和 VID=4095 留作他用,因此, IEEE 802.1q 要求 VID 应该为 1~4094。

前导码 (7B)	帧前定界符 (1B)	目的地址 (6B)	源地址 (6B)	802.1q标记 (4B)	长度/类型 (2B)	数据 (可变长度,46~1500B)	帧校验码 (4B)

图 3-8　添加 802.1q 标记后的以太网数据帧格式

当交换机接收到上一个交换机发来的数据帧后,通过检查该帧的 802.1q 标记字段,就可以获得该帧所属的 VLAN 信息,从而决定转发接口。需要注意的是,交换机在向连接主机的接口转发时,会将上一个交换机添加的 802.1q 标记删除。这样,可以保证目的主机收到的数据帧与源主机发送的数据帧一致。

2. VLAN 跨越交换机时的数据帧处理过程

在 VLAN 组网中,网络管理员既可以将交换机的一个接口配置为 802.1q 主干(trunk)接口,也可以配置为普通的存取(access)接口。主干接口用于交换机之间的连接,能够支持 802.1q 标记帧的发送和处理;而存取接口用于非 802.1q 设备(如主机)的连接,需要发送和处理不带 802.1q 标记的数据帧。

为了进一步理解 VLAN 和 802.1q,下面以图 3-9 为例,较为完整地介绍 802.1q 交换机的数据帧处理过程。讨论中我们假设交换机 1 的接口 6 通过中继线与交换机 2 的接口 1 相连,交换机 1 的接口 6 和交换机 2 的接口 1 为主干接口,支持 802.1q 标记帧的发送和处理。同时,假设主机 A 向主机 C 发送数据帧 F_{AC}。

(1) 主机 A 形成数据帧 F_{AC} 并开始发送,交换机 1 在接口 1 进行接收。由于主机 A 不

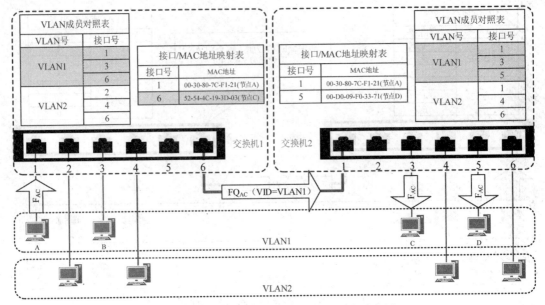

图 3-9   802.1q 交换机的数据帧处理过程示意图

支持 802.1q 标准,因此交换机 1 在接口 2 接收到的 F_{AC} 没有 802.1q 标记。

（2）根据本地接口/MAC 地址映射表和 VLAN 成员对照表,交换机 1 决定 F_{AC} 的转发去向。如果主机 C 的 MAC 地址出现在接口/MAC 地址映射表中,同时对应的接口号又为 VLAN1 的成员接口,那么交换机直接向该接口转发 F_{AC};否则,交换机 1 需要向接口 1 之外的所有 VLAN1 的成员接口转发 F_{AC}。本例中,由于主机 C 的 MAC 地址对应于接口 6,而且接口 6 属于 VLAN1 的成员,因此交换机直接将 F_{AC} 转发至接口 6。

（3）由于接口 6 为 802.1q 主干接口,因此交换机 1 首先在需要转发的 F_{AC} 中插入 802.1q 标记,形成新的数据帧 FQ_{AC},其中 VID 为 VLAN1。之后,交换机 1 在接口 6 发送 FQ_{AC}。

（4）交换机 2 在接口 1 接收 FQ_{AC}。通过分析 FQ_{AC} 中的 802.1q 标记字段,即可判定该帧属于 VLAN1。

（5）根据本地接口/MAC 地址映射表和 VLAN 成员对照表,交换机 2 决定 FQ_{AC} 的转发去向,具体过程与步骤（2）相似。由于主机 C 的 MAC 地址没有出现在交换机 2 的接口/MAC 地址映射表中,因此,交换机 2 向除接口 1 外的 VLAN1 成员接口（即接口 3 和 5）转发 FQ_{AC}。

（6）由于接口 3 和 5 不是 802.1q 主干接口,因此,交换机 2 在发送之前需要将 FQ_{AC} 中的 802.1q 标记删除,还原为数据帧 F_{AC}。

（7）主机 C 和 D 接收 F_{AC}。由于 F_{AC} 的目的地址与主机 C 的 MAC 地址匹配,因此,主机 C 继续处理 F_{AC},而主机 D 将其抛弃。

3.3   实验：交换机的配置与 VLAN 组网

交换机可以看成一台专用的计算机。按照操作系统和软件的不同,交换机的配置命令和配置方式也不同。大部分品牌的交换机(如华为交换机、思科交换机等)都可以通过控制

56

终端以命令提示符的方式进行配置。本节以 Cisco 公司的常用交换机为例,在介绍交换机的命令集使用方法之后,讨论如何在交换机上划分 VLAN。

3.3.1　交换机的配置命令

Cisco 交换机的配置分成不同的配置模式,配置模式之间按照层次结构组织,不同配置模式中使用的命令不同。

交换机的配置命令和使用技巧

在通过控制台进行配置时,开始处于用户模式。在用户模式下,交换机一般显示带“＞”的提示符(如“switch＞”)。用户模式下只可以进行一些最基本的操作,不能对交换机进行配置。例如,可以利用 show version 命令查看交换机使用的操作系统版本,也可以利用 ping 命令测试与其他设备的连通性等。前面章节学习过的 show mac-address-table 命令也可以在这种模式下执行。

在用户模式下执行 enable 命令,交换机进入特权模式。在特权模式下,交换机一般显示带“♯”的提示符(如 switch♯)。enable 命令相当于一个登录命令,如果设置了口令,enable 命令后需要跟随口令才能进入特权模式。特权模式除了包含用户模式下的一些命令外,还包含其他一些命令。例如,可以使用 reload 命令重启交换机,也可以使用 copy 命令保存或调用交换机的配置等。如果希望退出特权模式,可以使用 exit 命令。

在特许模式下执行 config terminal 命令,交换机进入全局配置模式。在全局配置模式下,可以对交换机的全局信息进行配置。例如,可以使用 hostname 命令配置交换机使用的名称;使用 enable 命令设置 enable 登录时需要的口令等。如果希望退出全局配置模式,可以使用 exit 命令。

在全局配置模式下,可以使用不同的命令进入不同的子配置模式。例如,可以使用 interface 命令进入接口配置模式;使用 vlan 命令进入 VLAN 配置模式等。在子配置模式下,可以对相应的子部分进行配置。例如,在利用 interface 命令进入接口配置模式后,可以使用命令对相应的接口参数进行设置;在利用 vlan 命令进入 VLAN 配置模式后,可以使用命令对相应的 VLAN 参数进行配置。如果希望退出子配置模式,可以使用 exit 命令。

在子配置模式下,如果需要,还可以使用命令进入子配置模式的子配置模式。这样从用户模式开始,逐步进入更低级别的配置模式,形成了一个层次结构,如图 3-10 所示。

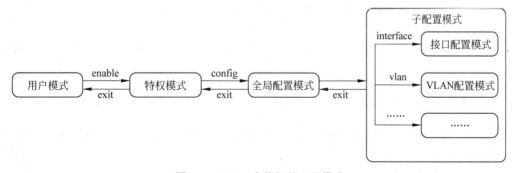

图 3-10　Cisco 交换机的配置模式

下面对 Cisco 交换机常用命令使用方法进行简单介绍。其他一些命令在实验遇到时再进行详细说明。

1. 使用"?"显示帮助信息

Cisco 提供的交换机配置命令非常多,有时很难记住命令的具体形式和使用的参数。这时,可以通过输入"?"来使用帮助。

如果直接输入"?",那么交换机返回该模式下可以使用的全部命令;如果输入了一部分命令后输入"?",那么交换机返回该命令的完整形式;如果输入命令后想知道该命令可以使用的参数,那么可以在命令后输入空格,而后跟随一个"?"。

例如在用户模式下,如果输入"?",那么系统显示用户模式下可以使用的全部命令;如果输入"sh?",那么系统将显示以 sh 开始的所有命令(如 show 等);如果输入"show ?",那么系统提示 show 命令可以使用的参数(如显示 show 命令可以使用 version 参数、mac-address-table 参数、vlan 参数等)。

2. 使用简化命令

为了方便记忆和理解命令的含义,Cisco 交换机提供的命令(或参数)有时使用较长的字符串表示。为了简化输入,Cisco 交换机允许用户只输入字符串的前面部分,只要前面部分能够与这一模式下的其他命令(或参数)区分即可。例如,在用户模式下输入 enable 命令时,输入 en 即可,因为 en 已经能够与用户模式下的其他命令完全区分,不会产生二义性。如果产生了二义性,系统会进行提示,这时只要再多输入几个字符即可。

3. 配置文件的保存和使用

利用命令将交换机的配置修改后,修改后的配置保存在内存中。如果关机或重启,修改后的配置就会丢失。为了使关机或重启后的交换机自动使用修改后的配置,需要将内存中的配置文件保存在交换机非易失的存储器中。要将内存中的配置存储到非易失存储器中,可以在特权模式下使用 copy running-config startup-config 命令。

另外,如果需要将修改后的配置恢复到开机时的状态,可以在特权模式下使用 copy startup-config running-config 命令。

4. 显示交换机的状态

Cisco 交换机使用 show 命令显示交换机的状态。例如,显示交换机内存中正在使用的配置文件,可以使用特权模式下的 show running-config 命令;显示非易失存储中保存的配置文件,可以使用特权模式下的 show startup-config;显示交换机当前的接口/MAC 地址映射表,可以使用特权模式或用户模式下的 show mac-address-table 命令。

5. 删除交换机的配置

Cisco 交换机使用 no 命令删除交换机的配置条目。例如,要删除编号为 10 的 VLAN,可以使用 no vlan 10。

3.3.2 VLAN 的配置

VLAN 的
配置

VLAN 的配置实验可以在虚拟仿真环境下进行。实验内容包括设备的连接、设备的配置和连通性测试。

1. 网络的拓扑结构

运行 Packet Tracer 仿真软件,在设备类型和设备选择区选择交换机和主机。将选择的交换机和主机用鼠标拖入 Packet Tracer 的工作区,形成如图 3-11 所示的仿真网络拓扑。在进行主机与交换机、交换机与交换机的连接时,请注意使用的电缆类型。

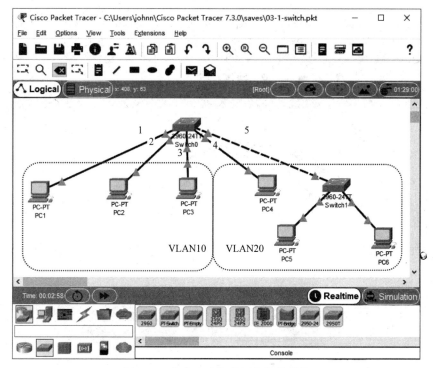

图 3-11　仿真实验中的网络拓扑结构

2. 主机 IP 地址的配置

配置图 3-11 中 PC1～PC6 的 IP 地址。主机的 IP 地址可以在 192.168.0.1～192.168.0.254 中任选一个,但每台主机必须选择不同的 IP 地址,子网掩码填写 255.255.255.0 即可。由于还未划分 VLAN,因此 IP 地址配置完成后,所有主机之间都应该能够相互 ping 通。

3. 添加终端控制台

按照第 2 章介绍的实验内容,交换机的配置需要添加一台主机作为终端控制台。在图 3-11 的工作区中增加一台主机,并使用串口线将该主机的 RS-232 串行口与交换机的 Console 接口进行连接,如图 3-12 所示。然后单击用于控制终端的主机 PC0,在弹出的配置界面中依次选择 Desktop-Terminal 启动终端控制程序。在终端控制台程序中输入常用的 enable、show running-config、show mac-address-table 等命令,观察交换机的回送信息。

4. 查看 VLAN 配置

查看交换机的 VLAN 配置可以在特权模式下使用 show vlan 命令,如图 3-13 所示。交换机返回的信息显示了当前交换机配置的 VLAN 数量、VLAN 编号、VLAN 名字、VLAN 状态,以及每个 VLAN 包含的接口。

5. 添加 VLAN

按照图 3-11 的要求,需要为实验划分两个 VLAN,一个编号为 10,另一个编号为 20。每个 VLAN 都可以配置一个容易记住的名字。例如,编号为 10 的 VLAN 叫 myVLAN10;编号为 20 的 VLAN 叫 myVLAN20 等。

如果要添加一个编号为 10、名字为 myVLAN10 的 VLAN,那么可以按照如下步骤进行,如图 3-14 所示。

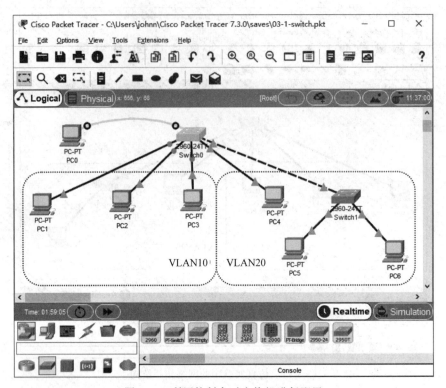

图 3-12　利用控制台对交换机进行配置

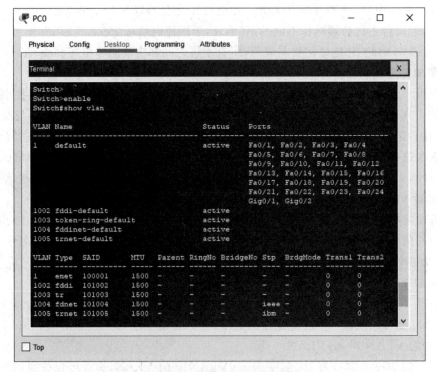

图 3-13　查看 VLAN 的配置

图 3-14 添加 VLAN

(1) 在用户模式下利用 enable 命令进入特权模式。之后,再利用 config terminal 命令进入交换机的终端配置模式。

(2) 利用 vlan *vlanID* 命令创建一个编号为 *vlanID* 的虚拟局域网,并进入该 VLAN 的配置模式。在图 3-14 中,vlan 10 命令创建了一个编号为 10 的虚拟局域网。在创建完成之后,系统自动进入编号为 10 的 VLAN 配置模式。

(3) 如果希望为创建的 VLAN 设置一个好记的名字,可以在该 VLAN 的配置模式下使用 name *vlanName* 命令。在图 3-14 中,name myVLAN10 将编号为 10 的 VLAN 命名为 myVLAN10。

(4) 使用 exit 命令退出 VLAN 配置模式,再使用 exit 命令退出全局配置模式。

添加 VLAN 之后,可以在特权模式下使用 show vlan 命令再次查看交换机的 VLAN 配置,如图 3-15 所示,确认新的 VLAN 已经添加成功。

按照同样的方式,添加编号为 20 的 VLAN。

6. 为 VLAN 分配接口

以太网交换机通过把某些接口分配给一个特定的 VLAN 以建立静态虚拟局域网。将某一接口(例如 Fa0/1 接口)分配给某一个 VLAN 的过程如图 3-16 所示。

(1) 在特权模式下执行 configure terminal 命令,进入交换机的终端配置模式。

(2) 利用 interface *ifID* 命令进入指定的 *ifID* 接口的配置模式。例如,利用 interface Fa0/1 命令进入 Fa0/1 接口的配置模式。

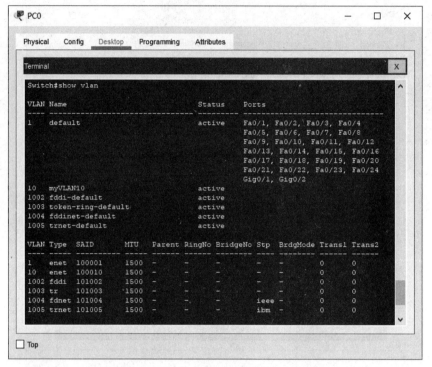

图 3-15　使用 show vlan 命令确认 VLAN 已经加入

图 3-16　为 VLAN 分配接口

（3）交换的接口既可以配置成存取接口，也可以配置成主干接口。存取接口用于连接主机等终端设备；主干接口用于交换机等设备的级联，在转发数据时会添加 802.1q 标记信息。由于本实验无须在两台交换机之间传输 VLAN 信息，因此所有接口需要设置为存取接口。在接口配置模式下，使用 switchport mode access 命令把配置的接口设置为存取方式，然后再使用 switchport access vlan *vlanID* 命令把接口分配给编号为 *vlanID* 的虚拟局域网。在图 3-16 中，switchport mode access 命令和 switchport access vlan 10 命令将配置的接口（Fa0/1 接口）设置为存取方式，并将其分配给编号为 10 的虚拟局域网。

（4）执行 exit 命令退出接口配置模式，再使用 exit 命令退出终端配置模式。

按照图 3-11 的要求，将交换机 Switch0 的 Fa0/1～Fa0/3 分配给编号为 10 的 VLAN，将 Fa0/4～Fa0/5 分配给编号为 20 的 VLAN。之后，利用 show vlan 命令显示交换机的 VLAN 配置信息，确认 Fa0/1～Fa0/3 位于 VLAN10 中，Fa0/4～Fa0/5 位于 VLAN20 中，如图 3-17 所示。

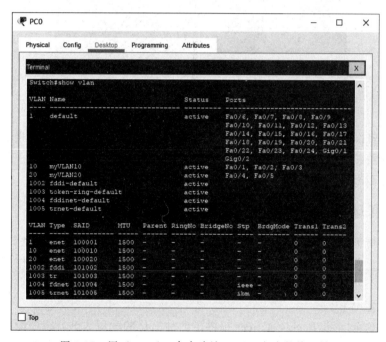

图 3-17　用 show vlan 命令确认 VLAN 包含的接口号

使用主机 PC1 分别去 ping 主机 PC2～PC6，观察会有什么现象发生，并对其进行解释。同时思考用于连接 Switch1 的 Fa0/6 接口为何无须设置为主干接口。

7. 删除 VLAN

当一个 VLAN 的存在没有任何意义时，可以将它删除。删除 VLAN 的步骤如图 3-18 所示。

（1）在特权模式下利用 config terminal 命令进入交换机的终端配置模式。

（2）执行 no vlan *vlanID* 命令将编号为 *vlanID* 的 VLAN 删除。例如，no vlan 10 命令将删除编号为 10 的 VLAN 虚拟局域网。

（3）使用 exit 命令退出终端配置模式。

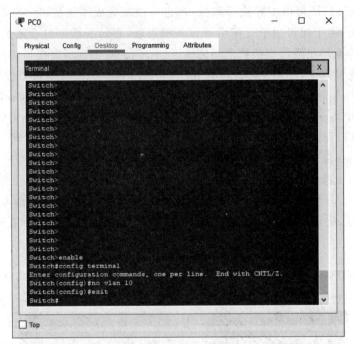

图 3-18　删除 VLAN

注意：在删除一个 VLAN 后，原来分配给这个 VLAN 的接口将处于非激活状态。交换机不会将这些接口自动归入另一个现存的 VLAN。当再次分配给一个 VLAN 时，这些接口就会被重新激活。

3.3.3　仿真环境中的简化配置方法

仿真环境下的简化配置方法和模拟运行方式

在真实环境下，通过终端控制台对交换机进行配置是最基本的配置方法，包括交换机在内的多数网络设备都可以通过这种方式进行配置。如果 Packet Tracer 工作区中每个网络设备都连接一个终端控制台，那么工作区界面就会显得非常凌乱，特别是网络拓扑中含有多个网络设备的情况下。

为了解决这个问题，Packet Tracer 提供了两种简化的配置方法：一种配置方法利用设备配置界面的 CLI(command line interface，命令行界面)对交换机进行配置，另一种配置方法利用设备配置界面的 Config 对交换机进行配置。这两种配置方法都可以在不添加终端控制台的情况下对交换机进行配置，使 Packet Tracer 的工作界面更加简洁。但是需要注意的是，这两种简化的配置方式在真实环境中并不存在。如果在真实环境中配置网络设备，终端控制台必不可少。

(1) 利用设备配置界面的 CLI 对交换机进行配置：在 Packet Tracer 工作区中单击需要配置的交换机等网络设备，在弹出的配置界面中选择 CLI 标签，然后就可以像在终端控制台一样配置该设备，如图 3-19 所示。与连接终端控制台方式相同，在 CLI 中可以运行 show mac-address-table、config terminal、show vlan 等各种命令。需要注意，这种配置方式只是在仿真环境下省略了连接终端控制台的过程，但在真实环境中，连接控制终端是必不可少的。

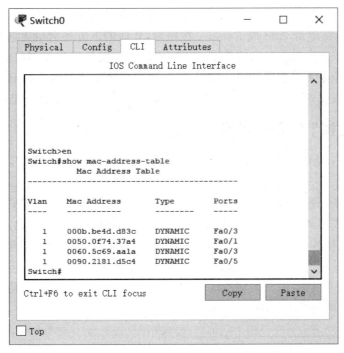

图 3-19　交换机的 CLI 界面

　　(2) 利用设备配置界面的 Config 对交换机进行配置: 这是一种类似图形化的配置界面。单击需要配置的网络设备,在弹出的配置界面中选择 Config 标签即可进入配置界面,如图 3-20 所示。例如,单击图 3-20 中的 VLAN Database,界面的右侧就会出现 VLAN 配

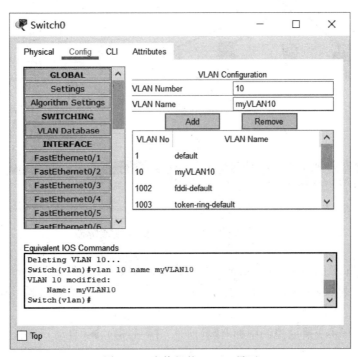

图 3-20　交换机的 Config 界面

置界面。只要输入 VLAN 号和 VLAN 名,就可以通过单击 Add 或 Remove 按钮增加或删除 VLAN。同时,在单击 Add 或 Remove 按钮后,界面的下方还会给出这次操作执行的相应命令和响应。虽然这种配置方式简单、直观,但是它只能配置界面列出的一些项目,适用于对交换机配置命令不熟悉的新手。需要注意,这种配置方式只是在仿真环境下将一些配置命令进行了图形化,真实环境中还是要连接终端控制台进行网络设备配置。

3.3.4 在“模拟”方式下观察数据包的收发过程

Packet Tracer 提供了两种仿真模式,一种是“实时”(Realtime)模式,另一种是“模拟”(Simulation)模式。

“实时”模式是一种默认模式,Packet Tracer 启动后默认在“实时”模式下运行。“实时”模式下的操作方式与真实环境非常相似,ping 命令会在很短时间内完成并显示。但是“实时”模式中不能观察数据分组一步一步地传递过程。为了更形象、具体地展示数据分组的传递过程和设备的处理过程,可以使用 Packet Tracer 提供的“模拟”模式。

“实时”模式和“模拟”模式的转换按钮在 Packet Tracer 界面的右下角。在选中“模拟”模式后,系统的界面将变为如图 3-21 所示。

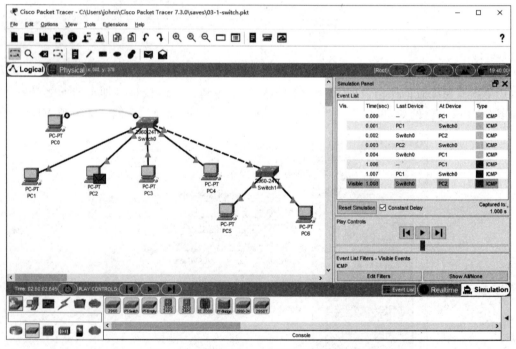

图 3-21　Packet Tracer 的“模拟”方式界面

图 3-21 的右部包括了 Play Controls(播放控制)、Event List Filters(事件过滤器)、Event List(事件列表)等内容。在运行中,左部的网络拓扑图上会以动画形式展示数据分组的传递过程。

- Play Controls:播放控制中拥有▶(前进)、◀(后退)、▶(自动)等按钮,控制单步或自动运行。

- Event List Filters：网络中传输的数据分组分为很多种,如后续章节将会介绍的 IP、ICMP、ARP 等。在模拟方式下,可以过滤出关心分组类型。只有这些关心的分组类型,才会在网络拓扑图中以动画的形式显示并在事件列表中列出来。如果希望设置关心的分组类型,可以单击 Edit Filters 按钮,在弹出的对话框中进行选择,如图 3-22 所示。由于 ping 命令发送的分组类型为 ICMP,因此本实验需要将 ICMP 类型选为关心的分组类型。

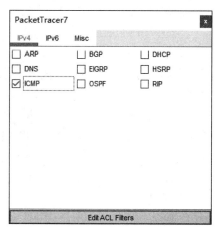

- Event List：事件列表展示关心分组的发送设备、接收设备和分组类型。单击事件列表中的数据分组,还可以看到该分组封装的具体内容和设备对它的处理过程,如图 3-23 所示。

图 3-22　选择关心的分组类型

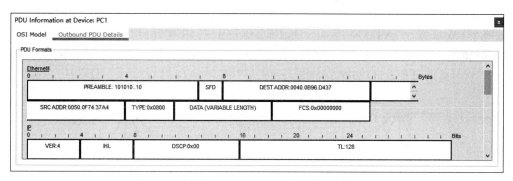

图 3-23　"模拟"方式下显示的数据帧的封装内容

学习以上内容后,请在"模拟"方式下通过 ping 命令测试网络的连通性,利用▶、◀和▶按钮控制数据分组的发送进度,观察数据分组的发送过程,查看数据分组中的封装内容。

练　习　题

1. 填空题

(1) VLAN 的划分方法通常分为两种,它们是_____划分法和_____划分法。

(2) 802.1q 协议的主要功能是_____。

(3) 如果交换机的一个接口用于连接主机,那么通常将其配置成_____接口类型。

(4) 在 Cisco 交换机的特权模式下,进入全局配置模式使用的命令为_____。

2. 单选题

(1) 关于交换式以太网的描述中,错误的是(　　)。

A. 以太网交换机可以对通过它的信息进行过滤

B. 以太网交换机中接口的速率可能不同

  C. 在交换式以太网中可以划分 VLAN

  D. 多个交换机组成的以太网不能出现环路

（2）802.1q 协议规定的 VID 位数为（ ）位。

  A. 8   B. 12   C. 16   D. 32

（3）在 Cisco 交换机中，如果希望删除编号为 100 的 VLAN，那么可以使用的命令是（ ）。

  A. del vlan 100 B. del 100 vlan C. no vlan 100 D. no 100 vlan

（4）以下关于 VLAN 的描述中，错误的是（ ）。

  A. 一个 VLAN 是一个广播域   B. VLAN 提高了以太网的工作效率

  C. VLAN 使管理以太网更加方便   D. 静态 VLAN 已经过时

3. 实操题

（1）除了本章介绍的终端控制台，通常还可以使用 Telnet 等方式对以太网交换机进行配置。查找相关资料，在 Packet Tracer 环境下利用 Telnet 客户端对交换机进行配置。

（2）在组建跨越交换机的 VLAN 时，用于交换机级联的接口需要使用 switchport mode trunk 设置为主干方式，然后使用 switchport trunk allowed *vlanID* 指定干线上可以传输哪个（或哪些个）VLAN 信息。在 Packet Tracer 环境下，组建两个跨越交换机的 VLAN，如图 3-24 所示。测试属于同一 VLAN 的主机之间是否可以相互通信，属于不同 VLAN 的主机之间是否可以相互通信。

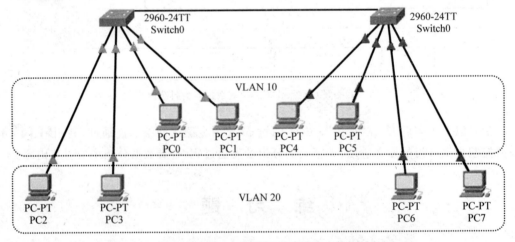

图 3-24 在 Packet Tracer 环境下组建跨越交换机的 VLAN

第4章　无线局域网组网技术

本章要点

➢ 无线局域网 CSMA/CA 的基本工作原理
➢ 无线局域网的组网模式
➢ 组网所需的器件和设备
动手操作
➢ 组装简单的无线局域网
➢ 测试无线网络的连通性

无线局域网(wireless local area network，WLAN)是一种利用空间无线电波作为传输介质的局域网，其网络节点既可以是固定的也可以是移动的，如图 4-1 所示。由于组建无线局域网不需要铺设线缆，因此具有安装简单、使用灵活、易于扩展的特点。随着无线网络技术的发展，无线局域网的应用范围不断扩展，呈现出强劲的发展势头。

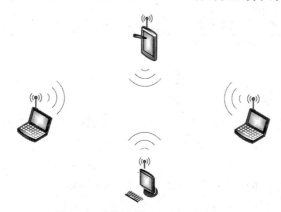

图 4-1　无线局域网 WLAN 示意图

无线局域网通常符合 IEEE 802.11 系列标准，是有线以太网技术和无线通信技术相结合的产物。由于在介质控制方法上与共享式有线以太网具有一定的相似性，因此，802.11 无线局域网通常叫做无线以太网。

4.1　无线局域网的传输介质

无线局域网与有线局域的显著差别是无线局域网利用空间电波传送数据信号。与有线传输介质(如非屏蔽双绞线、光纤等)相比，在无线传输介质中传输的数据出错概率更高。这是因为无线信号不但在穿过墙壁、家具等物体时强度会有不同程度的减弱,而且无线信号很容易受到同一频段其他信号源的干扰。同时,经地面或物体的反射,电波从发送方到接收方走过的路径可能不同。这些经不同路径的信号在接收方相互叠加,使合成的信号模糊不清。

为了提高数据在无线介质传输中的可靠性和传输速度,无线局域网通常采用扩频、正交复用、多入多出等先进的无线通信技术。通过使用这些通信技术,无线局域网的通信速率可以达到百兆,甚至千兆级别。由于这些技术细节超出了本书的范畴,因此这里不再详述。

无线局域网一般在工业、科学、医疗专用 ISM 频段(2.4GHz 频段)或免申请国家信息基础 UNII 频段(5GHz 频段)上运行。为了减少相互干扰,无线局域网又将使用的 2.4GHz 频段或 5GHz 频段划分为多个子频段,这些子频段通常被称为信道。需要注意,尽管一个区域内的多个无线局域网既可以采用相同的信道也可以采用不同的信道,但是每个无线局域网只能使用在组网初期选定的一个信道进行通信。

例如,无线局域网通常将 2.4GHz 的频段分成 11 个信道。如果一个无线局域网在组网初期选择第 6 信道作为站内节点的通信信道,那么在其后的通信中,这个局域网一直使用该通信信道。在同一区域内,另一个无线局域网既可以选择第 6 信道作为其通信信道,也可以选择其他信道(如第 3 信道)作为通信信道。

无线传输介质具有有线传输无可比拟的优点。利用无线传输介质组建局域网不需要铺设线缆,不受主机节点布局的限制。同时利用无线传输介质组建的网络既能适应固定网络节点的接入,也能适应移动网络节点的接入。

4.2 无线局域网与 CSMA/CA

在无线局域网中,无线节点将信息发送到共享的广播信道,其他无线节点通过共享的广播信道接收信息。这种方式与有线共享式以太网有很大的相似性。为了解决数据在共享广播信道中的冲突问题,无线局域网采用了带有冲突避免的载波侦听多路访问(CSMA/CA,carrier sense multiple access with collision avoidance)方法对共享广播信道的使用进行控制。

与共享式有线以太网的 CSMA/CD 方法相似,无线局域网每个节点在发送数据之前需要侦听共享无线信道,如果忙(即其他节点正在发送),那么该站点必须等待。与共享式有线以太网的 CSMA/CD 方法不同,无线局域网采用的是冲突避免(CA)技术而不是冲突检测(CD)技术。这意味着无线节点应采取一定的措施尽量避免与其他节点发送的信息发生冲突,而不像共享式有线以太网那样一边发送一边进行冲突检测。未采用冲突检测技术的主要原因是在无线网卡中实现冲突检测功能的代价很大。

由于无线节点在占用信道发送信息过程中不能检测冲突,发送节点不知道发送的信息是否正确到达接收节点,因此,无线局域网 CSMA/CA 方法要求目标节点收到完整无损的信息后回送确认信息。只有正确接收到目标节点回送的确认信息,发送节点才认为发送成功;否则,发送节点认为发送失败,需要重新发送该信息。

1. 无线局域网的发送

由于无线局域网采用广播方式在共享的信道中发送信息,因此,"冲突"的产生不可避免。但是,无线局域网采用的冲突避免(CA)技术能有效减少冲突的发生。

实际上,冲突最有可能发生在共享广播信道由"忙"变"闲"的一刹那。这时多个准备发送的节点同时检测到信道空闲,同时争用信道进行发送。为此,CSMA/CA 技术要求每个发送节点在检测到信道空闲后随机选择一个延迟发送时间,只有信道空闲且延迟发送时间到时后,信息的发送过程才能开始。具体发送过程如下:

(1) 发送节点侦听共享信道,直到空闲为止。

(2) 发送节点随机选择一个延迟发送时间值并在信道空闲时递减该值。当侦听到信道忙时,延迟发送时间值保持不变。

(3) 当延迟发送时间值递减为 0 时(由于只有在信道空闲时才递减该值,因此这时的信道一定处于空闲状态),发送节点发送整个数据信息并等待接收确认信息。

(4) 如果在规定的时间内收到确认信息,那么发送节点认为目标节点已经正确接收到发送的信息,发送过程结束;如果未收到确认信息,那么发送节点认为发送失败。

(5) 在发送失败的情况下,发送节点根据失败的次数决定是否重发该信息。如果失败的次数小于某一规定的值,那么发送流程转回到步骤(1)重发该信息;否则,发送节点放弃该信息的发送并返回。

图 4-2 显示了一个 CSMA/CA 简单的数据发送过程。在 t_1 和 t_2 时刻,节点 A 和节点 B 分别需要发送数据信息 I_A 和 I_B。于是,它们分别在 t_1 和 t_2 时刻开始侦听信道。当发现信道已经被占用后(这时节点 C 正在占用信道发送数据),节点 A 和节点 B 持续侦听信道直到 t_3 时刻信道空闲(节点 C 发送结束)。这时,节点 A 和节点 B 并不能马上开始发送,而是各自随机选择一个延迟发送时间,并在信道空闲时递减该值。在图 4-2 中,t_3 到 t_4 之间信道一直空闲,因此,节点 A 和节点 B 可以顺利递减延迟发送时间值。在时刻 t_4,节点 A 随机选择的发送时间值递减为 0,于是它开始发送其数据信息 I_A。与此同时,由于节点 B 侦听到信道忙(节点 A 已经开始发送数据),因此,它停止其延迟发送时间值的递减并继续侦听信道,直到 t_6 时刻节点 A 发送结束。从时刻 t_6 开始,节点 B 又侦听到信道空闲,于是开始继续递减其延迟发送时间值。由于信道一直空闲,节点 B 在 t_7 时刻顺利将其延迟发送时间值递减到 0,因此,它在 t_7 时刻开始发送自己的数据信息 I_B,直到发送结束。

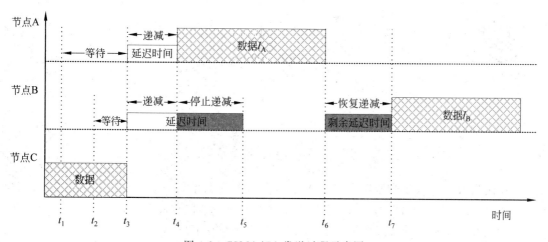

图 4-2 CSMA/CA 发送过程示意图

采用 CSMA/CA 方法的节点 A 和 B,由于在 t_3 时刻同时侦听到信道后并没有急于发送,而是采用了随机延迟发送的方法,因此,有效地避免了冲突的发生。

2. RTS 和 CTS 机制

尽管 CSMA/CA 方法在很大程度上能够避免冲突的发生,但是在某些情况下(如两个发送节点选择了相同的延迟发送时间值),冲突的发生又是不可避免的。与共享式有线以太网使用的 CSMA/CD 方法不同,由于 CSMA/CA 方法在发送过程中不进行侦听,因此,即使在发送过程中发生冲突,发送也不会立即停止。如果一个节点发送的数据与其他节点发送的数据发生冲突,那么,这些错误的数据只有当所有节点都发送完毕,信道空闲后才可能重新发送。因此,如果发生冲突的数据块长度很长,那么冲突数据块占用信道的时间也会很长,这样,信道的利用率就会降低。

为了提高信道的利用率,无线局域网引入了 RTS 和 CTS。RTS 和 CTS 是两个长度很短的控制信息数据。在发送正式的数据之前,发送节点首先发送 RTS,正确接收到 CTS 后,目标节点回送 CTS。RTS 和 CTS 用于通知无线局域网中的其他节点,在随后的一段时间内不要发送数据,信道已经被预约,预约时间的长度包含在 RTS 和 CTS 控制信息中。由于 RTS 与 CTS 长度很短,即使与其他节点发送的信息发生冲突,也不会浪费太多的时间占用信道。

RTS 和 CTS 的引入还在很大程度上解决了无线局域一个较为特殊的问题——隐藏终端问题。有线以太网通过限制电缆长度和网络规模,保证一个节点发送信息一定可以被该网中的其他节点收到。但是在无线局域网中,由于发送功率、障碍物等因素的影响,网络的覆盖边界很难确定,一个节点可能接收不到另一个节点发送的信息。

在图 4-3 所示的示意图中,节点 B 和节点 C 分别能与节点 A 通信。但是由于覆盖距离或障碍物(如墙壁)的影响,节点 B 和 C 之间互相听不到对方发送的信息,节点 B 和节点 C 相互隐藏。当节点 B 向节点 A 发送信息的过程中,由于节点 C 侦听不到信道忙,因此,节点 C 也可能向节点 A 发送信息,这样,节点 A 处便会产生冲突。

图 4-3　隐藏终端与 RTS 和 CTS

在使用 RTS 和 CTS 机制后,节点 B 向节点 A 发送数据前首先发送 RTS,而节点 A 收到后需要回送 CTS。如果节点 C 能正确接收到节点 A 回送的 CTS,那么它就可以根据CTS 信息中的信道预约时间延迟自己的发送,从而避免在节点 A 处发生冲突。

但是,尽管 RTS 和 CTS 的长度都很短,但是传送这些额外的控制信息也需要占用信道的宝贵时间。如果每次发送的数据块长度很短,那么 RTS 和 CTS 的引入反而会使信道的利用率下降。因此,在无线局域中,一般用户可以选择是否使用 RTS 和 CTS 机制,甚至可以选择发送数据块长度达到多大时使用 RTS 和 CTS 机制。

4.3 无线局域网的组网模式

无线局域网最基本的组网模式有两种,一种是自组无线局域网(ad hoc wireless LAN)模式,另一种是基础设施无线局域网(infrastructure wireless LAN)模式。通过这两种基本模式,可以组建多层次、无线与有线并存的计算机网络。

4.3.1 自组无线局域网

自组无线局域网中不存在中心节点,各无线节点具有平等的通信关系。因此,自组无线局域网也被称为对等无线局域网。在自组无线局域网中,每个无线节点按照 CSMA/CA 方式竞争无线共享信道,并在获得信道使用权后直接将数据发送给目标节点,不需要经过某个中心节点转发。图 4-4 显示了一个由 4 个节点形成的自组无线局域网,如果节点 A 需要向节点 B 发送信息,那么它在获得信道的使用权后直接将信息传送到 B 节点。

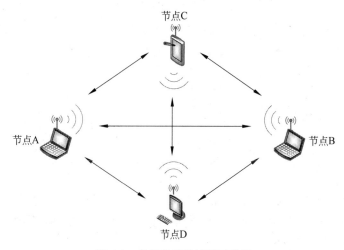

图 4-4 自组无线局域网示意图

每个 ad hoc 网络都有自己的名字,这个名字是一个 ASCII 码组成的字符串,称为服务集标识符(service set identifier,SSID)。在 ad hoc 网络存活期间,总会有一台主机周期性地广播带有 SSID 的信息帧(称之为信标帧),宣告该 ad hoc 的存在。

当一台主机要加入一个 ad hoc 时,它首先扫描所有的无线信道,监听信道上传送的信标帧。如果在一定的时间内没有收到自己想加入的信标帧,那么说明该主机是这个 ad hoc 网络的第一台主机,该主机开始周期性地发送信标帧;如果在监听过程中收到了自己希望加入的信标帧,那么说明该 ad hoc 已经存在,直接加入即可。

在 ad hoc 网络中,每台主机都需要不断地侦听信标帧。如果在一段时间内没有收到信标帧,那么说明发送信标帧的主机已经离开,这时每台主机都要随机选择一个等待时间值,等待时间值结束就承担起发送信标帧的任务。如果等待期间收到了来自其他主机的信标帧,那么说明其他主机已经承担了发送信标帧的任务,自己继续监听即可。

组建自组无线局域网只需要在主机中加装一块无线网卡,不需要其他任何固定设施。因此,自组无线局域网可以在需要时临时组成,具有简单、快速、经济的特点,非常适合于办公会议、野外作业、军事训练与实战等场合使用。

4.3.2 基础设施无线局域网

基础设施无线局域网存在一个中心节点,网络中其他节点之间的通信需要通过该中心节点转发完成。该节点类似于以太网中的交换机,我们将其称为无线访问接入点(access point,AP)。与自组无线局域网相同,基础设施无线局域网中的各节点(包括 AP)按照 CSMA/CA 方式竞争共享的无线信道,不过节点之间的通信需要 AP 转发。在图 4-5 所示的基础设施无线局域网中,如果节点 A 希望与节点 B 进行通信,那么节点 A 在得到信道使用权后首先将信息发给 AP,然后由 AP 节点转发给节点 B。

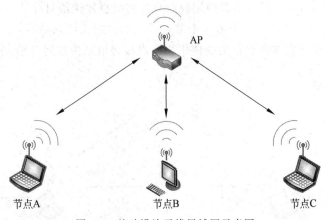

图 4-5　基础设施无线局域网示意图

带 AP 的无线局域网也通过服务集标识符 SSID 进行区分。在安装 AP 过程中,网络管理员会将该 SSID 写入 AP 中。与 ad hoc 网络不同,带 AP 的无线局域网由 AP 周期性地发送信标帧,宣告该无线局域网的存在。

无线主机扫描所有无线信道,就可以得到该区域现有的无线网络。如果主机加入某个无线网络,直接与这个网络的 AP 关联即可。无线主机扫描信道,发现无线网络后与 AP 关联的方式称为被动扫描(passive scanning)。

有时为了网络的安全性,网络管理员也可以将 AP 设置成不周期性发送信标帧。这时,主机如果想加入这个网络,需要主动向 AP 发出请求。这种无线主机主动向 AP 发起请求的关联方式称为主动扫描(active scanning)。主动扫描要求用户在与 AP 关联之前,首先输入需要关联的 SSID,因此对用户而言稍显烦琐。

由于基础设施无线局域网中存在中心节点,因此,比较容易控制其网络的安全性和可靠性。同时,AP 设备一般带有有线网络(如以太网)接口,可以实现无线网络和有线网络的互联。因此,基础设施无线局域网在办公自动化等领域得到了广泛应用,是目前最常见的无线网络组网模式。

4.4 无线局域网组网标准

尽管无线局域网都使用了 CSMA/CA 介质访问控制方法,但是由于采用的传输技术和传输频段不尽相同,网络的传输速率也有很大不同。目前,无线局域网的主要技术标准包括 IEEE 802.11、IEEE 802.11b、IEEE 802.11g、IEEE 802.11a、IEEE 802.11n、IEEE 802.11ac 等。表 4-1 列出了这些标准采用的传输频段和支持的数据传输速率。

表 4-1 无线局域网标准采用的频段和支持的数据传输速率

标准	频段	数据速率
802.11	2.4GHz	2Mbps
802.11b	2.4GHz	11Mbps
802.11g	2.4GHz	54Mbps
802.11a	5GHz	54Mbps
802.11n	2.4GHz 或 5GHz	600Mbps
802.11ac	5GHz	1Gbps

802.11、802.11b 和 802.11g 使用 2.4GHz 频段,由于采用的无线传输技术不同,支持的最大传输速率也不同。其中,802.11 的数据传输速率可以达到 2Mbps,802.11b 可以达到 11Mbps,802.11g 可以达到 54Mbps。与 802.11、802.11b 和 802.11g 不同,802.11a 使用 5GHz 频段,数据传输速率也可以达到 54Mbps。

802.11n 是一个较新的无线局域网标准,这个标准既可以使用 2.4GHz 频段,也可以使用 5GHz 频段。由于采用了更先进的无线传输技术,802.11n 的数据传输速率可以达到 600Mbps。同时,与 802.11、802.11b、802.11a 和 802.11g 相比,802.11n 具有更高的可靠性、更大的覆盖范围和更好的兼容性。

802.11ac 是 802.11n 的继承者,使用 5GHz 无线频段。802.11ac 扩展了 802.11n 使用的很多传输技术,数据传输速率可以到 1Gbps。目前,较新的无线局域网产品都开始支持 802.11ac 标准。

Wi-Fi 联盟(Wi-Fi alliance,无线保真联盟)是一个致力于改善无线局域网产品之间互通性的组织,通过 Wi-Fi 认证的产品通常具有很好的互通性和兼容性。由于一般的无线局域网产品都会经过 Wi-Fi 联盟的测试,因此 802.11 无线局域网有时也被称为 Wi-Fi 网。

需要注意的是,受应用环境(如距离、障碍物等)的影响,无线节点之间实际的数据传输速率可能达不到标准规定的最大数据传输速率。例如,802.11b 支持的最高数据传输速率为 11Mbps,但在实际应用中,根据应用环境的不同,节点之间的数据传输速率可能降至 5.5Mbps、2Mbps 或 1Mbps;802.11g 支持的最高数据传输速率为 54Mbps,在实际应用中,根据应用环境的不同,节点之间的数据传输速率可能降至 48Mbps、36Mbps、24Mbps、18Mbps、12Mbps、9Mbps 或 6Mbps。

4.5　组网所需的设备和器件

　　根据组网模式的不同,组装无线局域组网所需的器件和设备也稍有不同。常用的组网设备和器件包括无线网卡、AP 设备、天线等。

4.5.1　无线网卡

　　无线网卡能够实现 CSMA/CA 介质访问控制方法,完成类似于有线以太网网卡的功能。无线网卡是组装无线局域网的最基本部件,接入无线局域网的每个节点至少应该装有一块无线网卡。

　　无线网卡通常内置于笔记本电脑、平板电脑、智能电话等主机设备中。如果没有内置,可以通过外接的方式增加无线网卡。无线网卡与主机的接口有 PCI 的和 USB 的,如图 4-6 所示。由于 USB 接口的无线网卡安装和配置简单,因此最为常用。

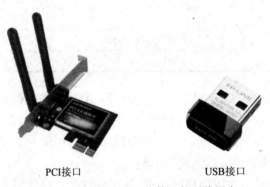

PCI接口　　　　　　　　　　USB接口

图 4-6　PCI 接口和 USB 接口的无线网卡

　　目前,市场上见到的无线网卡都能支持 802.11b/g/a/n 标准,较新的网卡也可以支持 802.11ac 标准。这些网卡基本都具有自适应功能,能够按照当时的环境等状态自动选择合适的标准和速率。

4.5.2　无线访问接入点

　　在基础设施无线局域网模式中,无线访问接入点 AP 处于中心位置,其功能类似于以太网交换机。由于无线节点间的通信都需要通过 AP 完成,因此,AP 设备的优劣直接关系到无线网络性能的高低。

　　AP 设备的种类很多,如图 4-7 所示。它们有的适用于企业,有的适用于家庭;有的适用于室内,有的适用于室外。目前,市场上出售的 AP 都能支持 802.11b/g/a/n 标准,较新的 AP 多数也可以支持 802.11ac 标准。

　　无线 AP 设备通常都带有有线以太网口,可以作为无线设备接入有线网络的桥梁,实现无线网络数据和有线网络数据的相互转发。

图 4-7　无线 AP 设备

4.5.3　天线

无线网卡和一些 AP 设备通常自带天线,但为了进一步提高数据传输的稳定性和可靠性,扩大无线局域网的覆盖范围,有时需要外接天线以提高无线信号的信噪比。

外接天线有多种类型,一般可以分为室内天线和室外天线,也可以分为全向天线和定向天线,如图 4-8 所示。

图 4-8　天线

4.6　实验：动手组装无线局域网

组建简单的
无线局域网

随着智能终端设备的兴起,无线局域网应用越来越多。其中,基础设施无线局域网是目前应用最广泛的无线局域网。AP 处于基础设施无线局域网的中心,负责转发其他节点的信息。本节在仿真环境下组建一个带有 AP 的无线局域网,学习无线网络的配置过程,熟悉网络的连通性测试方法。

1. 网络的拓扑结构

运行 Packet Tracer 仿真软件,在设备类型和设备选择区选择无线 AP 和主机,并将选择的无线 AP 和主机用鼠标拖入 Packet Tracer 的工作区,形成如图 4-9 所示的网络结构。这里,PC1 和 PC2 将与 AP 组成一个基础设施无线局域网。

2. 无线 AP 的配置

无论在真实环境下还是仿真环境下,无线 AP 都需要配置。单击无线 AP,在弹出的无线 AP 配置界面中选择 Config 中的无线端口 Port 1,可以配置无线 AP 的 SSID、使用的信道、加密和认证等参数,如图 4-10 所示。例如,可以将无线 AP 的 SSID 由默认的 default 修改为 AP0 等。

图 4-9　实验使用的网络拓扑结构

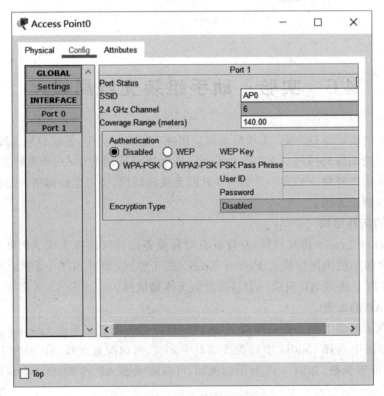

图 4-10　无线 AP 的配置界面

3. 在主机中添加无线网卡

连入无线网络的主机必须装有无线网卡,以及相应的无线网卡驱动程序。Packet Tracer 仿真环境中给出的主机(包括笔记本电脑)通常只安装了有线以太网卡。如果想连接无线 AP,那么必须在主机中添加一块无线网卡。Packet Tracer 仿真环境提供设备硬件模块的删除、添加功能。单击 Packet Tracer 工作区中的一个设备,弹出的配置界面中选择 Physical,可以看到该设备的外观、可用的组件模块,以及组件模块的说明。通过该界面,用鼠标拖拉的方式可以对仿真环境中的设备组件模块进行修改。例如,图 4-11 显示了单击工作区主机后系统弹出的 Physical 页面。图中左侧列出了该主机可以使用的组件模块列表,右侧显示了主机的外观。单击组件模块列表中的组件模块,该组件模块的功能将显示在界面下方的文本框中。

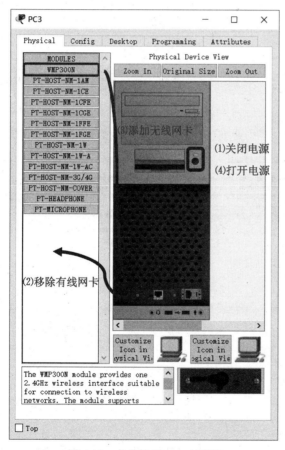

图 4-11 主机的 Physical 页面

为主机添加无线网卡的过程如下。

(1) 与真实环境相同,在 Packet Tracer 仿真环境下为设备添加或移除硬件模块必须在关机的状态下进行。单击设备外观中的"电源"按钮,可以转换这台设备的开关状态,如图 4-11 所示。

(2) 在组件模块列表中,WMP300N 是无线局域网网卡,该网卡需要占用一个扩展槽。但是,从外观上看,该主机目前没有可用的扩展槽。因此首先需要将有线网卡移除,以便为无线网卡腾出空间。单击"有线网卡"区域,将有线网卡用鼠标拖入组件模块列表中,移除有线网卡,如图 4-11 所示。

（3）在移除有线网卡后,单击组件模块列表中的无线网卡 WMP300N,用鼠标将其拖入空闲的主机插槽处,如图 4-11 所示。

（4）单击"电源"按钮,主机加电开始运行。

4. 连接无线 AP

添加无线网卡并加电运行后,需要将主机与 AP 进行关联,以便将主机加入 AP 所在网络。单击主机,在弹出界面的 Desktop 中运行 PC Wireless。之后,PC Wireless 的 Connect界面将显示系统搜索到的所有 AP,如图 4-12 所示。选择希望关联的 AP(例如图 4-12 中的AP0),单击 Connect 按钮,主机将与选择 AP 进行关联。在完成无线 AP 连接后,系统的状态应如图 4-13 所示。

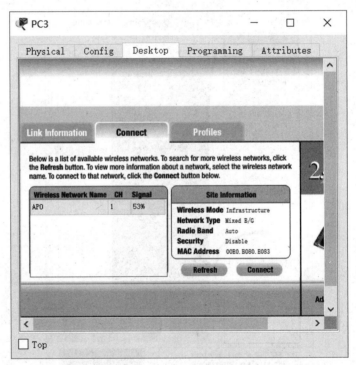

图 4-12　连接无线 AP 界面

5. 网络连通性测试

与有线网络一样,要进行无线网络的连通性测试,首先需要配置主机的 IP 地址,然后使用 ping 命令测试网络。

单击图 4-13 中的 PC1(或 PC2),在出现的界面中通过 Desktop-IP Configuration 依次进入 IP 地址配置界面,如图 4-14 所示。在 192.168.0.1~192.168.0.254 中任选一个 IP 地址填入 IP Address 文本框(注意每台主机必须选用不同的 IP 地址),同时在 Subnet Mask 文本框中填入 255.255.255.0。

配置主机 PC1 和 PC2 的 IP 地址后,可以在一台主机上使用 ping 命令去 ping 另一台主机。如果信息能够正确返回,那么说明网络的连通性没有问题。单击图 4-13 中的 PC1(或

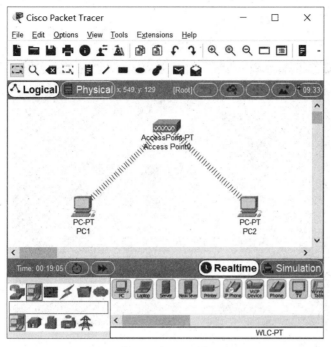

图 4-13　完成无线 AP 连接后的界面

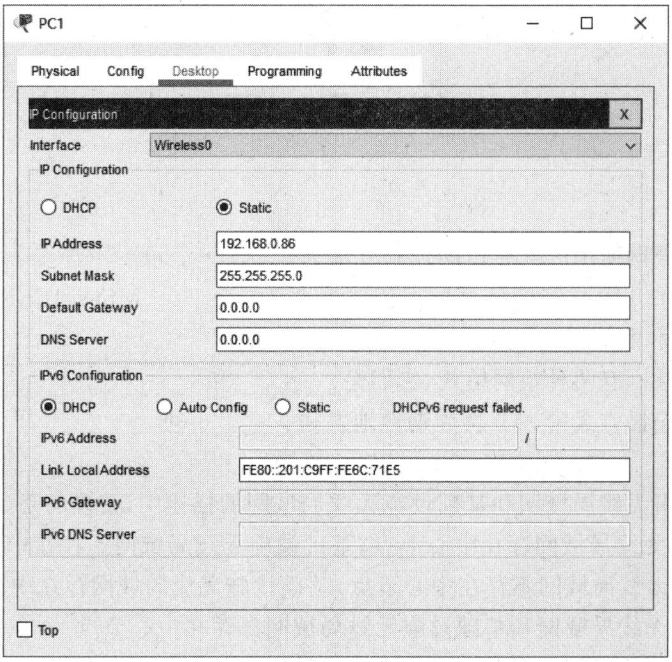

图 4-14　主机的 IP 地址配置界面

PC2），在出现的界面中通过 Desktop-Command Prompt 进入命令提示符程序。利用一台主机去 ping 另一台主机的 IP 地址，试一下你组建的无线局域网能否像图 4-15 一样通过测试。

81

图 4-15　利用 ping 命令测试无线网络的连通性

练　习　题

1. 填空题

(1) 无线局域网使用的介质访问控制方法为_____。

(2) IEEE 802.11b 支持的最高数据传输速率为_____ Mbps,IEEE 802.11g 支持的最高数据传输速率为_____ Mbps。

(3) 无线局域网有两种组网模式,它们是_____和_____。

(4) 在被动扫描方式中,AP 会周期性地发送_____帧。

2. 单选题

(1) 关于自组无线局域网和基础设施无线局域网的描述中,正确的是(　　)。

　　A. 自组无线局域网存在中心节点,基础设施无线局域网不存在中心节点

　　B. 自组无线局域网不存在中心节点,基础设施无线局域网存在中心节点

　　C. 自组无线局域网和基础设施无线局域网都存在中心节点

　　D. 自组无线局域网和基础设施无线局域网都不存在中心节点

(2) 关于无线局域网的描述中,正确的是(　　)。

　　A. 发送节点在发送信息的同时监测信道是否发生冲突

　　B. 发送节点发送信息后需要目的节点的确认

　　C. AP 节点的引入解决了无线局域网的发送冲突问题

D. 无线局域网和有线以太网都存在隐藏终端问题

（3）关于网卡驱动程序的描述中，正确的是（　　）。

A. 无线网卡需要驱动程序，有线网卡不需要

B. 有线网络需要驱动程序，无线网卡不需要

C. 无线网卡和有线网卡都需要网卡驱动程序

D. 无线网卡和有线网卡都不需要网卡驱动程序

（4）运行在 2.4GHz 频段上的两个无线局域网 A 和 B，如果 A 使用了第 2 信道，那么下列描述错误的是（　　）。

A. B 可以使用第 2 信道　　　　　　　B. B 不能使用第 2 信道

C. B 可以使用第 1 信道　　　　　　　D. B 可以使用第 6 信道

3. 实操题

（1）无线 AP 通常具有连接有线网络的能力。在 Packet Tracer 仿真环境下组建一个有线和无线混合网络，如图 4-16 所示。对网络中的 AP、交换机、主机进行配置，测试网络的连通性。

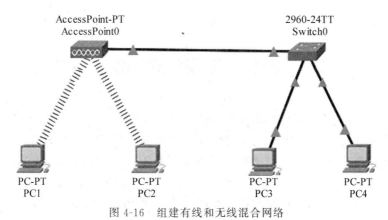

图 4-16　组建有线和无线混合网络

（2）很多操作系统都能够把一台具有 Internet 访问权限的无线主机当作 AP 使用。其他没有 Internet 访问权限的无线主机通过连接该 AP 访问 Internet。查找相关资料，把一台 Windows 10 主机设置成 AP，其他主机通过该 AP 上网。

第5章 互联网的基本概念

本章要点

➤ 互联网的作用和解决方案
➤ IP 互联网的工作机理
➤ IP 提供的主要服务
➤ IP 互联网的主要特点

物理网络之间相互连接构成了互联网。本章介绍互联网的基本概念、互联网的解决方案、IP 及 IP 服务。

5.1 互 联 网 络

作为一种局域网，以太网仅能够在较小的地理范围内提供高速可靠的服务。实际上，世界上存在着各种各样的物理网络，而每种物理网络都有与众不同的技术特点。这些物理网络有的提供短距离高速服务（如以太网），有的提供长距离大容量服务（如 DDN 网）。因为在寻址机制、分组最大长度、差错恢复、状态报告、用户接入等方面存在很大差异，所以这些物理网络不能直接相连，形成了相互隔离的网络孤岛，如图 5-1 所示。

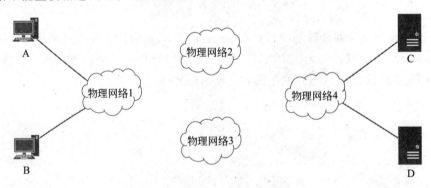

图 5-1　物理网络形成了相互隔离的孤岛

随着网络应用的深入和发展，用户越来越不满足网络孤岛的现状。不但一个物理网络上的节点有与另一个物理网络上的节点通信的需要（如图 5-1 中的节点 A 与节点 C），而且一个物理网络上的节点也有共享另一个物理网络上资源的需求（如图 5-1 中的节点 A 和节点 B 需要共享服务器 D 中的数据）。在强大用户需求的推动下，互联网络诞生了。

互联网是利用互联设备(一般为路由器)将两个或多个物理网络相互连接而形成的,如图 5-2 所示。

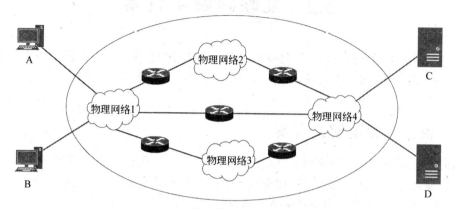

图 5-2 利用路由器将物理网络相连而形成互联网

互联网屏蔽了各个物理网络的差别(如寻址机制的差别、分组最大长度的差别、差错恢复的差别),隐藏了各个物理网络实现细节,为用户提供通用的服务。因此,用户常常把互联网看成一个虚拟网络(virtual network)系统,如图 5-3 所示。虚拟网络系统是对互联网结构的抽象,它提供通用的通信服务,能够将所有的主机互联起来,实现全方位的通信。

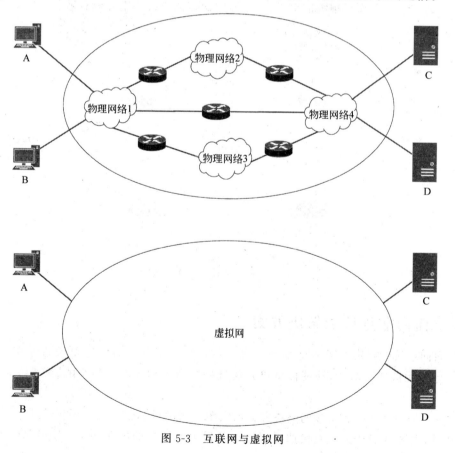

图 5-3 互联网与虚拟网

5.2 互联网解决方案

网络互联是 ISO/OSI 参考模型的网络层或 TCP/IP 体系结构的互联层需要解决的问题。网络互联的解决方案有两种,一种是面向连接的解决方案,另一种是面向非连接的解决方案。

5.2.1 面向连接的解决方案

面向连接的解决方案要求两个节点在通信时建立一条逻辑通道,所有的信息单元沿着这条逻辑通道传送。路由器将一个物理网络中的逻辑通道连接到另一个物理网络中的逻辑通道,最终形成一条从源节点至目的节点的完整通道。

在图 5-4 中,主机 A 和主机 B 通信时形成了一条逻辑通道。该通道经过物理网络 1、物理网络 2 和物理网络 4,并利用路由器 I 和路由器 M 连接起来。一旦该通道建立起来,主机 A 和主机 B 之间的信息传输就会沿着该通道进行。

面向连接的解决方案要求互联网中的每一个物理网络(如图 5-4 中的物理网络 1、物理网络 2、物理网络 3 和物理网络 4)都能够提供面向连接的服务,而这样的要求并不现实。尽管很多学者在这方面作了很大的努力,但是面向连接的解决方案并没有被工业界接受。

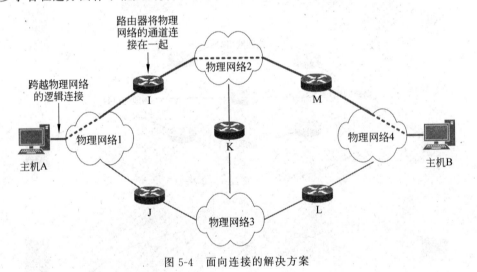

图 5-4 面向连接的解决方案

5.2.2 面向非连接的解决方案

与面向连接的解决方案不同,面向非连接的解决方案并不需要建立逻辑通道。互联网中的信息单元被独立对待,这些信息单元经过一系列的物理网络和路由器,最终到达目的节点。

图 5-5 是一个面向非连接的解决方案示意图。当主机 A 需要发送一个数据单元 P1 到主机 B 时,主机 A 首先进行路由选择,判断 P1 到达主机 B 的最佳路径。如果它认为 P1 经

过路由器 I 到达主机 B 是一条最佳路径,那么主机 A 就将 P1 投递给路由器 I。路由器 I 收到主机 A 发送的数据单元 P1 后,根据自己掌握的路由信息为 P1 选择一条到达主机 B 的最佳路径,从而决定将 P1 传递给路由器 K 还是路由器 M。这样,P1 经过多个路由器的中继和转发,最终到达目的主机 B。

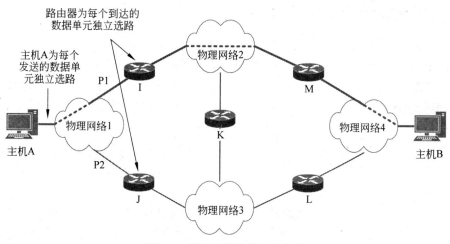

图 5-5　面向非连接的解决方案

如果主机 A 需要发送另一个数据单元 P2 到主机 B,那么主机 A 同样需要对 P2 进行路由选择。在面向非连接的解决方案中,由于设备对每一数据单元的路由选择独立进行,因此数据单元 P2 到达目的主机 B 可能经过了一条与 P1 完全不同的路径。

面向非连接的互联解决方案是一种简单而实用的解决方案。目前流行的互联网都采用了这种方案。

IP(Internet protocol)是面向非连接的互联解决方案中最常使用的协议。尽管 IP 不是由标准化组织出台的标准,但由于它效率高,互操作性好,实现简单,比较适合于异构网络,因此被众多著名的网络供应商(如华为、IBM、Microsoft、Cisco 等)采用,成为事实上的标准。支持 IP 的路由器称为 IP 路由器(IP router),IP 处理的数据单元叫作 IP 数据报(IP datagram)。

因特网(Internet)是世界上最具影响力的互联网。它是由分布在世界各地的、数以万计的、各种规模的物理网络,借助于网络互联设备——路由器,相互连接而形成的全球性的互联网。这个正以惊人速度发展的 Internet 采用的互联协议就是 IP。高效、可靠的 IP 为因特网的发展起了不可低估的作用。

5.3　IP 与 IP 层服务

如果说 IP 数据报是 IP 互联网中行驶的车辆,那么 IP 就是 IP 互联网中的交通规则。连入互联网的每台主机及处于十字路口的路由器都必须熟知和遵守该交通规则。发送数据的主机需要按 IP 装载数据,路由器需要按 IP 指挥交通,接收数据的主机需要按 IP 拆卸数据。满载着数据的IP数据报从源主机出发,在沿途各个路由器的指挥下就可以顺利地到达目的主机。

IP对IP数据报的格式、IP数据报的寻址和路由、IP数据报的分片和重组、差错控制和差错处理等做出了具体的规定。

5.3.1　IP互联网的工作机理

图5-6给出了一个IP互联网示意图,它包含了两个以太网和一个广域网,其中主机A与以太网1相连,主机B与以太网2相连,两台路由器除了分别连接两个以太网外还与广域网相连。从图中可以看到,主机A、主机B、路由器X和路由器Y都加有IP层并运行IP。由于IP层能够将数据单元从一个物理网转发至另一个物理网,因此互联网上的数据可以进行跨网传输。

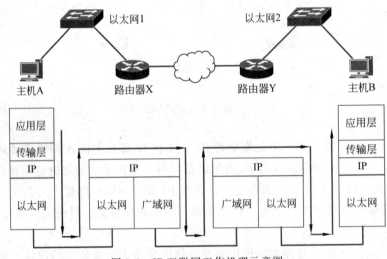

图 5-6　IP互联网工作机理示意图

如果主机A发送数据至主机B,IP互联网封装、处理和投递该信息的过程如下。

(1) 主机A的应用层形成要发送的数据并将该数据经传输层送到IP层处理。

(2) 主机A的IP层将该数据封装成IP数据报,并对该数据报进行路由选择,最终决定将它投递到路由器X。

(3) 主机A把IP数据报送交给它的以太网控制程序,以太网控制程序负责将IP数据报传递到路由器X。

(4) 路由器X的以太网控制程序收到主机A发送的信息后,将该信息送到它的IP层处理。

(5) 路由器X的IP层对该IP数据报进行拆封和处理。经过路由选择得知该数据必须穿越广域网才能到达目的地。

(6) 路由器X对数据再次封装,并将封装后的数据报送到它的广域网控制程序。

(7) 广域网控制程序负责将IP数据报从路由器X传递到路由器Y。

(8) 路由器Y的广域网控制程序将收到的IP数据报提交给它的IP层处理。

(9) 与路由器X相同,路由器Y对收到的IP数据报拆封并进行处理。通过路由选择得知,路由器 Y 与目的主机 B 处于同一以太网,可直接投递到达。

（10）路由器 Y 再次将数据封装成 IP 数据报,并将该数据报转交给自己的以太网控制程序发送。

（11）以太网控制程序负责把 IP 数据报由路由器 Y 传送到主机 B。

（12）主机 B 的以太网控制程序将收到的数据送交给它的 IP 层处理。

（13）主机 B 的 IP 层拆封和处理该 IP 数据报,在确定数据目的地为本机后,将数据经传输层提交给应用层。

5.3.2　IP 层服务

互联网的功能是屏蔽低层物理网络的差异,为用户提供通用的服务。具体地讲,运行 IP 的互联层为高层用户提供的服务有以下三个特点。

（1）不可靠的数据投递服务。这意味着 IP 不能保证数据报的可靠投递,IP 本身没有能力证实发送的报文是否被正确接收。数据报可能在线路延迟、路由错误、数据报分片和重组等过程中受到损坏,但是 IP 不检测这些错误。在错误发生时,IP 也没有可靠的机制通知发送方或接收方。

（2）面向无连接的传输服务。IP 不规定数据报沿途经过哪些节点,甚至不关心数据报起始于哪台主机、终止于哪台主机。由于 IP 独立地对待每个需要处理的数据报,因此从相同源节点到目的节点的多个数据报可能经过不同的路径进行传输。

（3）尽最大努力投递服务。尽管 IP 提供的是面向非连接的不可靠服务,但是 IP 并不随意地丢弃数据报。只有当系统的资源用尽、接收数据错误或网络故障等状态下,IP 才被迫丢弃数据报。

5.3.3　IP 互联网的特点

IP 互联网是一种面向非连接的互联网。IP 互联网对各个物理网络进行高度地抽象,形成一个大型的虚拟网络。总的来说,IP 互联网具有如下特点。

（1）IP 互联网隐藏了低层物理网络细节,向上为用户提供通用的、一致的网络服务。因此,尽管从网络设计者角度看,IP 互联网由路由器互联多个物理网络而成。但从用户的观点看,IP 互联网是一个单一的虚拟网络。

（2）IP 互联网不指定网络互联的拓扑结构,也不要求物理网络之间全互联,因此,IP 数据报从源主机至目的主机可能要经过若干中间物理网络。一个物理网络只要通过路由器与 IP 互联网中的任意一个物理网络相连,这个物理网络上的主机就具有访问整个互联网的能力,如图 5-7 所示。

（3）IP 互联网能在物理网络之间转发数据,信息可以跨网传输。

（4）IP 互联网中的所有主机使用统一的、全局的地址描述法。

（5）IP 互联网平等地对待互联网中的每一个物理网络,不管这个物理网络规模是大还是小,也不管这个物理网络的速度是快还是慢。实际上,在 IP 互联网中,任何一个能传输 IP 数据单元的通信系统均被看作一个物理网络（无论该通信系统的特性如何）。因此,大到广域网,小到局域网,甚至两台设备间的一条点到点链路,都被当作一个物理网络。IP 互联网平等对待这些物理网络。

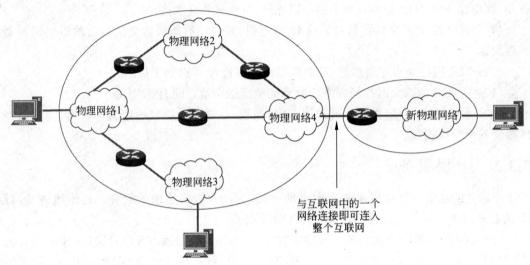

图 5-7 IP 互联网不要求网络之间全互联

练 习 题

1. 填空题

(1) 互联网的主要功能是_____。

(2) 网络互联的解决方案有两种，一种是_____，另一种是_____。其中，_____是目前主要使用的解决方案。

(3) IP 服务的特点为_____、_____和_____。

2. 单选题

(1) Internet 使用的互联协议是(   )。

　A. IPX 　　　　　　B. IP 　　　　　　　C. AppleTalk 　　　　D. NetBEUI

(2) 关于 IP 层功能的描述中，错误的是(   )。

　A. 可以屏蔽各个物理网络的差异

　B. 可以代替各个物理网络的数据链路层工作

　C. 可以隐藏各个物理网络的实现细节

　D. 可以为用户提供通用的服务

(3) 关于因特网的描述中，正确的是(   )。

　A. 因特网是一种互联网　　　　　　　　　B. 因特网是一种局域网

　C. 因特网是一种物理网　　　　　　　　　D. 因特网是一种广域网

3. 问答题

简述 IP 互联网的主要作用和特点。

第6章 IP 地址与 ARP

本章要点

➢ IP 地址的作用

➢ IP 地址的类别

➢ 无类别 IP 地址

➢ 特殊的 IP 地址

➢ 地址解析协议 ARP

动手操作

➢ 规划 IP 地址

➢ 配置设备的 IP 地址

IP 地址是 TCP/IP 互联网使用的一种通用地址形式,用于标识互联网上的节点到一个网络的连接,而 ARP 则用于将 IP 地址映射到物理地址。

6.1 IP 地址的作用

以太网利用 MAC 地址(物理地址)标识以太网中的一个节点,两个以太网节点的通信需要知道对方的 MAC 地址。但是以太网并不是唯一的物理网络类型,世界上存在着各种各样的物理网络,这些物理网络使用的技术不同,物理地址的长度、格式也不相同(例如以太网的物理地址为 48 位的二进制数,ATM 网的物理地址为 160 位的二进制数)。因此,如何统一节点的地址表示方式,保证信息跨网传输是互联网面临的一个挑战。

显然,统一物理地址的表示方法是不现实的,因为物理地址表示方法与每一种物理网络的具体特性联系在一起。因此,互联网对各种物理网络地址的“统一”必须通过上层软件完成。确切地说,互联网对各种物理网络地址的“统一”要在互联层完成。

IP 提供了一种互联网通用的地址格式,该地址由 32 位的二进制数表示,用于屏蔽各种物理网络的地址差异。IP 规定的地址叫做 IP 地址。IP 地址由 IP 地址管理机构进行统一管理和分配,保证互联网上运行的设备(如主机、路由器等)不会产生地址冲突。

在互联网上,IP 地址的作用是标识互联网设备(例如主机、路由器等)到物理网络的连接。因为一条网络连接总是与设备上的一个网卡接口联系在一起,所以也可以说 IP 地址的作用是标识互联网设备(如主机、路由器等)上的接口。通俗地讲,IP 地址就是网络连接(或接口)的“名字”。由于一个 IP 地址可以唯一地确定一条连接(或一个接口),因此具有多个网络连接(或接口)的互联网设备就应该具有多个 IP 地址。在图 6-1 中,路由器的两个接口分别与两个不同的物理网络相连,因此它应该具有两个不同的 IP 地址。多宿主主机(装有多块网卡的主机)由于每块网卡都可以提供一条连接(或一个接口),因此它也应该具有多个 IP 地址。

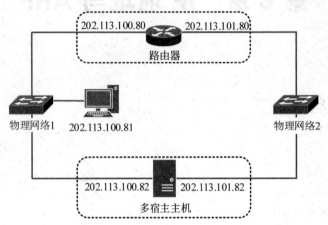

图 6-1　IP 地址的作用是标识网络连接或接口

在实际应用中,可以将多个 IP 地址绑定到一条连接(或一个接口)上,使一条连接(或一个接口)具有多个 IP 地址。这类似于为一条连接(或一个接口)分配多个"名字"。

因为通过 IP 地址可以找到相应的接口,通过接口可以找到拥有接口的主机,所以有时也用 IP 地址指定一台具体的主机。

6.2　IP 地址的类别

IP 互联网发展早期,人们通常使用有类别 IP 地址。但是,随着互联网规模的增大,有类别 IP 地址的问题逐渐显露出来。目前,IP 互联网中使用的 IP 地址通常是无类别 IP 地址。无类别 IP 地址是有类别 IP 地址的扩展。本节首先介绍有类别 IP 地址,下一节再讨论无类别 IP 地址。

6.2.1　IP 地址的层次结构

一个互联网包括了多个物理网络,而一个物理网络又包括了多台主机,因此,互联网是具有层次结构的,如图 6-2 所示。与互联网的层次结构对应,互联网使用的 IP 地址也采用了层次型的结构,如图 6-3 所示。

IP 地址由网络号(netid)和主机号(hostid)两个层次组成。网络号用来标识互联网中的一个特定物理网络,而主机号则用来表示该物理网络中主机的一个特定连接(或接口)。因此,IP 地址的编址方式明显地携带了位置信息。如果给出一个具体的 IP 地址,那么就能知道该连接位于哪个物理网络。这种编址方式非常有益于 IP 互联网的路由选择。

由于 IP 地址不仅包含了主机本身的地址信息,而且包含了主机所在物理网络的地址信息,因此在将主机从一个物理网络移到另一个物理网络时,主机的 IP 地址必须做出修改,以正确地反映这个变化。在图 6-4 中,如果具有 IP 地址 202.113.100.81 的主机需要从物理网

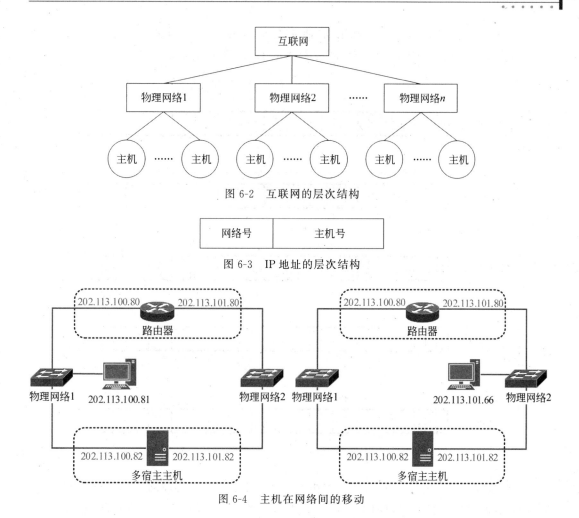

图 6-2　互联网的层次结构

图 6-3　IP 地址的层次结构

图 6-4　主机在网络间的移动

络 1 移动到物理网络 2,那么当它加入物理网络 2 后,必须为它分配新的 IP 地址(如202.113.101.66),否则就不可能与互联网上的其他主机正常通信。

实际上,IP 地址与生活中的邮件地址非常相似。生活中的邮件地址描述了信件收件人的地理位置,也具有一定的层次结构(如城市、区、街道等)。如果收件人的位置发生变化(如从一个城市搬到了另一个城市),那么邮件的地址就必须随之改变,否则邮件就不可能送达收件人。

6.2.2　IP 地址的类别区分

IP 规定,IP 地址的长度为 32 位。这 32 位包括了网络号部分和主机号部分。那么,在这 32 位中,哪些位代表网络号,哪些位代表主机号呢?这个问题看似简单,意义却很重大,因为当 IP 地址长度确定后,网络号长度将决定整个互联网中最多能包含多少个物理网络,主机号长度则决定每个物理网络最多能容纳多少台主机。

在互联网中,物理网络数是一个难以确定的因素,而不同种类的物理网络规模也相差很大。有的物理网络具有成百上千台主机,而有的物理网络只有几台主机。为了适应物理网络规模的不同,IP 将 IP 地址分成 A、B、C、D 和 E 五类,并使用 IP 地址的前几位加以区分,如图 6-5 所示。从图中可以看到,利用 IP 地址的前四位就可以分辨出它的地址类型。但事实上,只需利用前两位就能做出判断,因为 D 类和 E 类 IP 地址很少使用。

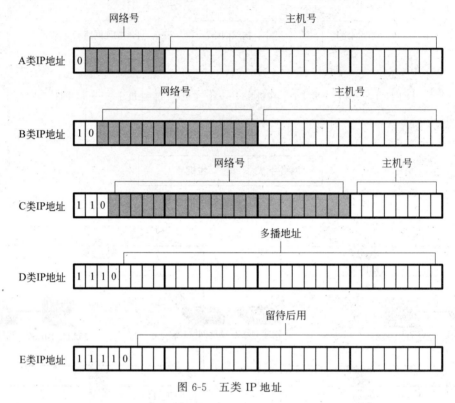

图 6-5　五类 IP 地址

　　每类地址所包含的物理网络数与主机数不同,用户可根据物理网络的规模进行选择。A 类 IP 地址用 7 位表示物理网络,24 位表示主机,因此,可以用于大型物理网络。B 类 IP 地址用 14 位表示物理网络,16 位表示主机,因此,可以用于中型物理网络。C 类 IP 地址用 21 位表示物理网络,8 位表示主机,因此,可以用于小型物理网络。D 类 IP 地址为多播地址,用于表示一个多播组。而 E 类则保留为今后使用。

　　IP 地址的类别是经过精心设计的,它能适应不同的物理网络规模,具有一定的灵活性。例如,大规模的物理网络可以使用 A 类 IP 地址,该物理网络中可以包含的设备连接数量可以超过 1.6×10^7;小规模的物理网络可以使用 C 类 IP 地址,该物理网络中包含的设备连接数量最多为 254。表 6-1 简要地总结了 A、B、C 三类 IP 地址可以容纳的物理网络数和主机数。需要注意,由于全 0 和全 1 的网络号不会分配给特定的物理网络,而全 0 和全 1 的主机号不会分配给特定物理连接或接口,因此在表 6-1 的容纳物理网络数和连接数中都有一个减 2 的操作。

表 6-1　A、B、C 三类 IP 地址可以容纳的物理网络数和主机数

类别	第一字节范围	容纳的物理网络数	容纳的连接数	适用范围
A	1～126	$2^7 - 2 = 126$	$2^{24} - 2 = 16,777,214$	大型物理网络
B	128～191	$2^{14} - 2 = 16382$	$2^{16} - 2 = 65,534$	中型物理网络
C	192～223	$2^{21} - 2 = 2097150$	$2^8 - 2 = 254$	小型物理网络

6.2.3　IP 地址的直观表示法

IP 地址由 32 位二进制数值组成（4 个字节）。为了简化书写和方便用户记忆，IP 地址通常采用点分十进制标记法进行直观表示。所谓的点分十进制就是将 IP 地址 4 个字节的二进制数转换成 4 个十进制数值，数值中间用"."隔开，表示成 $w.x.y.z$ 的形式，如图 6-6 所示。

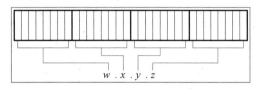

图 6-6　IP 地址的点分十进制标记法

例如，有二进制 IP 地址如下：

用点分十进制表示法表示成：202.93.120.44。

6.3　无类别 IP 地址

通过网络号和主机号的层次划分，A、B、C 三类 IP 地址可以适应不同的网络规模。使用 A 类 IP 地址的物理网络可以容纳超过 1.6×10^7 条网络连接，而使用 C 类 IP 地址的物理网络最多只能容纳 254 条网络连接。在 IP 互联网发展初期，IP 地址的这种类别设计完全能够满足组网的需求。但是，随着互联网规模的增大和互联网应用的增多，IP 地址资源越来越紧张，有类别 IP 地址的问题逐步显露出来。

首先，计算机技术的发展使微型计算机迅速普及，小型物理网络（特别是小型局域网络）越来越多。这些物理网络多则几十台主机，少则两三台主机。对于这样一些小规模物理网络，即使采用一个 C 类地址仍然是一种浪费（C 类地址可以容纳 254 条网络连接，而这些小规模物理网络仅需要几条或几十条连接）。有类别 IP 地址编址方式浪费严重。

其次，按照有类别 IP 地址的分配原则，中规模的物理网络应该采用 B 类 IP 地址。但是，B 类 IP 地址已经用完，人们希望将多个 C 类 IP 地址用于一个物理网络中。

为了解决这些问题，无类别 IP 地址将有类别 IP 地址进行改进，使 IP 地址中网络号部分和主机号部分占用的位数可以灵活设定。

6.3.1　无类别 IP 的编址方法

无类别 IP 地址是有类别 IP 地址的改进和扩展，它的地址长度、直观表示法也与有类别 IP 地址一致。为了适应数量众多的微小型物理网络，无类别 IP 编址采用从主机号部分借位的方式,形成所谓的子网,如图 6-7(a)所示;为了能将多个有类别 IP 地址块组合起来用于一个大的物理网络,无类别 IP 编址采用从网络号部分借位的方式,形成所谓的超网,如图 6-7(b)所示。无论从主机号部分借位还是从网络号部分借位,新形成的网络号部分都被称为网络前缀(network prefix),简称前缀。

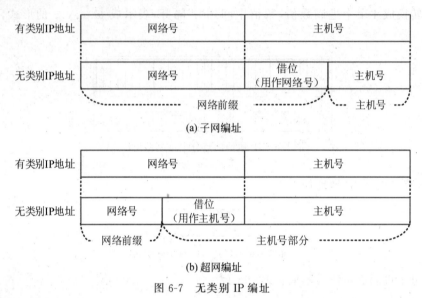

(a) 子网编址

(b) 超网编址

图 6-7 无类别 IP 编址

例如,130.66.××.××是一个 B 类 IP 地址,可分配的 IP 地址超过 6 万个。按照有类别 IP 地址进行分配时,这块 IP 地址只能分配给一个物理网络,不管这个物理网络是否需要这么多 IP 地址。为了能将这块 B 类 IP 地址分给多个物理网络使用,可以使用无类别 IP 地址的方式从主机号部分借位(例如,借用主机号的 8 位),利用借来的位充当网络号,以区别不同的物理网络,如图 6-8 所示。

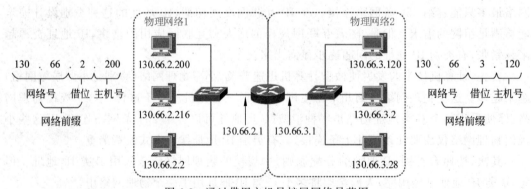

图 6-8 通过借用主机号扩展网络号范围

与上面的例子相似,202.113.0.××～202.113.255.××是 256 块 C 类 IP 地址,每块可分配的 IP 地址位 254 个。按照有类别 IP 地址分配规则,如果一个物理网络中需要的 IP 地址数目超过 254,那么就不能使用 C 类 IP 地址。为了能使多块 C 类地址分配给一个物理网络,可以使用无类别 IP 地址的方式从网络号部分借位(例如借用网络号的 8 位),利用借来的位充当主机号,以区别同一物理网络中的不同主机连接,如图 6-9 所示。

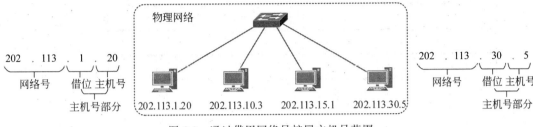

图 6-9　通过借用网络号扩展主机号范围

　　由于网络号和主机号不再是固定的几种长度,因此无类别 IP 地址适用的网络规模更加灵活和方便。

6.3.2　掩码表示法与斜杠标记法

　　有类别 IP 地址可以利用 32 位的前几位判定该 IP 地址哪些位是网络号,哪些位是主机号。例如,通过 32 位 IP 地址 202.113.25.106 的前 3 位"110",可以判定该 IP 地址是一个 C 类 IP 地址,其后的 21 位为网络号,8 位为主机号。但是,在无类别 IP 地址中,网络前缀和主机号都不是固定的。那么,怎么知道一个无类别 IP 地址中,哪些位代表网络前缀,哪些位代表主机号呢?

　　为了解决这个问题,无类别 IP 编址方案中增加了另外一个 32 位的二进制数,该 32 位二进制数被称为掩码(mask)。与 IP 地址类似,掩码也可以使用点分十进制表示法进行直观表示。一个 IP 地址对应于一个掩码,一个 IP 地址中的一位对应于一个掩码中的一位。如果一个 IP 地址中的某位为网络前缀,那么与之对应的掩码中的位为 1;如果一个 IP 地址中的某位为主机号,那么与之对应的掩码中的位为 0。

　　例如,128.22.25.6 是一个 B 类 IP 地址。但是,在无类别 IP 地址方案中,并不能从 128.22.25.6 判断出哪些位代表网络前缀,哪些位代表主机号。要想知道这些信息,只能将该 IP 地址和它的掩码联合起来看。在图 6-10(a)中,与 128.22.25.6 对应的掩码为 255.255.255.0(掩码的前 24 位为全 1,后 8 位为全 0)。按照与掩码的 1 对应的位为网络前缀,与掩码的 0 对应的位为主机号的规则,IP 地址 128.22.25.6 中的前 24 位为网络前缀,后 8 位为主机号。在图 6-10(b)中,与 128.22.25.6 对应的掩码为 255.255.240.0(掩码的前 20 位为全 1,后 12 位为全 0)。按照与掩码的 1 对应的位为网络前缀,与掩码的 0 对应的位为主机号的规则,IP 地址 128.22.25.6 中的前 20 位为网络前缀,后 12 位为主机号。

　　IP 地址和掩码通常可以使用点分十进制表示法进行直观表示,不过也可以使用"斜杠标记法"对 IP 地址和其掩码进行直观表示。

　　斜杠标记表示法采取了标记网络前缀长度的思想,其格式为"IP 地址/n"。其中,"IP 地址/n"中的 IP 地址表示一个无类别 IP 地址,n 表示这个 IP 地址中前 n 位为网络前缀。例如,在图 6-10(a)中,128.22.25.6 的掩码为 255.255.255.0。按照斜杠标记表示法可以将其写为 128.22.25.6/24。其中,/24 表示在 32 位的 IP 地址中,前 24 位为网络前缀,剩下的 8 位为主机号。在图 6-10(b)中,128.22.25.6 的掩码为 255.255.240.0。按照斜杠标记表示法可以将其写为 128.22.25.6/20。其中,/20 表示在 32 位的 IP 地址中,前 20 位为网络前缀,剩下的 12 位为主机号。

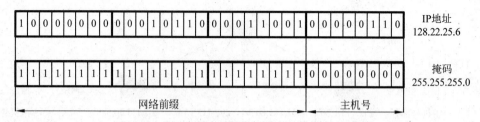

(a) 网络前缀为24位,主机号为8位

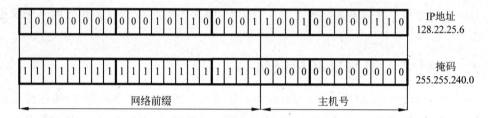

(b) 网络前缀为20位,主机号为12位

图 6-10   IP 地址与掩码的对应关系

注意:点分十进制表示法和斜杠标记法都是为书写简单、阅读容易而设计的。在主机的内部,IP 地址和掩码仍然是两个 32 位的二进制数。

6.3.3   特殊的 IP 地址形式

有些 IP 地址具有特殊的含义和使用方法,在分配和使用过程中需要注意。

1. 网络地址

在互联网中,怎么表示一个网络呢? IP 地址方案规定,网络可以使用网络地址表示。一个网络地址包含一个有效的网络前缀和一个全 0 的主机号。例如,128.22.25.0/24 就是一个网络地址。IP 地址 128.22.25.××/24 所处的网络就是 128.22.25.0/24。

为了得到一个 IP 地址所处的网络,可以将该 IP 地址与它的掩码相与。例如 IP 地址 128.22.25.6/24(IP 地址为 128.22.25.6,掩码为 255.255.255.0)所处的网络为:128.22.25.6 & 255.255.255.0＝128.22.25.0;IP 地址 128.22.25.6/20(IP 地址为 128.22.25.6,掩码为 255.255.240.0)所处的网络为:128.22.25.6 & 255.255.240.0＝128.22.16.0。

2. 广播地址

当一个设备向网络上所有的设备发送数据时,就产生了广播。为了使网络上所有设备能够注意到这样一个广播,必须使用一个可进行识别和侦听的 IP 地址。

IP 广播有两种形式,一种叫直接广播,另一种叫有限广播。

(1)直接广播:如果广播地址包含一个有效的网络前缀和一个全 1 的主机号,那么技术上称为直接广播(directed broadcasting)地址。在 IP 互联网中,任意一台主机均可向其他网络进行直接广播,例如 IP 地址 202.93.120.255/24 就是一个直接广播地址。如果互联网上的一台主机使用该 IP 地址作为数据报的目的 IP 地址,那么 202.93.120.0/24 网络上的所有主机都应该接收和处理该数据报。在进行直接广播前,发送者必须知道目的网络的网络前缀。

98

（2）有限广播：32 位全为 1 的 IP 地址（255.255.255.255）为有限广播（limited broadcasting）地址。有限广播将广播的数据报限制在本网络内部。有限广播可以在不知道自己所处网络的网络前缀时（如主机的启动过程中），将信息广播给本网络中的其他设备。

3. 回送地址

A 类 IP 地址 127.0.0.0～127.255.255.255 为保留地址，用于网络软件测试以及本地机器进程间通信。这些 IP 地址叫做回送地址（loopback address）。无论什么程序，一旦使用回送地址发送数据，协议软件不进行任何网络传输，立即将之返回。因此含有目的 IP 地址为 127 开始的数据报不可能出现在网络上。

4. 私有地址

A 类 IP 地址 10.0.0.0～10.255.255.255、B 类 IP 地址 172.16.0.0～172.31.255.255 和 C 类 IP 地址 192.168.0.0～192.168.255.255 保留给内部站点的多个物理网络使用，这些 IP 地址被称为私有地址。当收到目的地址为私有 IP 地址的数据报时，站点内部的路由器可以按照路由算法正常投递。但是，以私有 IP 地址为目的地址的数据报不会被投递到站点外部。

与私有地址相对应，公有地址在整个互联网上统一分配和使用。以公有 IP 地址为目的地址的数据报既可以在站点内部进行转发和投递，也可以在站点之间进行转发和投递。

5. 链路本地地址

B 类 IP 地址 169.254.0.0～169.254.255.255 为链路本地地址，通常在主机没能获得合适 IP 地址时由操作系统自主分配。同一物理网上的主机可以利用链路本地地址进行相互通信。

6.3.4 多层次划分

原本 IP 地址的网络号表示一个物理网，主机号表示一个主机的连接。因此，处于同一物理网中的主机连接应该具有相同的网络号，处于不同物理网中的主机连接应该具有不同的网络号。但是在使用无类别 IP 编址时，可以进行多层次的 IP 划分，使邻近的多个物理网络共享一个网络前缀。

假设一个单位包含多个部门，每个部门都建有自己的物理网络。部门的物理网络连入单位的路由器，并最终通过单位的路由器连入外网。在这种环境下，单位可以申请一大块 IP 地址，然后划分成小块分配给各个部门。

从单位的外部看，该单位的多个物理网络好像组成了一个大的物理网络，我们称为虚拟物理网络。外部路由器把这个由多个物理网络组成的虚拟物理网络当成一个物理网络处理。当然，从单位内部路由器看，单位还是由多个物理网络组成。单位可以将申请的 IP 地址块进一步划分，分配给部门级物理网络使用。

与单位将大块 IP 地址划分为小块分给部门级物理网络一样，如果部门级网络由多个子部门级物理网络组成，部门也可以将自己分配到的 IP 地址进一步划分为更小的块，从而将这些小块分配给子部门级物理网络使用。与外部看单位相同，单位也可以将一个部门的多个物理网络当成一个虚拟物理网络处理。

下面用一个具体的例子说明无类别 IP 编址的基本思想。假设一所大学有 A、B、C 和 D 四个学院，每个学院建有一个物理网络，如图 6-11 所示。假设学校申请到的 IP 地址块为

202.113.48.0/21(202.113.48.0~202.113.55.0 共 8 个连续的 C 类地址块)。这块 IP 地址的网络前缀长度为 21 位,主机号为 11 位。为了满足 4 个学院师生的上网需求,可以将 202.113.48.0/21 再平均分成 4 块,供 4 个学院的物理网络使用。由于将 202.113.48.0/21 再分成 4 块需要增加 2 位的网络前缀,因此,各个学院网络使用的 IP 地址前缀长度为 23。A 学院分到的 IP 地址块为 202.113.48.0/23,B 学院分到的 IP 地址块为 202.113.50.0/23,C 学院分到的 IP 地址块为 202.113.52.0/23,D 学院分到的 IP 地址块为 202.113.54.0/23。

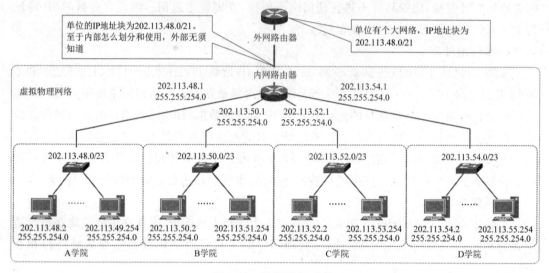

图 6-11　无类别 IP 编址

　　表 6-2 显示了各学院分配的 IP 地址情况。从表 6-2 和图 6-11 可以看到,各学院物理网络的前缀长度为 23 位,掩码为 255.255.254.0。由于主机号占用 9 位,因此学院可分配的 IP 地址为 $2^9-2=510$(个)。注意,与有类别 IP 编址相同,主机号为全 0 和全 1 的 IP 地址为网络地址和广播地址,不能分配给特定的网络连接。

表 6-2　各学院 IP 地址情况汇总

学　　院	A	B	C	D
网络前缀	202.113.48.0/23	202.113.50.0/23	202.113.52.0/23	202.113.54.0/23
掩码	255.255.254.0	255.255.254.0	255.255.254.0	255.255.254.0
可分配 IP 地址(后 2 段)	.48.1~.49.254	.50.1~.51.254	.52.1~.53.254	.54.1~.55.254
可分配的 IP 地址数	510	510	510	510
网络地址	202.113.48.0	202.113.50.0	202.113.52.0	202.113.54.0
广播地址	202.113.49.255	202.113.51.255	202.113.53.255	202.113.55.255

　　无类别 IP 编址可以按照网络的规模分配和申请 IP 地址,不受有类别 IP 地址规模的限制。与此同时,无类别 IP 编址还能够在一定程度上减少路由表表项,提高路由转发速度。由于其简单实用,因此得到了广泛应用。

6.4 地址解析协议

在互联网中,IP 地址能够屏蔽各个物理网络地址的差异,为上层用户提供"统一"的地址形式。但是这种"统一"是通过在物理网络上覆盖一层 IP 软件实现的,互联网并不对物理地址做任何修改。高层软件通过 IP 地址指定源地址和目的地址,而低层的物理网络通过物理地址发送和接收信息。

考虑一个网络上的两台主机 A 和 B,它们的 IP 地址分别为 I_A 和 I_B,物理地址为 P_A 和 P_B。在主机 A 需要将信息传送到主机 B 时,它使用 I_A 和 I_B 作为源地址和目的地址。但是,信息最终的传递必须利用下层的物理地址 P_A 和 P_B 实现。那么,主机 A 怎么将主机 B 的 IP 地址 I_B 映射到它的物理地址 P_B 上呢?

将 IP 地址映射到物理地址的实现方法有多种(例如静态表格、直接映射等),每种网络都可以根据自身特点选择适合自己的映射方法。地址解析协议 ARP(address resolution protocol)是以太网经常使用的映射方法,它充分利用了以太网的广播能力,将 IP 地址与物理地址进行动态联编(dynamic binding)。

6.4.1 ARP 的基本思想

以太网具有强大的广播能力。针对这种具备广播能力、物理地址位数长但长度固定的网络,通常可以采用动态联编方式进行 IP 地址到物理地址的映射。ARP 是一种最常用的动态联编协议,可以将 IP 地址映射为物理地址。

假定在一个以太网中,主机 A 欲获得主机 B 的 IP 地址 I_B 与 MAC 地址 P_B 的映射关系。ARP 的工作过程如图 6-12 所示。

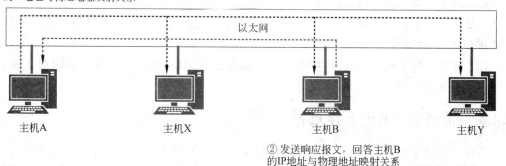

图 6-12 ARP 的基本思想

(1) 主机 A 广播一个带有 I_B 的请求信息包,请求主机 B 用它的 IP 地址 I_B 和 MAC 地址 P_B 的映射关系进行响应。

(2) 以太网上的所有主机接收到这个请求信息(包括主机 B 在内)。

(3) 主机 B 识别该请求信息,并向主机 A 发送带有自己的 IP 地址 I_B 和 MAC 地址 P_B 映射关系的响应信息包。

(4) 主机 A 得到 I_B 与 P_B 的映射关系,并可以在随后的发送过程中使用该映射关系。

6.4.2 ARP 的改进

ARP 请求信息和响应信息的频繁发送和接收必然对网络的效率产生影响。为了提高效率,ARP 可以采用以下改进技术。

1. 高速缓存技术

在每台使用 ARP 的主机中保留了一个专用的高速缓存区(cache),用于保存已知的 ARP 表项。一旦收到 ARP 应答,主机就将获得的 IP 地址与物理地址的映射关系存入高速缓存区的 ARP 表中。当发送信息时,主机首先到高速缓存区的 ARP 表中查找相应的映射关系,若找不到,再利用 ARP 进行地址解析。利用高速缓存技术,主机不必为每个发送的 IP 数据报使用 ARP,这样就可以减少网络流量,提高处理的效率。

主机的物理地址通常存储在网卡上,一旦网卡从一台主机换到另一台主机,其 IP 地址与物理地址的对应关系也就发生了变化。为了保证高速缓冲区中的 ARP 表的正确性,高速缓冲区中的 ARP 表必须经常更新。为此,ARP 表中的每一个表项都被分配了一个计时器,一旦某个表项超过了计时时限,主机就会自动将它删除,以保证 ARP 表的有效性。

实验表明,由于多数网络通信都需要持续发送多个信息包,因此即使高速缓存区保存一个小的 ARP 表也可以大幅度提高 ARP 的效率。

2. 其他改进技术

为了提高网络效率,有些软件在 ARP 实现过程中还采取了以下措施。

(1) 主机在发送 ARP 请求时,信息包中包含了自己的 IP 地址与物理地址的映射关系。这样,目的主机可以将该映射关系存储在自己的 ARP 表中,以备随后使用。由于主机之间的通信一般是相互的,因此当主机 A 发送信息到主机 B 后,主机 B 通常需要做出回应。利用这种 ARP 改进技术,可以防止目的主机紧接着为解析源主机的 IP 地址与物理地址的映射关系而再来一次 ARP 请求。

(2) 由于 ARP 请求是通过广播发送的,因此网络中的所有主机都会收到源主机的 IP 地址与物理地址的映射关系。于是,它们可以将该 IP 地址与物理地址的映射关系存入各自高速缓存区中,以备将来使用。

(3) 网络中的主机在启动时,可以主动广播自己的 IP 地址与物理地址的映射关系,以尽量避免其他主机对它进行 ARP 请求。

6.4.3 完整的 ARP 工作过程

假设以太网上有 4 台主机,它们分别是主机 A、B、X 和 Y,如图 6-13 所示。现在,主机 A 的应用程序需要和主机 B 的应用程序交换数据。在主机 A 发送信息前,必须首先得到主机 B 的 IP 地址与 MAC 地址的映射关系。一个完整的 ARP 软件的工作过程如下。

(1) 主机 A 检查自己高速缓存中的 ARP 表,判断 ARP 表中是否存有主机 B 的 IP 地址与 MAC 地址的映射关系。如果找到,则完成 ARP 地址解析;如果没有找到,则转至下一步。

(2) 主机 A 广播含有自身 IP 地址与 MAC 地址映射关系的请求信息包,请求解析主机 B 的 IP 地址与 MAC 地址映射关系。

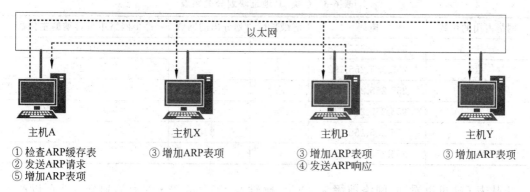

图 6-13 完整的 ARP 工作过程

（3）包括主机 B 在内的所有主机接收到主机 A 的请求信息，然后将主机 A 的 IP 地址与 MAC 地址的映射关系存入各自的 ARP 表中。

（4）主机 B 发送 ARP 响应信息，通知自己的 IP 地址与 MAC 地址的对应关系。

（5）主机 A 收到主机 B 的响应信息，并将主机 B 的 IP 地址与 MAC 地址的映射关系存入自己的 ARP 表中，从而完成主机 B 的 ARP 地址解析。

当主机 A 得到主机 B 的 IP 地址与 MAC 地址的映射关系后，主机 A 就可以顺利地与主机 B 进行通信。在整个 ARP 工作期间，不但主机 A 得到了主机 B 的 IP 地址与 MAC 地址的映射关系，而且主机 B、X 和 Y 也都得到了主机 A 的 IP 地址与 MAC 地址的映射关系。如果主机 B 的应用程序需要立刻返回数据给主机 A 的应用程序，那么主机 B 不必再次执行上面描述的 ARP 请求过程。

网络互联离不开路由器，如果一个网络（如以太网）利用 ARP 进行地址解析，那么与这个网络相连的路由器也应该实现 ARP。

6.5 实验：IP 地址规划与配置

IP 地址规划与配置是互联网组网的重要工作。本节介绍 IP 地址的规划和 IP 地址的配置方法。

6.5.1 IP 地址规划

IP 地址规划和 IP 地址分配在互联网规划中占有重要地位。在 IP 地址规划时，应该使申请的 IP 地址既能产生足够的网络数，又能使网络中容纳足够的主机数。例如，一个单位申请了一个 C 类地址块（202.113.27.××）。如果该单位有 20 个网络组成，每个网络包含 5 台主机，那么应该怎样规划和使用 IP 地址呢？

在 C 类地址块 202.113.27.×× 中，有 8 位可以由用户操控。通过这 8 位可以划分出的网络数、每个网络中可以拥有的主机数如表 6-3 所示（由于主机号全 0 和全 1 的 IP 地址不应分配给主机使用，因此至少应为主机号留 2 位）。

表 6-3　C 类 IP 地址块划分关系表

网络占用的位数	掩码	前缀长度	划分出的网数	每个网络中可容纳的主机数
1	255.255.255.128	25	2	126
2	255.255.255.192	26	4	62
3	255.255.255.224	27	8	30
4	255.255.255.240	28	16	14
5	255.255.255.248	29	32	6
6	255.255.255.252	30	64	2

从表 6-3 可以看到,网络前缀为 29 位(掩码为 255.255.255.248)的划分方法可以产生 32 个网络,每个网络中能够分配的 IP 地址数量为 6,满足单位 20 个网络,每个网络 5 台主机的要求。

注意:进行网络之间互联的路由器也需要占用有效的 IP 地址,因此在计算网络中需要使用的 IP 数时,不要忘记连接该网络的路由器。在图 6-14 中,尽管网络 3 只有 3 台主机,但由于两个路由器分别有一个连接与该网相连,因此该网络至少需要 5 个有效的 IP 地址。

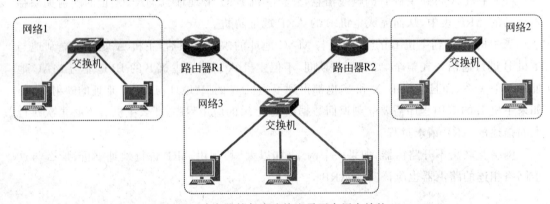

图 6-14　路由器的每个连接也需要占用有效的 IP

6.5.2　在物理网络上划分逻辑网络

在物理网络上划分逻辑网络

原本网络前缀用于区分不同的物理网络,一个物理网络上的 IP 地址应该具有相同的网络前缀。但是,不同网络前缀的 IP 地址也可以在同一个物理网络上使用。由于网上的设备使用的 IP 地址的网络前缀不同,它们形成了不同的逻辑组。如果设备的 IP 地址具有相同的网络前缀,那么它们之间可以直接交换 IP 数据报;如果设备的 IP 地址具有不同的网络前缀,那么它们之间交换 IP 数据报必须经过路由器的中转,即使这些设备处于同一个物理网络之中。

在图 6-15 中,主机 A、B、C 和 D 连接到同一台交换机上,它们处于同一物理网络。其中,主机 A 和主机 B 的网络前缀为 192.168.1.16/28,主机 C 和主机 D 的网络前缀为 192.168.1.96/28。在逻辑上,主机 A 和主机 B 形成一组,主机 C 和主机 D 形成一组。主机 A 和主机 B 之间可以直接交换 IP 数据报,主机 C 和主机 D 之间可以直接交换 IP 数据报。但是,如果没有路由器的中转,主机 A 和主机 D 之间就不能交换 IP 数据报。

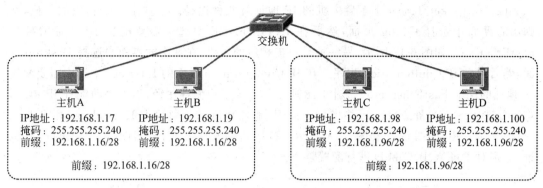

图 6-15　在物理网络上划分逻辑网络

6.5.3　IP 地址的配置

IP 地址的配置可以采用手工配置方式或自动配置方式。手工配置方式自主性和可控性较强,用户可以根据互联网的连接情况自主为互联网设备设置 IP 地址;自动配置方式由设备自动获取合适的 IP 地址,虽然自主性不高,但可以减少用户烦琐的配置工作。本实验在 Packet Tracer 模拟环境下,分别利用这两种方式对主机的 IP 地址进行配置。

1. IP 地址的手工配置

在动手配置 IP 地址之前,首先要确定 IP 地址的分配方案,画出网络的拓扑结构图并标出每个网络连接的 IP 地址。本实验在 Packet Tracer 环境下,通过为主机分配不同的网络前缀,在一个物理网络上划分不同的逻辑网络,如图 6-15 所示。

(1) 启动 Packet Tracer 仿真软件。在工作区中添加一台交换机和 4 台主机,并将主机与交换机相连,形成如图 6-16 所示的一个以太网。

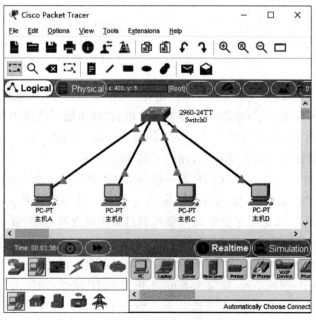

图 6-16　在 Packet Tracer 下构建以太网

（2）在 Packet Tracer 下配置主机的 IP 地址有两种途径。一种是单击相应的主机,在弹出的界面中选择 Config 页面,然后在 INTERFACE 中选中需要配置 IP 地址的接口 FastEthernet0,如图 6-17 所示;另一种是单击相应的主机,在弹出的界面中选择 Desktop 页面,然后启动 IP Configuration 程序。在 IP Configuration 界面的 Interface 中选中需要配置 IP 地址的网卡 FastEthernet0,如图 6-18 所示。无论采用哪种途径,为了手动配置 IP 地址,都需要选中 Static(静态)按钮,并将分配的 IP 地址和掩码分别填入 IP Address 和 Subnet Mask 文本框中,如图 6-17 和图 6-18 所示。按照这种操作方式,按照图 6-15 给出的 IP 地址,分别对主机 A、B、C 和 D 进行配置。

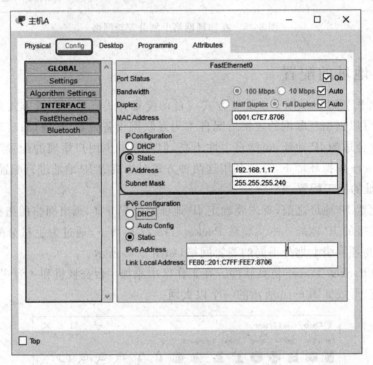

图 6-17　通过 Config 界面配置 IP 地址

（3）在配置完主机的 IP 地址后,可以使用 ipconfig 命令查看 IP 地址、掩码等网络参数。在 Packet Tracer 仿真环境下,单击需要查看的主机,在弹出的对话框中选择 Desktop 页面,然后运行 Command Prompt 程序。在 Command Prompt 界面中输入 ipconfig,主机的 IP 地址、掩码等网络参数将显示在屏幕上,如图 6-19 所示。

（4）配置完主机 A、B、C 和 D 的 IP 地址后,还可以使用 ping 命令测试主机之间能否进行通信。ping 命令的工作原理是从源主机发送一个 IP 数据报,并要求目的主机在接收到该数据报后将其返回。如果源主机能成功接收到目的主机返回的 IP 数据报,那么说明它们之间可以通信。为了执行 ping 命令,需要单击 Packet Tracer 工作区中的主机,在弹出的对话框中选择 Desktop 页面,然后运行 Command Prompt 程序,如图 6-20 所示。在主机 A 的 Command Prompt 中,利用 ping 命令去 ping 主机 B 的 IP 地址,观察主机 A 能否 ping 通主机 B。之后,利用 ping 命令去 ping 主机 C 和主机 D 的 IP 地址,观察主机 A 能否 ping 通主机 C 和主机 D。

106

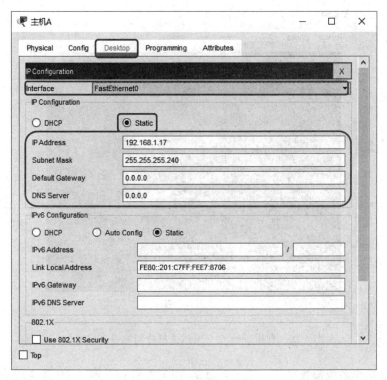

图 6-18　通过 Desktop 界面配置 IP 地址

图 6-19　利用 ipconfig 显示主机的 IP 地址和掩码

图 6-20　利用 ping 命令测试主机之间能否进行通信

（5）多数操作系统都提供了一个 arp 命令，用于查看和管理 ARP 高速缓冲区中缓存的 ARP 表项。例如，可以用 arp -a 命令查看高速缓冲区中的表项。Packet Tracer 仿真软件也实现了这个命令。在配置完主机 IP 地址后，单击 Packet Tracer 工作区中的主机，在弹出的对话框中选择 Desktop 页面，然后运行 Command Prompt 程序，如图 6-21 所示。在 Command Prompt 中输入 arp -a 命令，观察主机中缓存的 ARP 表项。

图 6-21　利用 arp 命令查看主机缓存的 ARP 表项

2. IP 地址的自动配置

如果想让主机等互联网设备开机时自动获取一个合适的 IP 地址,通常需要使用 DHCP (dynamic host configuration protocol,动态主机配置协议)服务。

在 DHCP 服务系统中,DHCP 服务器存储着多个可以分配的 IP 地址,主机在需要时向 DHCP 服务器发出请求。为了进行自动 IP 地址配置,一个物理网络中可以部署一台或多台 DHCP 服务器①。在图 6-22 中,一个以太网中部署了 2 台 DHCP 服务器,主机 1、主机 2 和 主机 3 可以通过这两台 DHCP 服务器获取 IP 地址。

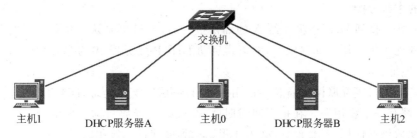

图 6-22　在网络中部署 DHCP 服务器

1) DHCP 的工作过程

下面以图 6-22 中主机 0 自动获取 IP 地址为例,描述 DHCP 的工作过程,如图 6-23 所示。

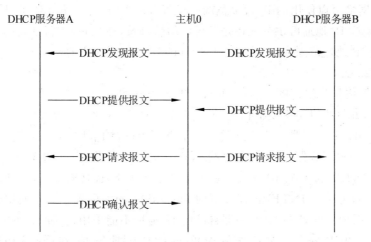

图 6-23　DHCP 的工作过程

(1) 在需要获取 IP 地址时,主机 0 广播一个 DHCP 发现报文,用于查找网络中的 DHCP 服务器。

(2) DHCP 服务器 A 和 B 在收到主机 0 的 DHCP 发现报文后,分别为主机 0 分配 IP 地址,并在各自的数据库中记录该 IP 地址已经被分配使用。然后,DHCP 服务器 A 和 B 都 会在网络中发送 DHCP 提供报文,其中包含了它们分配给主机 0 的 IP 地址以及使用期限 (租期)。

---

① 通过 DHCP 中继代理,一个 DHCP 服务器可以为多个不同的网段分配 IP 地址。本章不考虑这种复杂场景。

(3) 主机0在收到 DHCP 服务器 A 和 B 的提供报文后,可以在两者之间选择一个使用(通常是先收到哪个 DHCP 服务器发来的提供报文,就使用哪个 DHCP 服务器提供的 IP 地址)。假如主机0确定使用 DHCP 服务器 A 提供的 IP 地址,那么主机0广播一个 DHCP 请求报文。DHCP 请求报文中包含有使用 DHCP 服务器 A 提供 IP 地址的相关信息。

(4) DHCP 服务器 A 和 B 都会收到主机0发送的 DHCP 确认信息。DHCP 服务器 A 发现主机0请求使用自己提供的 IP 地址后,发送 DHCP 确认报文进行确认;DHCP 服务器 B 发现自己提供的 IP 地址未被采用后,将该 IP 地址从已分配的数据库中移除,以便以后为其他申请的主机分配。

(5) 主机0收到 DHCP 服务器 A 的确认报文后,自己再确认一次分配到的 IP 地址是否已经被其他主机占用。如果没有,则正式启动 DHCP 服务器 A 为它分配的 IP 地址作为自己的 IP 地址。

为了防止主机等互联网设备长期占用一个自动获取的 IP 地址,DHCP 服务器自动分配的 IP 地址都有一个租用期。在租用期到期后,主机必须释放自动获取的 IP 地址。如果主机希望到期后仍然使用该 IP 地址,必须在租用期到期前进行续租。

2) 在仿真软件中配置 DHCP 服务器

DHCP 服务器软件有很多,很多路由器也具有 DHCP 服务器功能。为了简单起见,本实验在 Packet Tracer 仿真软件中配置一个 DHCP 服务器,对网络中的主机进行自动 IP 地址分配。

(1) 规划网络可以使用的 IP 地址范围。尽管自动 IP 地址分配方法可以简化用户的配置过程,但是哪些 IP 地址可供分配还是需要网络管理员(或用户)进行认真的规划。本实验假设可分配的 IP 地址范围为 192.168.1.16/28(即 IP 地址从 192.168.1.16~192.168.1.31,掩码为 255.255.255.240)。

DHCP 与
IP 地址自
动配置

(2) 构建网络拓扑结构图。启动 Packet Tracer 仿真软件。在工作区中添加一台交换机和4台主机,并将主机与交换机相连,形成如图 6-16 所示的一个以太网。

(3) 添加 DHCP 服务器。在设备类型和子类型中选择 End Devices(终端设备),在设备选择区选择 Server(服务器)。将服务器拖入工作区,连入交换机,如图 6-24 所示。

(4) 配置 DHCP 服务的 IP 地址。在工作区中单击 DHCP 服务器,在弹出的对话框中选择 Config 页面。单击 INTERFACE 下的 FastEthernet0,配置该网卡使用的 IP 地址,如图 6-25 所示。需要注意,DHCP 服务器自己的 IP 地址不能采用自动配置方式。

(5) 配置 DHCP 服务。在工作区中单击 DHCP 服务器,在弹出的对话框中选择 Services 页面。选中页面左面的 DHCP,DHCP 配置页面将显示在对话框的右面。在该页面,输入可分配的起始 IP 地址(Start IP Address)、掩码(Subnet Mask)和可服务的最大用户数(Maximum Number of Users),再单击 Save 按钮,形成一个可分配的地址池。然后选中 On 按钮,启动 DHCP 服务,如图 6-26 所示。

(6) 配置用户主机。单击图 6-24 中的主机(主机 A、B、C 或 D),在弹出的对话框中选择 Config 页面。单击 INTERFACE 下的 FastEthernet0,在右面出现的 IP 地址配置界面中选中 DHCP。稍过片刻,就应该能看到该主机从 DHCP 服务器获取的 IP 地址,如图 6-27 所示。请注意,如果自动获取 IP 地址失败(例如 DHCP 服务器未启动),那么主机系统常常会自动分配一个以 169.254 开始的本地 IP 地址。

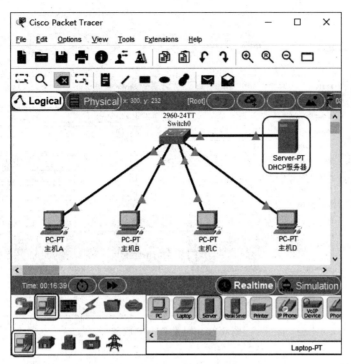

图 6-24　在 Packet Tracer 工作区中添加 DHCP 服务器

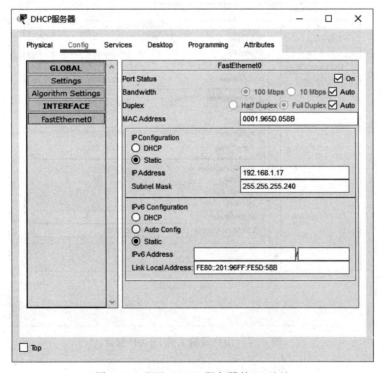

图 6-25　配置 DHCP 服务器的 IP 地址

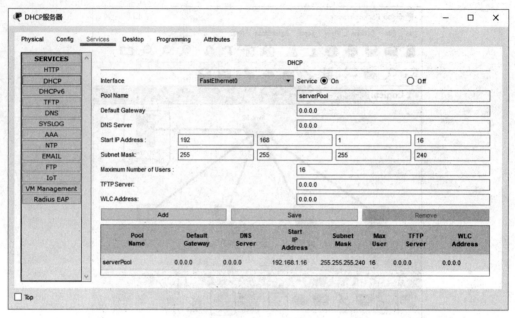

图 6-26　配置 DHCP 服务

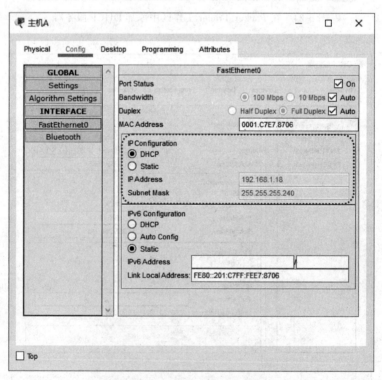

图 6-27　用户端的主机 DHCP 配置

练 习 题

1. 填空题

(1) 在有类别的 IP 编址中,IP 地址由网络号和主机号两部分组成,其中网络号表示_____,主机号表示_____。

(2) IP 地址由_____位二进制数组成。

(3) 如果一个网络接口的 IP 地址为 192.168.32.100,掩码为 255.255.240.0,那么利用/n 表示法可以写成_____。

(4) 以太网利用_____协议获得目的主机 IP 地址与 MAC 地址的映射关系。

2. 单选题

(1) 有类别 IP 地址 205.140.36.88,表示主机号的部分是( )。

    A. 205   B. 205.140   C. 88   D. 36.88

(2) 假设一个主机的 IP 地址为 192.168.5.121,掩码为 255.255.255.248,那么该主机的网络前缀为( )。

    A. 192.168.5.12/24   B. 192.168.5.121/28

    C. 192.168.5.120/29   D. 192.168.5.32/30

(3) 关于高速缓存区中的 ARP 表项,以下说法错误的是( )。

    A. 须由主机厂商出厂时设置   B. 可在使用时自动建立

    C. 可能是动态更新的   D. 保存了 IP 地址与物理地址的映射关系

(4) 下列主机需要启动 ARP 请求的是( )。

    A. 需接收信息,ARP 表中没有源 IP 地址与 MAC 地址的映射关系

    B. 需接收信息,ARP 表中已经具有了源 IP 地址与 MAC 地址的映射关系

    C. 需发送信息,ARP 表中没有目的 IP 地址与 MAC 地址的映射关系

    D. 需发送信息,ARP 表中已经具有了目的 IP 地址与 MAC 地址的映射关系

3. 实操题

(1) 现需要将一个局域网通过 IP 地址划分成 3 个逻辑网络。其中,第一个逻辑网络包含 2 台主机,第二个逻辑网络包含 260 台主机,第三个逻辑网络包含 62 台主机。如果分配给该局域网一个 B 类地址 128.168.0.0/16,请写出 IP 地址分配方案,并在 Packet Tracer 仿真环境下验证方案的正确性。

(2) 一个物理网络中可以部署多个 DHCP 服务器,以提高系统运行的可靠性。完成本章自动 IP 地址实验后,在实验场景中再增加一个 DHCP 服务器。通过设置不同的 IP 起始地址和最大用户量,观察和分析用户主机的 IP 分别是从哪个 DHCP 服务器获取的。

(3) 除了查看主机缓存区中的 ARP 表项,arp 命令还可以对缓存的 ARP 表项进行管理,比如进行添加、删除等操作。查找相关资料,学习 arp 命令的用法,试试你能否添加和删除主机高速缓存区中的表项。同时,想一想自己添加的静态表项和主机自动获得的动态表项有什么区别。

第 7 章 IP 数据报

**本章要点**

➢ IP 数据报的格式及主要字段的功能
➢ IP 数据报的分片与重组
➢ 源路由、记录路由及时间戳选项
➢ ICMP 的主要功能

动手操作

➢ 剖析和使用 ping 命令
➢ 捕获和分析网络数据包

IP 数据报是 IP 使用的数据单元。在 IP 层,数据信息和控制信息都需要封装成 IP 数据报才能进行传递。

7.1 IP 数据报的格式

IP 数据报的格式可以分为报头区和数据区两大部分,其中数据区包含高层需要传输的数据,而报头区是为了正确传输高层数据而增加的控制信息。图 7-1 给出了 IP 数据报的具体格式。

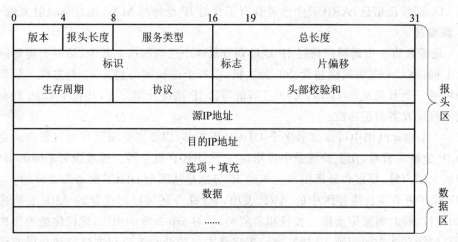

图 7-1 IP 数据报格式

报头区包含了源 IP 地址、目的 IP 地址等控制信息,下面分别介绍各主要字段的功能。

1. 版本与协议类型

在 IP 报头中,版本字段表示该数据报对应的 IP 版本号。不同 IP 版本规定的数据报格式不同,本章讨论的是 IP 第 4 个版本(即 IPv4)的数据报格式。为了避免错误解释报文格式和内容,所有 IP 软件在处理 IP 数据报之前都必须检查版本号,以确保版本正确。

协议字段表示该数据报数据区封装的数据的协议类型(如数据区是 TCP 数据还是 UDP 数据等),用于指明数据区数据的格式。

2. 长度

报头中有两个表示长度的字段,一个为报头长度,一个为总长度。

报头长度以 32 位双字为单位,指出该报头区的长度。在没有选项和填充的情况下,该值为 5。一个含有选项的报头长度取决于选项域的长度。但是,报头长度应当是 32 位的整数倍,如果不是,需在填充域加 0 凑齐。

总长度以 8 位字节为单位,表示整个 IP 数据报的长度(其中包含头部长度和数据区长度)。

3. 服务类型

服务类型字段指定中途转发路由器对本数据报的处理方式。利用该字段,发送端可以为 IP 数据报分配一个转发优先级,并要求中途转发路由器尽量使用低延迟、高吞吐率或高可靠性的线路投递。但是,中途的路由器能否按照 IP 数据报要求的服务类型进行处理,依赖于路由器的实现方法和底层物理网络技术。

4. 生存周期

在路由选择过程中,每个路由器具有独立性,因此从源主机到目的主机的传输延迟也具有随机性。如果路由表发生错误,数据报有可能进入一条循环路径,无休止地在网络中流动。为了有效地防止这些情况的发生,IP 报头中设置了生存周期字段。在 IP 数据报转发过程中,"生存周期"域随时间而递减。在该域为 0 时,报文将被删除,从而避免死循环的发生。

5. 头部校验和

头部校验和用于保证 IP 数据报报头的完整性。需要注意,在 IP 数据报中只含有报头校验字段,而没有数据区校验字段。这样做的好处是可以节约路由器处理 IP 数据报的时间,并允许不同的上层协议选择自己的数据校验方法。

6. 地址

在 IP 数据报报头中,源 IP 地址和目的 IP 地址分别表示该 IP 数据报的发送者和接收者。在整个数据报传输过程中,无论经过什么路由,无论如何分片,此两字段一直保持不变。

7.2　IP 封装、分片与重组

因为 IP 数据报可以在互联网上传输,所以它可能要跨越多个物理网络。作为一种高层网络数据,IP 数据报最终也需要封装成帧进行传输。图 7-2 显示了一个 IP 数据报从源主机至目的主机被多次封装和解封装的过程。

从图 7-2 中可以看出,主机和路由器只在内存中保留了整个 IP 数据报而没有附加的帧头信息。只有在通过一个物理网络时,IP 数据报才会被封装进一个合适的帧中。帧头的大小依赖于相应的网络技术。例如,如果物理网络 1 是一个以太网,帧 1 有一个以太网头部;如果物理网络 2 是一个 ATM 网,则帧 2 有一个 ATM 头部。需要注意,在数据报通过互联网的整个过程中,帧头并没有累积起来。当数据报到达它的最终目的地时,数据报的大小与其最初发送时是一样的。

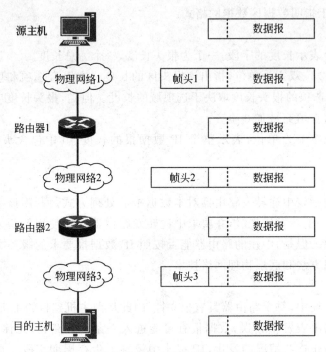

图 7-2　IP 数据报在各个物理网络中被重新封装

7.2.1　MTU 与分片

根据物理网络使用的技术不同,每种物理网络都规定了一个帧最多能够携带的数据量,这一限制称为最大传输单元(maximum transmission unit,MTU)。因此,当 IP 数据报的长度小于或等于网络的 MTU 时,封装后的数据帧才能在这个网络中进行传输。

互联网可以包含各种各样的物理网络,一个路由器也可以连接具有不同 MTU 值的多个物理网络,能从一个物理网络上接收 IP 数据报并不意味着一定能在另一个物理网络上直接发送该数据报。在图 7-3 中,一个路由器连接了两个物理网络,其中一个物理网络的 MTU 为 1500 字节,另一个为 1000 字节。

图 7-3　路由器连接具有不同 MTU 的网络

主机 1 连接着 MTU 值为 1500 的物理网络 1,因此每次传送 IP 数据报字节数不超过

1500 字节。而主机 2 连接着 MTU 值为 1000 的物理网络 2,因此主机 2 可以传送的 IP 数据报最大尺寸为 1000 字节。在主机 1 需要将一个 1400 字节的数据报发送给主机 2 时,路由器 R 尽管能够收到主机 1 发送的数据报,却不能在网络 2 上直接转发它。

为了解决这一问题,IP 互联网通常采用分片与重组技术。当一个数据报的尺寸大于将发往物理网络的 MTU 值时,路由器会将 IP 数据报分成若干较小的部分,称为分片,然后将每片独立地进行发送。

与未分片的 IP 数据报相同,分片后的数据报也由报头区和数据区两部分构成,而且除一些分片控制域(如标志域、片偏移域)之外,分片的报头与原 IP 数据报的报头非常相似,如图 7-4 所示。

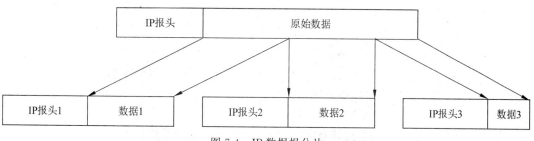

图 7-4　IP 数据报分片

一旦进行分片,每片都可以像正常的 IP 数据报一样经过独立的路由选择等处理过程,最终到达目的主机。

7.2.2　重组

在接收到所有分片后,主机对分片进行重新组装的过程叫作 IP 数据报重组。IP 规定,只有最终的目的主机才可以对分片进行重组。这样做有两大好处,首先,在目的主机进行重组减少了路由器的计算量,当转发一个 IP 数据报时,路由器不需要知道它是不是一个分片;其次,路由器可以为每个分片独立选路,每个分片到达目的地所经过的路径可以不同。图 7-5 显示了一个 IP 数据报分片、传输及重组的过程。

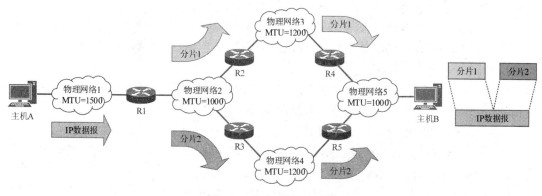

图 7-5　分片、传输及重组

如果主机 A 需要发送一个 1400 字节长的 IP 数据报到主机 B,那么该数据报首先经过物理网络 1 到达路由器 R1。由于物理网络 2 的 MTU=1000,因此 1400 字节的 IP 数据报必须在 R1 中分成两片才能通过物理网络 2。在分片完成之后,分片 1 和分片 2 被看成独立的 IP 数据报,路由器 R1 分别为它们进行路由选择。于是,分片 1 经过物理网络 2、路由器 R2、物理网络 3、路由器 R4、物理网络 5 最终到达主机 B;而分片 2 则经过物理网络 2、路由器 R3、物理网络 4、路由器 R5、网络 5 到达主机 B。当分片 1 和分片 2 全部到达后,主机 B 对它们进行重组,并将重组后的数据报提交高层处理。

从 IP 数据报的整个分片、传输及重组过程可以看出,尽管路由器 R1 对数据报进行了分片处理,但路由器 R2、R3、R4、R5 并不关心所处理的数据报是分片数据报还是非分片数据报,并按照完全相同的算法对它们进行处理。同时,由于分片可能经过不同的路径到达目的主机,因此中间路由器不可能对分片进行重组。

7.2.3　分片控制

在 IP 数据报报头中,标识、标志和片偏移 3 个字段与控制分片和重组有关。

标识是源主机赋予 IP 数据报的标识符。目的主机利用此字段和源地址、目的地址判断收到的分片属于哪个数据报,以便数据报重组。分片时,该字段必须不加修改地复制到新分片的报头中。

标志字段用来告诉目的主机该数据报是否已经分片,是否是最后一个分片。

片偏移字段指出本片数据在初始 IP 数据报数据区中的位置,位置偏移量以 8 个字节为单位。由于各分片数据报独立地进行传输,其到达目的主机的顺序无法保证,而路由器也不向目的主机提供附加的片顺序信息,因此重组的分片顺序由片偏移提供。

7.3　IP 数据报选项

IP 选项主要用于控制和测试两大目的。作为选项,用户可以使用也可以不使用;但作为 IP 的组成部分,所有实现 IP 的设备必须能处理 IP 选项。

在使用选项过程中,有可能造成数据报的头部不是 32 位整数倍的情况。在这种情况发生时,需要使用填充域将数据报的头部长度凑成 32 位的整倍数。

IP 数据报选项由选项码、长度和选项数据 3 部分组成。其中选项码用于指定该选项的种类,选项数据说明选项的具体内容,选项数据部分的长度填充在选项长度字段中。

1. 源路由

所谓的源路由是指 IP 数据报穿越互联网所经过的路径是由源主机指定的,它区别于由主机或路由器的 IP 层软件自行选路后得出的路径。

源路由选项既可用于测试某特定网络的吞吐率,也可使数据报绕开出错的网络。

源路由选项可以分为两类,一类是严格源路由(strict source route)选项,一类是松散源路由(loose source route)选项。

(1) 严格源路由选项:严格源路由选项指定 IP 数据报转发需要经过的所有路由器,相邻路由器之间不得经过非指定路由器,并且所经过路由器的顺序不可更改。

(2) 松散源路由选项:松散源路由选项只是给出 IP 数据报必须经过的一些"要点",并不给出一条完备的路径,无直接连接的路由器之间的路由尚需 IP 软件的寻址功能补充。

2. 记录路由

在处理带有记录路由选项的 IP 数据报时,路由器需要将自己的 IP 地址添加到该 IP 数据报中。这样,当 IP 数据报到达目的地时,目的地的设备可以判断 IP 数据报传输过程中所经过的路径。该选项通常用于测试互联网中路由器的路由配置是否正确。

3. 时间戳

在处理带有时间戳(time stamp)选项的 IP 数据报时,路由器需要将自己的 IP 地址和当时的时间添加到该 IP 数据报中。这样,当 IP 数据报到达目的主机时,不但可以判断 IP 数据报传输过程中所经过的每个路由器,而且可以知道经过每个路由器的时间。时间戳中的时间采用格林尼治时间(universal time)表示,以千分之一秒为单位。

时间戳选项提供了 IP 数据报传输中的时域参数,用于分析网络吞吐率、拥塞情况、负载情况等。

7.4　差错与控制报文

在任何网络体系结构中,控制功能都是必不可少的。IP 层使用的控制协议是互联网控制报文协议(internet control message protocol,ICMP)。ICMP 不仅用于传输控制报文,而且用于传输差错报文。

实际上,ICMP 报文是作为 IP 数据报的数据部分而传输的,如图 7-6 所示。ICMP 报文的最终目的地总是目标主机上的 IP 软件,ICMP 软件作为 IP 软件的一个模块而存在。

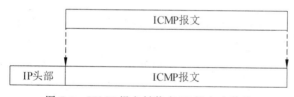

图 7-6　ICMP 报文封装在 IP 报文中传输

7.4.1　ICMP 差错控制

作为 IP 层的差错报文传输机制,ICMP 最基本的功能是提供差错报告。但 ICMP 并不严格规定对出现的差错采取什么处理方式。事实上,源主机接收到 ICMP 差错报告后,常常需将差错报告与应用程序联系起来才能进行相应的差错处理。

ICMP 差错报告采用路由器(或主机)到源主机的模式,也就是说,所有的差错信息都需要向源主机报告。这一方面是因为 IP 数据报本身只包含源主机地址和目的主机地址,将错误报告给目的主机显然没有意义(有时也不可能);另一方面互联网中各路由器独立选路,发现问题的路由器不可能知道出错 IP 数据报经过的路径,从而无法将出错情况通知相应路由器。

ICMP 差错报文有以下几个特点。

- 差错报告不享受特别优先权和可靠性,作为一般数据传输。在传输过程中,它有可能丢失、损坏或被抛弃。

- ICMP 差错报告数据中除包含故障 IP 数据报报头外,还包含故障 IP 数据报数据区的前 64 位数据。通常,利用这 64 位数据可以了解高层协议(如 IP)的重要信息。
- ICMP 差错报告是伴随着抛弃出错 IP 数据报而产生的。IP 软件一旦发现传输错误,它首先将出错报文抛弃,然后调用 ICMP 向源主机报告差错信息。

ICMP 出错报告包括目的地不可达报告、超时报告、参数出错报告等。

1. 目的地不可达报告

路由器的主要功能是进行 IP 数据报的路由选择和转发,但是路由器的路由选择和转发不是总能成功。在路由选择和转发出现错误的情况下,路由器便发出目的地不可达报告,如图 7-7 所示。

图 7-7　ICMP 向源主机报告目的地不可达

目的地不可达可以分为网络不可达、主机不可达、协议和端口不可达等多种情况。根据每一种不可达的具体原因,路由器发出相应的 ICMP 目的地不可达差错报告。

2. 超时报告

在 IP 互联网中,每个路由器独立地为 IP 数据报选路。一旦路由器的路由选择出现问题,IP 数据报的传输就有可能出现兜圈子的情况。利用 IP 数据报报头的生存周期字段,可以有效地避免 IP 数据报在互联网中无休止地循环传输。IP 数据报在互联网中一旦超过生存周期,路由器立刻将其抛弃。与此同时,路由器也产生一个 ICMP 超时差错报告,通知源主机该数据报已被抛弃。

在进行了 IP 数据报分片时,目的主机需要对 IP 数据报进行重组。由于各个分片独立地进行路由和传送,因此各个分片到达目的主机的时间可能不同,甚至会发生有些分片丢失的现象。在一个 IP 数据报的第一个分片到达后,如果该数据报的一个或多个分片未能在规定的时间内到达,那么目的主机认为重组超时,抛弃该数据报的其他分片,发送 ICMP 超时差错报告。

3. 参数出错报告

另一类重要的 ICMP 差错报文是参数出错报文,该报文报告错误的 IP 数据报报头和错误的 IP 数据报选项参数等。一旦参数错误严重到机器不得不抛弃 IP 数据报时,机器便向源主机发送此报文,指出可能出现错误的参数位置。

7.4.2　ICMP 控制报文

IP 层控制主要包括拥塞控制、路由控制两大内容。与之对应,ICMP 提供相应的控制报文。

1. 拥塞控制与源抑制报文

所谓的拥塞就是路由器被大量涌入的 IP 数据报"淹没"的现象。造成拥塞的原因有以下两种。

- 路由器的处理速度太慢,不能完成 IP 数据报排队等日常工作。
- 路由器传入数据速率大于传出数据速率。

无论何种形式的拥塞,其实质都在于没有足够的缓冲区存放大量涌入的 IP 数据报。只要有足够的缓冲区,路由器总可以将传入的数据报存入队列,等待处理,而不致被"淹没"。

为了控制拥塞,IP 软件采用了"源站抑制"(source quench)技术,利用 ICMP 源抑制报文抑制源主机发送 IP 数据报的速率。路由器对每个接口进行密切监视,一旦发现拥塞,立即向相应源主机发送 ICMP 源抑制报文,请求源主机降低发送 IP 数据报的速率。通常,IP 软件发送源抑制报文的方式有以下 3 种。

(1) 如果路由器的某输出队列已满,那么在缓冲区空出之前,该队列将抛弃新来的 IP 数据报。每抛弃一个数据报,路由器便向该 IP 数据报的源主机发送一个 ICMP 源抑制报文。

(2) 为路由器的输出队列设置一个阈值,当队列中数据报的数量超过阈值后,如果再有新的数据报到来,那么路由器就向数据报的源主机发送 ICMP 源抑制报文。

(3) 更为复杂的源站抑制技术不是简单地抑制每一引起路由器拥塞的源主机,而是有选择地抑制 IP 数据报发送率较高的源主机。

当收到路由器的源抑制 ICMP 控制报文后,源主机可以采取行动降低发送 IP 数据报的速率。但是需要注意,当拥塞解除后,路由器并不主动通知源主机。源主机是否可以恢复发送数据报的速率,什么时候恢复发送数据报的速率可以根据当前一段时间内是否收到源抑制 ICMP 控制报文自主决定。

2. 路由控制与重定向报文

在 IP 互联网中,主机可以在数据传输过程中不断地从相邻的路由器获得新的路由信息。通常,主机在启动时都具有一定的路由信息。虽然这些信息可以保证主机将 IP 数据报发送出去,但是不能保证经过的路径是最优的。路由器一旦检测到某 IP 数据报经非优路径传输,它一方面继续转发该报文;另一方面向主机发送一个路由重定向 ICMP 报文,通知主机去往相应目的地的最优路径。这样经过不断积累,主机便能掌握越来越多的路由信息。ICMP 重定向机制的优点是保证主机拥有一个动态的、既小又优的路由表。

需要注意的是,ICMP 重定向机制只能用于同一网络的路由器与主机之间(如图 7-8 中主机 A 与路由器 R1、R2 之间,主机 B 与路由器 R4、R5 之间),对路由器之间的路由刷新无能为力。

7.4.3 ICMP 请求/应答报文对

为了便于进行故障诊断和网络控制,ICMP 设计了 ICMP 请求和应答报文对,用于获取某些有用的信息。

1. 回应请求与应答

回应请求/应答 ICMP 报文对用于测试目的主机或路由器的可达性,如图 7-9 所示。

请求者(例如一台主机)向特定目的 IP 地址发送一个包含任选数据区的回应请求,要求

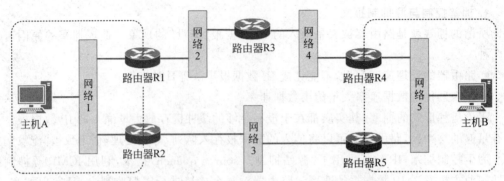

图 7-8　ICMP 重定向机制适用于同一网络的路由器与主机之间

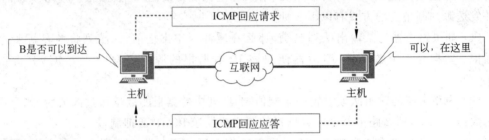

图 7-9　回应请求/应答 ICMP 报文对用于测试可达性

具有目的 IP 地址的主机或路由器响应。当目的主机或路由器收到该请求后,发回相应的回应应答,其中包含请求报文中任选数据的拷贝。

因为请求/应答 ICMP 报文均以 IP 数据报形式在互联网中传输,所以如果请求者成功收到一个应答(应答报文中的数据拷贝与请求报文中的任选数据完全一致),则可以说明:

- 目的主机(或路由器)可以到达;
- 源主机与目的主机(或路由器)的 ICMP 软件和 IP 软件工作正常;
- 回应请求与应答 ICMP 报文经过的中间路由器的路由选择功能正常。

2. 时戳请求与应答

设计时戳请求/应答 ICMP 报文是同步互联网上主机时钟的一种努力,尽管这种时钟同步技术的能力是极其有限的。

IP 层软件利用时戳请求/应答 ICMP 报文从其他机器获取其时钟的当前时间,经估算后再同步时钟。

3. 掩码请求与应答

在主机不知道自己所处网络的掩码时,可以利用掩码请求 ICMP 报文向路由器询问。路由器在收到请求后以掩码应答 ICMP 报文形式通知请求主机所在网络的掩码。

7.5　实验：ping 命令剖析与数据包捕获

本实验主要剖析 ping 命令的工作原理和使用方法,学习如何利用工具捕获和分析网络中传输的数据分组。

7.5.1　ping 命令剖析与使用

ping 是回应请求/应答 ICMP 报文的具体实现,主要用于测试目的主机或路由器的可达性。不同操作系统和网络设备对 ping 命令的实现稍有不同,较复杂实现方法是发送一系列的回送请求 ICMP 报文、捕获回送应答并提供丢失数据报的统计信息。而简单实现方法则只发送一个回送请求 ICMP 报文并等待回送应答。

ping 命令
的使用

在 Windows 10 网络操作系统中,除了可以使用简单的"ping 目的 IP 地址"形式外,还可以使用 ping 命令的选项。完整的 ping 命令形式为:

ping[-t][-a][-n count][-l size][-f][-i TTL][-v TOS][-r count][-s count][[-j host-list]|[-k host-list]][-w timeout]目的 IP 地址

表 7-1 给出了 ping 命令各选项的具体含义。从表中可以看出,ping 命令的很多选项实际上是指定互联网如何处理和对待携带回应请求/应答 ICMP 报文的 IP 数据报的。例如,选项-f 通过指定 IP 报头的标志字段,告诉互联网上的路由器不要对携带回应请求/应答 ICMP 报文的 IP 数据报进行分片。

表 7-1　ping 命令选项

选　　项	意　　义
-t	连续发送和接收回送请求和应答 ICMP 报文直到手动停止(Ctrl+Break 组合键:查看统计信息;Ctrl+C 组合键:停止 ping 命令)
-a	将 IP 地址解析为主机名
-n count	发送回送请求 ICMP 报文的次数(默认值为 4)
-l size	发送探测数据包的大小(默认值为 32 字节)
-f	不允许分片(默认为允许分片)
-i TTL	指定生存周期
-v TOS	指定要求的服务类型
-r count	记录路由
-s count	使用时间戳选项
-j host-list	使用松散源路由选项
-k host-list	使用严格源路由选项
-w timeout	指定等待每个回送应答的超时时间(以毫秒为单位,默认值为 1000)

下面通过一些实例介绍 ping 命令的常用方法。

1. 连续发送 ping 探测报文

在有些情况下,连续发送 ping 探测报文可以方便互联网的调试工作。例如,在路由器的调试过程中,可以让测试主机连续发送 ping 测试报文。一旦配置正确,测试主机可以立即报告目的地可达信息。

连续发送 ping 探测报文可以使用-t 选项。图 7-10 给出了利用"ping -t 192.168.0.88"命令连续向 IP 地址为 192.168.0.88 的主机发送 ping 探测报文的情况。如果想停止发送探测报文,可以按 Ctrl+C 组合键结束 ping 命令。

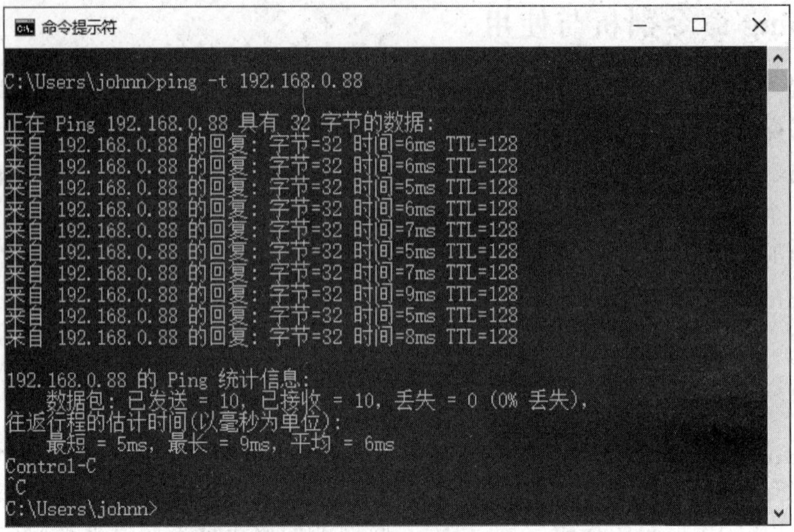

图 7-10　按 Ctrl＋C 组合键结束连续发送探测报文的 ping 命令

2. 自选数据长度的 ping 探测报文

在默认情况下,ping 命令使用的探测报数据长度为 32 字节。如果希望使用更大的探测数据报,可以使用"-l"选项。图 7-11 利用"ping -l 1450 192.168.0.88"向 IP 地址为192.168.0.88的主机发送数据长度为 1450 字节的探测数据报。

图 7-11　利用"-l"选项指定 ping 探测数据报的长度

3. 不允许路由器对 ping 探测报文分片

主机发送的 ping 探测报文通常允许中途的路由器分片,以便使探测报文通过 MTU 较小的网络。如果不允许 ping 报文在传输过程中被分片,可以使用"-f"选项。图 7-12 利用"ping -f 192.168.0.88"命令,禁止途中的路由器对该探测报文分片。

如果指定的探测报文的长度太大,并且不允许分片,那么探测数据报就不可能到达目的

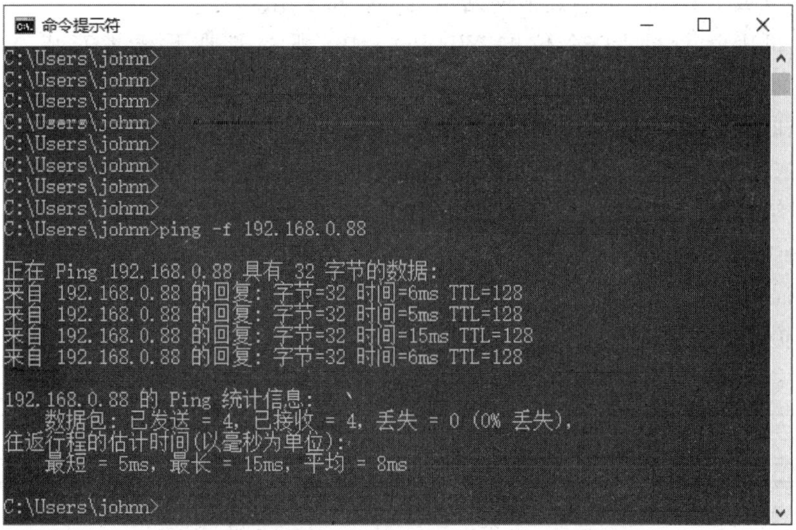

图 7-12　利用"-f"选项禁止中途的路由器对该探测报文分片

地并返回应答。例如,在以太网中,如果指定不允许分片的探测数据报长度为 2000 字节,那么系统将给出目的地不可达报告,如图 7-13 所示。在"-f"和"-l"选项一同使用时,可以对探测报文经过路径上的最小 MTU 进行估计。

图 7-13　在禁止分片时探测报文因过长而被抛弃

7.5.2　网络数据包捕获与分析

捕获并分析数据包,对学习网络技术、了解网络协议大有裨益。Wireshark、TCPDump 等工具软件都可以捕获数据包。其中,Wireshark 是一款开源的、免费的数据包捕获与分析软件。本实验结合 ping 命令数据包的交互过程,简单介绍 Wireshark 的使用方法。

Wireshark 提供 Windows、Mac OS 等多种版本,可以通过官网 https://www.

wireshark.org 或 Internet 中的其他网站免费下载和使用。

如果主机上运行的是 32 位的 Windows 10,那么需要下载并安装 32 位版本的 Wireshark;如果是 64 位的 Windows 10,那么需要下载并安装 64 位版本的 Wireshark。使用 Wireshark 默认的安装选项,能够满足多数用户的使用需求。但需要注意,由于 Wireshark 底层使用 Npcap(或 WinPcap、LibPcap)捕获流经网络接口的数据包,因此,在安装时一定要勾选 Npcap 选项。

网络数据包
捕获与分析

1. Wireshark 的主界面

Wireshark 的主界面如图 7-14 所示。Wireshark 主界面分成了菜单区、工具区、显示过滤器、数据包列表区、数据包详情区、数据包二进制区和状态区。

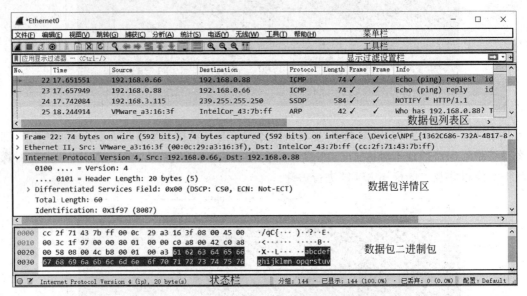

图 7-14　Wireshark 的主界面

（1）菜单栏：Wireshark 操作的主要入口点。捕获、统计、分析、设置等功能都可以从这里进入。

（2）工具栏：Wireshark 常用操作的便捷入口点。虽然工具栏列出的功能入口都可以通过菜单选择进入,但由于工具栏操作起来更简单,因此人们一般通过工具栏启动常用的功能。

（3）显示过滤设置栏：用于设置过滤规则,以便在显示时过滤无关的数据包。

（4）数据包列表区：捕获到的数据包(打开文件中保存的数据包)的列表。列表中提供了数据包的主要信息,如源 IP 地址、目的 IP 地址、协议类型、长度等。

（5）数据包详情区：在选中数据包列表区中的一个数据包后,该数据包的详细信息将显示在数据包详情区中。详情区中的信息经过解码处理,将每层的封装信息采用树状结构进行展示,清晰易读。

（6）数据包二进制区：在选中数据包列表区的一个数据包后,除了在数据包详情区显示该数据包的解码信息外,还会在数据包二进制区显示该数据包原始的二进制信息。如果单击数据包详情区的某个域,数据包二进制区中对应的二进制序列将以高亮显示。

（7）状态栏：显示 Wireshark 当前的主要状态。

2. 捕获数据包

每次启动 Wireshark，Wireshark 将显示一个欢迎界面，如图 7-15 所示。欢迎界面的上部显示了以前捕获保存的文件名。通过单击这些文件名，可以打丌并查看以前捕获的数据流。欢迎界面的下部列出了本机所有的网络接口，接口的右边显示捕获的实时波形图。双击需要捕获数据包的网络接口，Wireshark 进入主界面，开始进行数据包捕获。

图 7-15　Wireshark 欢迎界面

如果主机上有多个网络接口（例如，既有 Ethernet 接口又有 Wi-Fi 接口），Wireshark 也可以同时捕获这些接口上的数据包。需要同时捕获多个接口数据包时，按住 Ctrl 键，用鼠标左键单击每个需要捕获数据包的接口，然后右击，在弹出的菜单中执行捕获命令。

在数据包捕获过程中，单击工具栏上的■按钮，可以暂停捕获；暂停捕获后，单击工具栏上的■按钮，可以恢复捕获；暂停捕获后，单击工具栏上的■按钮，可以重新开始一个捕获。重新开始捕获之前，系统会询问是否保存以前捕获的数据包。将以前捕获的数据包保存为一个文件，可以在需要时重新打开并查看。

如果选择的网络接口是平时上网使用的接口，那么 Wireshark 会捕获到很多数据包，即使我们没有主动访问互联网，主机的网络接口上也不平静。

保证 Wireshark 处于数据包捕获状态，打开主机的命令提示符程序，使用 ping 命令去 ping 另一台主机，这时应该能看到协议类型为 ICMP 的数据包出现在 Wireshark 的数据包列表区（或从 Wireshark 的数据包列表区滚过）。这时，暂停 Wireshark 捕获。在数据包列表区找到并选中刚刚捕获的 ping 数据包（协议类型为 ICMP），ping 数据包的详细信息将显示在数据包详情区和数据包二进制区中，如图 7-16 所示。

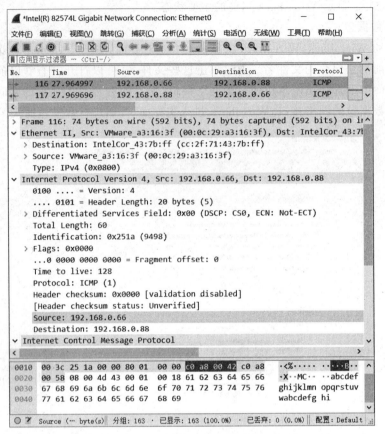

图 7-16　捕获的 ping 数据包

在图 7-16 中,数据包详情区将选中的 ping 数据包按照数据包封装的层次结构进行展示。例如,Ethernet 部分,显示了以太帧封装时的目的 MAC 地址、源 MAC 地址和类型;Internet 部分,显示了版本号、头部长度、总长度、源 IP 地址、目的 IP 地址等。选中数据包详情区中的某一项(如源 IP 地址),与该项对应的实际传输二进制序列将在数据包二进制区高亮显示。

使用 Wireshark 捕获 ping 数据包,分析 ping 数据包的 IP 头部是否与本章介绍的 IP 数据报头部格式一致。

3. 设置显示过滤规则

由于捕获到的数据包非常繁杂,有时很难定位到关心的数据包。Wireshark 提供了显示过滤功能,可以将关心的数据包过滤出来,显示在数据包列表中。

为了将关心的数据包过滤出来,需要在图 7-14 所示的显示过滤栏中输入过滤规则。过滤规则由一个或多个表达式组成,表达式之间通过"&&"(与)、"||"(或)、"!"(非)等逻辑符联系起来。例如,规则"expression1 && expression2"表示如果捕获的数据包既满足 expression1 又满足 expression2,那么就显示在数据包列表区;否则不显示。

在过滤规则中,表达式的书写比较复杂,下面以举例的方式介绍常用表达式的书写方式。

（1）仅包含协议名。最简单的表达式只包含一个协议名，这是最常用的一种表达式。例如，在图 7-14 的显示过滤栏中输入 ip，Wireshark 将把所有 IP 数据报过滤出来，显示在数据包列表区；输入 icmp，Wireshark 将把所有的 ICMP 数据报过滤出来进行显示。由于 ping 命令传输的是 ICMP 回应请求/应答报文，因此在过滤栏中输入 icmp 后，所有 ping 命令交互的数据包将显示在数据包列表区，如图 7-17 所示。

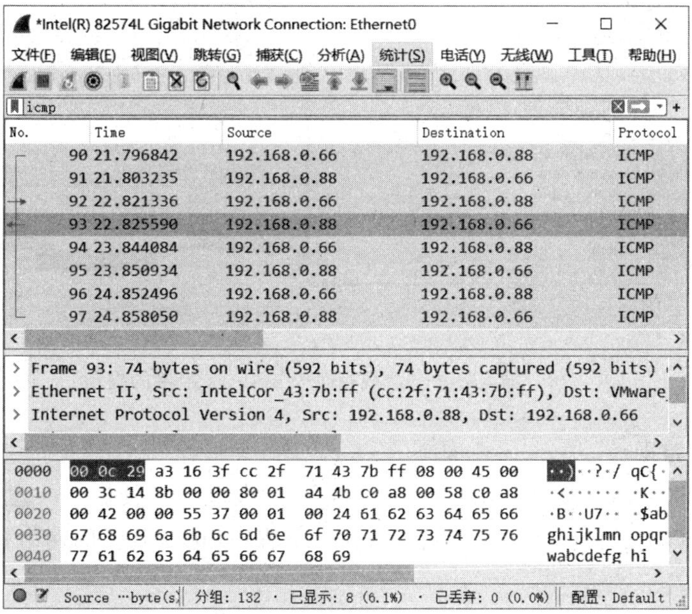

图 7-17　使用过滤规则过滤出 ping 命令的交互报文

（2）包含协议名和属性。过滤表达式可以包含协议名和协议的某个属性，协议名和属性之间用"."隔开。例如，需要过滤出所有分片的 IP 数据报，可以使用的表达式为 ip.fragment。

（3）包含协议名、属性和属性值。除了包含协议名和属性之外，过滤表达式还可以通过"=="">""<""=""<="等给出属性的具体值或范围值。例如，要过滤出地址为 192.168.0.88 的 IP 数据报，可以使用的表达式为"ip.addr==192.168.0.88"；要过滤出源地址为 192.168.0.88 的 IP 数据报，可以使用的表达式为"ip.src==192.168.0.88"；要过滤出目的地址为 192.168.0.88 的 IP 数据报，可以使用的表达式为"ip.dst==192.168.0.88"。

过滤表达式之所以复杂，是因为网络中存在众多的协议，每种协议又具有众多的属性。在图 7-14 中的显示过滤栏输入过滤规则时，每输入一个字符，Wireshark 都会给出相应的提示，如图 7-18 所示，以便简化用户的输入。如果输入的过滤规则正确，那么显示过滤栏以绿色背景显示，否则以红色背景显示。

需要注意，要使输入的过滤规则生效，在输入完毕后一定要按 Enter 键，或者单击显示过滤栏右侧的■►按钮。如果想清除已经生效的过滤规则，既可以将规则删除后按 Enter 键，也可以单击显示过滤栏右侧的⊠按钮。

在学习以上内容后，利用 ping 命令发送一个比较大的数据包。通过设置显示过滤规则，将分片的 ping 命令交互数据包显示出来。

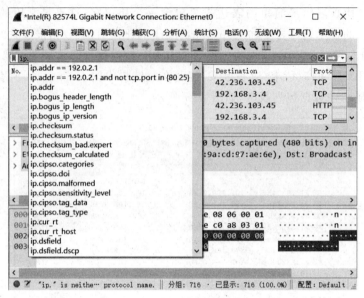

图 7-18　输入显示过滤规则时 Wireshark 给出的提示

4. 设置捕获范围

从欢迎界面选取网络接口开始数据包捕获后,每次单击工具栏上的 按钮,捕获都是在原来的网络接口上进行。能否不重启 Wireshark 程序,选择其他的网络接口进行数据包捕获呢?

运行 Wireshark 后,在图 7-14 所示的工具栏中单击 按钮,可以进入选项设置对话框,如图 7-19 所示。在该对话框中不仅可以更改捕获的网络接口,而且可以设置网络接口上捕获数据包的范围。

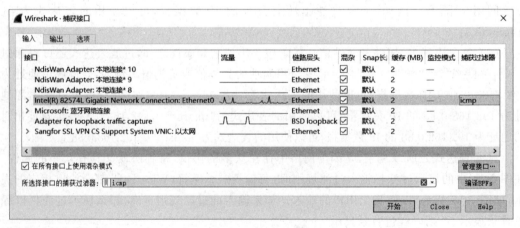

图 7-19　选项的设置

(1) 更改捕获的网络接口。如果希望捕获某一个网络接口上的数据包,那么可以在图 7-19所示的对话框中选中该网络接口,然后单击"开始"按钮。如果希望同时捕获多个网络接口上的数据包,可以按住 Ctrl 键,用鼠标选择需要捕获的多个网络接口,然后单击"开

始"按钮。这样配置以后,再单击工具栏上的 按钮时,Wireshark 将从新选择的网络接口
上捕获数据包。

(2) 启用或禁用混杂模式。流经一个网络接口的网络数据流,目的地并不一定是这个
网络接口。例如,在共享式以太网上,一个节点发送的数据,所有的网络接口都会收到。一
般情况下,如果目的地与网络接口不符,那么网络接口将抛弃这个数据包。为了能够捕获流
经一个网络接口的所有数据包(目的地不一定是这个网络接口),需要将 Wireshark 的数据
捕获方式设置为混杂模式。在图 7-19 所示的对话框中,每个网络接口的后面都有一个混杂
模式勾选框。如果在混杂模式框上勾选,就捕获所有流经该接口的数据包;如果不勾选,那
么就只捕获目的地为该网络接口的数据包。

(3) 设置捕获过滤规则。前面介绍了如何设置显示过滤规则。显示过滤针对捕获后的
数据包数据,只显示符合显示过滤规则的数据包,不符合显示过滤规则的数据包仍然存在,
只不过没有显示出来。那么能不能只捕获关注的数据包,不关注的数据包根本就不捕获呢?
Wireshark 解决这个问题的方法是设置捕获过滤规则。在图 7-19 所示的对话框中选中需要
设置的网络接口,在"所选择接口的捕获过滤器"选项中输入过滤规则,单击"开始"按钮,
WireShark 将按照设置的捕获规则捕获数据包。捕获过滤与显示过滤的作用不同,规则的
语法表示也不同。捕获规则有一个或多个原语组成,原语之间通过 and(与)、or(或)、not
(非)等逻辑符进行连接。例如,规则 primitive1 and primitive2 表示如果数据包既满足
primitive1 又满足 primitive2,那么就捕获该数据包;否则将其抛弃。原语有很多种形式,下
面简单介绍几种。

- <protocal>:按照指定的协议捕获数据包。例如,需要捕获 ICMP 的数据包,可以
  使用原语 icmp。
- [src|dst] host <host>:按照 IP 地址捕获数据包。其中 src 和 dst 为可选项,src 表
  示源 IP 地址,dst 表示目的 IP 地址。如果省略 src 和 dst,那么表示源 IP 地址或目的 IP
  地址只要有一个符合就要捕获;<host>为一个具体的 IP 地址。例如,需要捕获目的
  IP 地址为 192.168.0.88 的 IP 数据报,可以使用的原语为"dst host 192.168.0.88"。
- ether [src|dst] host <ehost>:按照以太网的 MAC 地址捕获数据包。其中 src 和
  dst 为可选项,src 表示源 MAC 地址,dst 表示目的 MAC 地址。如果省略 src 和 dst,
  那么表示源 MAC 地址或目的 MAC 地址只要有一个符合就要捕获;<ehost>为一
  个具体的 MAC 地址。例如,需要捕获源 MAC 或目的 MAC 地址为 3e-95-09-40-ba-
  c5 数据包,可以使用的原语为"ether host 3e-95-09-40-ba-c5"。

学习以上内容后,在一个网络接口卡上部署捕获过滤规则,使 Wireshark 只捕获从本机
发出的 ICMP 报文。同时,比较显示过滤和捕获过滤的差别。

5. 查看统计信息

Wireshark 不但可以捕获数据包的详细信息,而且可以对捕获的数据包进行统计分析。
例如,可以统计网络接口的数据流量、捕获时间内涉及的 MAC 地址和 IP 地址、每个地址涉
及的数据包数量等。这里以接口数据流量统计为例,介绍统计信息的查看方法。

统计信息集成在 Wireshark 的"统计"菜单中。如果想查看捕获网络接口上的流量统计
信息,可以在图 7-14 的"统计"菜单中执行"I/O 图表"命令。"I/O 图表"命令的执行结果与
图 7-20 类似。

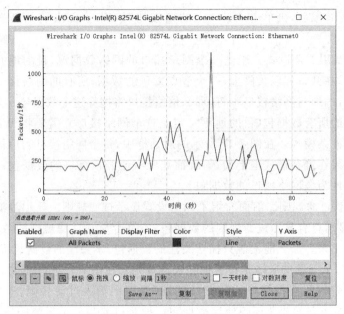

图 7-20　I/O 图表

Wireshark 给出的 I/O 图表的横轴为时间,纵轴为单位时间内流经的数据流量。I/O 图表可以根据需求进行定制,方法如下。

(1) 更改图形样式:I/O 图表给出的图形一般是折线形,我们也可以根据自己的喜好更改成其他样式。如果希望更改图形样式,可以双击图 7-20 中 Style 下面的类型框,在出现的下拉菜单中选择合适的样式。图 7-21 显示了将样式由 Line 改成 Bar 后的显示界面。另外,图形的颜色也可以修改。要修改图形的颜色,双击图 7-20 中 Color 下面的颜色选择框,在出现的颜色中选择即可。

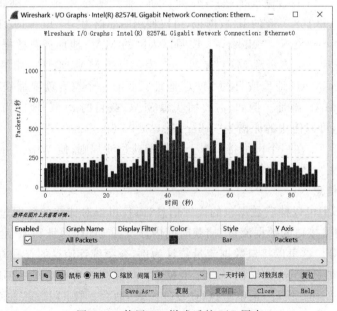

图 7-21　使用 Bar 样式后的 I/O 图表

（2）增加定制的统计曲线：通常情况下，Wireshark 统计的是经过一个网络接口的所有流量。根据需要，我们可以定制自己的统计曲线。如果希望增加自己的统计曲线，可以双击图 7-20 下部的"＋"按钮，在出现的横条上输入 Graph Name 和 Display Filter 即可。其中，Graph Name 为新建曲线的名称，Display Filter 为一条显示过滤规则。也就是说，这条新建曲线统计的是显示过滤规则过滤出来的数据包。例如，图 7-22 增加了一条曲线，用于统计接口上流经的 ICMP 数据包。其中，Graph Name 为 ICMP Packet，Display Filter 为 icmp。尽管在完成本实验时不断使用 ping 命令发送 ICMP 数据包，但是从图 7-22 显示的曲线来看，ICMP 报文在接口流量中占的比重仍然很小。

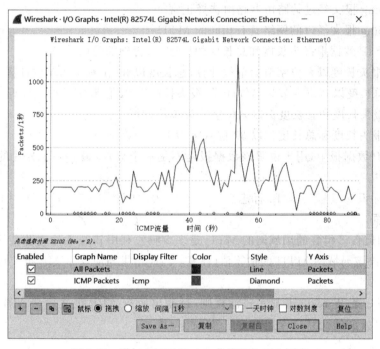

图 7-22　增加 ICMP Packet 曲线后的 I/O 图表

学习以上内容后，定制两条曲线，分别统计从你的网络接口发出的数据包和接收的数据包。

练　习　题

1. 填空题

（1）在转发一个 IP 数据报过程中，如果路由器发现该数据报报头中的 TTL 字段为 0，那么它首先将该数据报_____，然后向_____发送 ICMP 报文。

（2）源路由选项可以分为两类，一类是_____，另一类是_____。

（3）在一个 IP 数据报中，如果报头区中没有选项和填充，IP 数据报的报头字段中的数字应该是_____。

（4）在 Windows 10 中，如果希望利用 ping 命令连续发送 ICMP 请求报文，那么可以使用的选项为_____。

2. 单选题

(1) 对 IP 数据报分片的重组通常发生在( )上。

    A. 源主机   B. IP 数据报经过的路由器

    C. 目的主机   D. 源主机或路由器

(2) 使用 ping 命令 ping 另一台主机,即使收到正确的应答也不能说明( )。

    A. 源主机的 ICMP 软件和 IP 软件运行正常

    B. 目的主机的 ICMP 软件和 IP 软件运行正常

    C. ping 报文经过的路由器路由选择正常

    D. ping 报文经过的网络具有相同的 MTU

(3) 关于 IP 数据报报头长度和总长度的描述中,正确的是( )。

    A. 报头长度以 8 位字节为单位计算,总长度以 32 位双字为单位计算

    B. 总长度以 8 位字节为单位计算,报头长度以 32 位双字为单位计算

    C. 报头长度和总长度都以 8 位字节为单位计算

    D. 报头长度和总长度都以 32 位双字为单位计算

(4) 在 IP 数据报中,用于说明该数据报是不是一个分片,最后一个分片的信息保存在( )字段中。

    A. 标识   B. 标志   C. 协议   D. 片偏移

3. 实操题

(1) 你知道自己组装的局域网的 MTU 是多少吗?利用 ping 命令对你使用的局域网进行测试,并给出该局域网 MTU 的估算值(注意:回应请求与应答 ICMP 报文包含一个 8 字节的头部)。

(2) 编写一条 Wireshark 显示过滤规则,过滤出所有 ARP 报文。对 ARP 报文进行分析,观察 ARP 报文的交互过程是否与你想象的一致。

第8章　路由器与路由选择

本章要点

- 路由选择算法
- 互联网中 IP 数据报的传输和处理过程
- 静态路由和动态路由
- RIP 与 OSPF 协议

动手操作

- 配置静态路由
- 配置动态路由
- 配置三层交换机

在 IP 互联网中,路由选择(routing)是指选择一条路径发送数据报的过程,而进行这种路由选择的计算机就叫作路由器。

实际上,互联网就是由具有路由选择功能的路由器将多个物理网络连接所组成的。由于 IP 互联网使用面向非连接的互联网解决方案,因此互联网中的每个自治的路由器独立地对待 IP 数据报。一旦 IP 数据报进入互联网,路由器就要负责为这些数据报选路,并将它们从源主机送往目的主机。

那么,互联网中什么设备需要具有路由选择功能呢？首先,路由器应该具有路由选择功能。它处于网络与网络连接的十字路口,主要任务就是路由选择(如图 8-1 中的路由器 R1、R2、R3 和 R4);其次,具有多个物理连接的主机(多宿主主机)需要具有路由选择功能。在发送 IP 数据报前,它需要决定将数据报发送到哪个物理连接更好(如图 8-1 中的具有两条物理连接的多宿主主机 C);最后,具有单个物理连接的主机也需要具有路由选择功能。如果它通过网络与两个或多个路由器相连,那么在发送 IP 数据报之前必须决定将数据报发送给哪个路由器(如图 8-1 中的主机 A 和主机 B)。

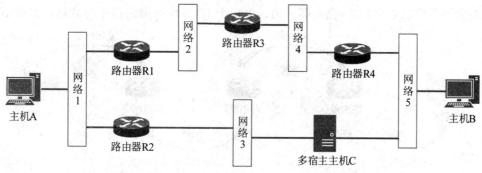

图 8-1　互联网中需要具有路由选择功能的设备

8.1 路 由 选 择

路由选择是互联层的主要功能。在 IP 互联网中,源主机发送的 IP 数据报经过一步一步地投递,最终到达目的主机。

8.1.1 间接投递和直接投递

在学习 IP 数据报的转发和投递过程之前,先看一看大家熟悉的快递公司转运和投递快件的过程。假如西安一个叫李四的用户要给天津的张三发一个快件,如图 8-2 所示,他发现自己和张三不在一个城市,只能将快件投递到西安转运中心;由于西安没有直接到达天津的邮车,因此西安转运中心收到李四的快件后,便将快件转运到距离天津更近,而自己又可以直接到达的石家庄转运中心;由于石家庄每天都有去往天津的邮车,因此快件到达石家庄转运中心后便被转运到天津;最后,天津转运中心收到快件后,通过派送员将快件送达到张三的手中。

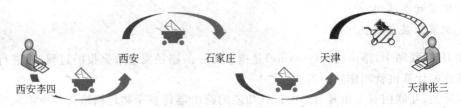

图 8-2 快递的转发与投递过程

互联网转发和投递 IP 数据报的过程与快递公司转运和投递快件的过程非常类似。假如主机 A 希望发送一个 IP 数据报给主机 B,如图 8-3 所示,它发现该数据报的目的地与自己不在一个网络(目的 IP 地址的网络前缀与自己 IP 地址的网络前缀不同),只能将其投递到与自己相连的路由器1;路由器1收到该 IP 数据报后,发现该数据报的目的地址与自己也不在一个网络(路由器1可能有多个 IP 地址,但每个 IP 地址的网络前缀都与目的 IP 地址的网络前缀不同),于是路由器1将该数据报转发到与自己直接相连,能够到达目的 IP 地址的路由器2;与路由器1相似,路由器2也与数据报的目的地址不在一个网络,因此路由器2将其投递到路由器3;路由器3收到这个 IP 数据报后,发现这个数据报的目的 IP 地址所属的网络与自己直接相连(路由器3的其中一个 IP 地址的网络前缀与数据报目的 IP 地

图 8-3 IP 数据报的转发与投递过程

址的网络前缀相同），于是路由器 3 将该数据报直接投递到最终的目的主机 B。

互联网设备将 IP 数据报转发给与自己直接相连的另一个互联网设备的过程称为间接投递；互联网设备将 IP 数据报转发给最终目的 IP 地址所属互联网设备的过程称为直接投递。如果源 IP 地址与目的 IP 地址的网络前缀不同，那么这个 IP 数据报需要经过多次间接投递和一次直接投递才能达到目的地址；如果源 IP 地址与目的 IP 地址的网络前缀相同，那么这个 IP 数据报只需要经过一次直接投递就能到达目的地址。

8.1.2　路由选择的基本方法

IP 数据报经过间接投递和直接投递，最终到达目的地址。那么，在进行 IP 数据报转发时，互联网设备怎么决定将一个数据报投递到哪里呢？在 IP 互联网中，需要进行路由选择的设备一般采用表驱动的路由选择算法。每台需要路由选择的设备保存一张 IP 路由表，该表存储着有关可能的目的地址及怎样到达目的地址的信息。在需要传送 IP 数据报时，它就查询该 IP 路由表，决定把数据报发往何处。

在设计 IP 路由表时，需要解决两个主要问题：一个是怎么表示 IP 路由表中的目的地址；另一个是怎么表示到达目的地址的路径信息。

互联网可以包含成千上万台主机，如果路由表列出到达所有主机的路径信息，不但需要巨大的内存资源，而且需要很长的路由表查询时间。显然，路由表中列出所有目的主机不太可能。幸运的是，IP 地址的编址方法可以帮助我们隐藏互联网上大量的主机信息。如果不同主机的 IP 地址具有相同的网络前缀，那么它们一定处于相同的（或相近）的网络上。利用 IP 地址的这种层次结构，路由表中可以仅保存相关的网络前缀信息，使远端的主机在不知道细节的情况下将 IP 数据报发送过来。这种目的地址的表示法与图 8-2 中快递转运中心关心的目的地址类似。西安转运中心关心的目的地是天津这个区域，无论天津张三的快件还是天津王五的快件，都会被转运到石家庄。

一个 IP 数据报从源主机出发，经过多次间接投递，最终通过直接投递到达目的主机。由于 IP 数据报的起点和终点不同，间接投递的次数和路径也不同，因此要在路由表中指定所有 IP 数据报从起点到终点的完整路径是不现实的。IP 路由表采用了下一步选路的基本思想，仅指定到达目的地的下一跳步。IP 数据报到达下一跳步后，下一个设备怎么处理这个数据报，则由下一跳步的设备自行决定。这种路径表示方法与图 8-2 中的快递转运中心关心的转运去向类似。西安转运中心只要指定目的地为天津的快件转运到石家庄即可，至于快件到达石家庄后，石家庄如何处理该快件，则由石家庄转运中心决定。

8.1.3　基本路由选择算法

按照路由选择的基本方法，互联设备的路由表通常包含多个（P、M、R）三元组。其中，P 表示目的网络前缀，M 表示网络掩码，R 表示到网络前缀 N 路径上的"下一个"路由器的 IP 地址。

图 8-4 显示了一个简单的互联网示意图。图中路由器 R 有两条连接，一条与网络 10.2.0.0/16 相连，另一条与网络 10.3.0.0/16 相连。因此，如果 R 接收到目的 IP 地址属于 10.2.0.0/16 或 10.3.0.0/16 的数据报（如目的 IP 地址为 10.2.0.86 或 10.3.0.25 的数据报），那么进行直接投递。除了 10.2.0.0/16 和 10.3.0.0/16，图 8-4 所示的互联网中还有 10.1.0.0/16 和 10.4.0.0/16 两个网络。对于这两个网络，路由器 R 不能直接到达，需要进行间接投

递。按照图 8-4 显示的拓扑图,路由器 R 收到目的 IP 地址属于 10.1.0.0/16 的数据报(如目的 IP 地址为 10.1.0.10 的数据报),R 应该将其投递到 10.2.0.5;路由器 R 收到目的 IP 地址属于 10.4.0.0/16 的数据报(如目的 IP 地址为 10.4.0.101 的数据报),R 应该将其投递到 10.3.0.7。

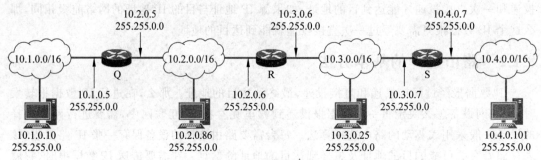

图 8-4　简单互联网示意图

结合图 8-4 和以上分析,可以写出路由器 R 的路由表如表 8-1 所示。按照同样的方式,可以写出路由器 Q 的路由表(见表 8-2)和路由器 S 的路由表(见表 8-3)。

表 8-1　路由器 R 的路由表

网络前缀 P	网络掩码 M	下一路由器 R
10.2.0.0	255.255.0.0	直接投递
10.3.0.0	255.255.0.0	直接投递
10.1.0.0	255.255.0.0	10.2.0.5
10.4.0.0	255.255.0.0	10.3.0.7

表 8-2　路由器 Q 的路由表

网络前缀 P	网络掩码 M	下一路由器 R
10.1.0.0	255.255.0.0	直接投递
10.2.0.0	255.255.0.0	直接投递
10.3.0.0	255.255.0.0	10.2.0.6
10.4.0.0	255.255.0.0	10.2.0.6

表 8-3　路由器 S 的路由表

网络前缀 P	网络掩码 M	下一路由器 R
10.3.0.0	255.255.0.0	直接投递
10.4.0.0	255.255.0.0	直接投递
10.1.0.0	255.255.0.0	10.3.0.6
10.2.0.0	255.255.0.0	10.3.0.6

基本的路由选择算法如图 8-5 所示。当一个 IP 数据报到达并需要进行路由时,路由选择软件首先取出数据报中的目的 IP 地址,然后依次对路由表的每一个表项进行如下操作:与网络掩码 M 相"与",将得到的结果同网络前缀 P 进行比较。如果相同,下一路由器 R 中

给出的地址就是本次需要投递的地址;如果不同,就进行下一个表项的处理。如果所有的表项都处理完后,仍然没有找到需要投递的地址,那么路由选择出错,抛弃该数据报。

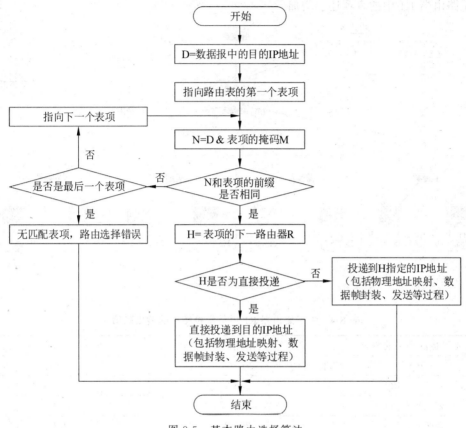

图 8-5 基本路由选择算法

利用路由选择得到下一步需要投递的地址可能是下一个路由器的 IP 地址,也可能是"直接投递"。如果得到的是下一个路由器的 IP 地址,那么就需要进行间接投递(获取下一个路由器 IP 地址对应的物理地址,利用获取的物理地址将需要投递的 IP 数据报封装在一个帧中,进而传递给下一个路由器);如果得到的是"直接投递",那么就需要进行直接投递(获取数据报目的 IP 地址对应的物理地址,利用获取的物理地址将需要投递的 IP 数据报封装在一个帧中,进而传递给最终的目的节点)。

8.1.4 路由聚合

在使用无类别 IP 地址时,可以对大块 IP 地址进行多层次的划分,以适应众多小型网络 IP 地址分配需求。但是,小型网络的快速增加使主干路由器的路由表项迅速膨胀。膨胀的路由表项增加了路由器的存储开销和路由信息的查找时间,降低了路由器的转发性能。

例如,在第 6 章给出的例子中,学校分配到网络前缀为 202.113.48.0/21 的 IP 地址块(从 202.113.48.0～202.113.55.0 共 8 个连续的 C 类网络地址),然后将这些地址平均分给 4 个学院。202.113.48.0/23 分给学院 A,202.113.50.0/23 分给学院 B,202.113.52.0/23 分给学院 C,202.113.54.0/22 分给学院 D,如图 8-6 所示。按照现有的知识,由于学校中建有

4 个独立的网络,因此主干路由器 R1 的路由表将包含 4 个与该学校相关的路由,如表 8-4
所示。如果每个学院又包含多个物理网络,学院还需要对分配到的 IP 地址进一步划分,那
么主干路由器 R1 中的表项还会增加。

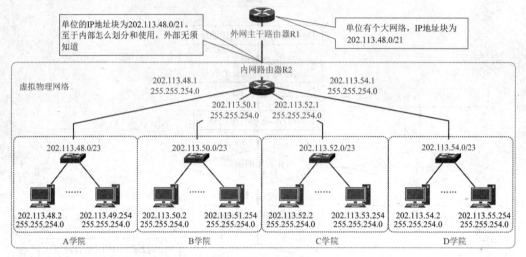

图 8-6　路由聚合

表 8-4　主干路由器 R1 中与学校相关的路由表项

要到达的网络前缀 P	网络掩码 M	下一路由器 R
……	……	……
202.113.48.0	255.255.254.0	R2
202.113.50.0	255.255.254.0	R2
202.113.52.0	255.255.254.0	R2
202.113.54.0	255.255.254.0	R2
……	……	……

　　但是,学校使用的是一个网络前缀为 202.113.48.0/21 的 IP 地址块(从 202.113.48.0 到
202.113.55.0 共 8 个连续的 C 类网络地址),外部路由器可以把整个学校的网络看成一个大
的虚拟物理网络。只要 IP 地址落在 202.113.48.0/21 范围内(不论是落在 202.113.48.0/23
范围内,还是落在 202.113.50.0/23、202.113.52.0/23、202.113.48.0/23 范围内),外部路由器
R1 都会将其投递到 R2。这样,路由器 R1 可以忽略该学校内部网络的细节,将有关该学校
的 4 个路由表项聚合成一个,如表 8-5 所示。通过路由聚合,减小了路由表的规模,降低了
路由选择所需的比较次数,提高了路由器的转发效率。

表 8-5　R1 聚合后的路由表项

要到达的网络前缀 P	网络掩码 M	下一路由器 R
……	……	……
202.113.48.0	255.255.248.0	R2
……	……	……

8.1.5　最长匹配原则

路由聚合方法并不限定学校内部的所有网络必须通过同一个本地路由器连入互联网。例如,在图 8-6 中,由于某个学院(如学院 D)外部网络流量很大,因此可以增加一条到达外部路由器 R1 的专用线路,如图 8-7 所示。在访问外部的互联网时,该学院希望通过自己专用的路由器 R3 而不是学校共享的路由器 R2 传递信息。

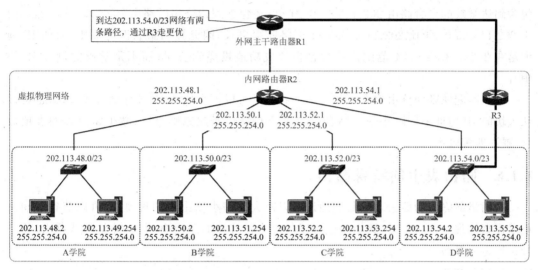

图 8-7　学院 D 增加专用线路后的互联网示意图

从外部路由器 R1 来看,到达 202.113.54.0/23 有两条路径,一条经过 R2,另一条经过 R3。因此,需要在路由器 R1 的路由表中再增加一条经过 R3 到达 202.113.54.0/23 的路由,如表 8-6 所示。按照前面介绍的路由选择算法,投递到 R2 的路由表项和投递到 R3 的路由表项都能够到达目的网络 202.113.54/23。那么,这两条路由哪个更优呢? 当然是经过 R3 的路由,因为 R3 连接的网络比 R2 更具体。

表 8-6　R1 路由表项在增加专用线路后的变化情况

要到达的网络前缀 P	网络掩码 M	下一路由器 R
……	……	……
202.113.48.0	255.255.248.0	R2
202.113.54.0	255.255.254.0	R3
……	……	……

仔细观察网络前缀(或网络掩码)可以发现,网络前缀长度越长(即网络掩码中包含 1 的位数越多),代表的网络规模越小、越具体。例如,202.113.48.0/21 的前缀长度为 21,202.113.48.0/23 的前缀长度为 23,202.113.48.0/23 表示的 IP 地址块只是 202.113.48/21 的一个子集。在进行路由选择时,如果存在多个到达同一目的网络的路由,那么选择网络前缀长度最长的表项(或掩码中 1 位最多的表项)就可以直接进入更具体、规模更小的网络。在路由选择中,如果存在多个到达同一目的网络的路由时,坚持选择网络前缀长度最长的表项

(或掩码中1位最多的表项),以便获得投递最佳效果的原则叫作最长匹配原则。

在实际应用中,最长匹配原则还可以让聚合的路由中包含一些例外。例如,学校分配202.113.48.0/24~202.113.54.0/24 共7个连续C类地址块;公司分配到 202.113.55.0/24 一个C类地址块。在这种情况下,外网主干路由器仍然可以利用 202.113.48.0/21 对学校进行路由聚合。202.113.48.0/21 包含了 202.113.48.0/24~202.113.55.0/24 共8个连续C类地址块,不过 202.113.55.0/24 并不在学校中,是聚合路由的一个例外。外网主干路由器除了包含到达学校的聚合路由 202.113.48.0/21 外,还包含到达公司的路由 202.113.55.0/24。由于 202.113.55.0/24 比 202.113.48.0/21 网络前缀更长,因此按照最长匹配原则,目的 IP 地址落在 202.113.55.0/24 范围内的数据报会成功地投递到公司(而不是学校的例外 IP 块中)。

最长匹配原则使路由聚合更加灵活。我们既可以把小块的 IP 地址聚合成大块,也可以从大块的 IP 地址中剔除小块。结合路由聚合和最长匹配原则,可以减少路由表的表项数目,提高匹配效率。

8.1.6 路由表中的特殊路由

用网络前缀作为路由表的目的地址可以极大地缩小路由表的规模,既可以节省空间又可以提高处理速度。但是,路由表也可以包含两种特殊的路由表项,一种是默认路由,另一种是特定主机路由。

1. 默认路由

为了进一步隐藏互联网细节,缩小路由表的长度,IP 路由中经常用到一种称为"默认路由"的技术。在路由选择过程中,如果路由表没有明确指明一条到达目的网络前缀的路由信息,那么可以把数据报转发到默认路由指定的路由器。

在路由表中,默认路由表项利用 0.0.0.0 作为目的网络前缀 P,利用 0.0.0.0 作为网络掩码 M,需要投递到的路由器 IP 地址作为下一路由器地址 R。由于任何 IP 地址和 0.0.0.0 掩码相与都等于 0.0.0.0,因此如果路由表含有默认路由表项,路由选择就不会因找不到路由而发生路由选择错误。另外,由于网络掩码为全 0,因此按照最长匹配原则,默认路由在没有其他路由可供选择时才会被使用。

默认路由即可用在主机的路由表中使用,也可用在路由器路由表中使用。合理使用默认路由,可以大幅度减少路由表的表项数目。

2. 特定主机路由

路由表的表项(包括默认路由)大部分都是基于网络前缀的,不过 IP 也允许为一个特定的主机建立路由表项。为单台主机(而不是一个网络前缀)指定一条特定的路径就是特定主机路由。

在路由表中,特定主机路由利用主机的 IP 地址作为目的地址 P,利用 255.255.255.255 作为网络掩码 M,需要投递到的路由器 IP 地址作为下一路由器地址 R。由于 32 位网络掩码为全 1,因此按照最长匹配原则,如果存在特定主机路由,那么该路由就是最优路由。

特定主机路由赋予了本地网络管理人员更大的网络控制权,可用于安全性管理、网络连通性调试及路由表正确性判断等目的。

142

8.1.7　无类别域间路由

显然,利用图 8-5 给出的路由选择算法得到的路由并不一定是最优路由。为了按照最长匹配原则获取最优路由,路由算法需要搜索路由表中的所有表项,并在找到的多个可用表项中选择网络前缀长度最长的(掩码中 1 最多的)作为返回结果。这种适合无类别 IP 地址分配、遵循最长匹配原则的路由选择方法称为无类别域间路由(classless inter-domain routing、CIDR),如图 8-8 所示。从该方法可以看到,由于主机路由的掩码为全 1,因此如果存在主机路由,遵循最长匹配原则的 CIDR 会选择主机路由指定的路径转发数据报。同时,由于默认路由的掩码为全 0,因此,在不存在其他路由的情况下,CIDR 会通过默认路由转发数据报。

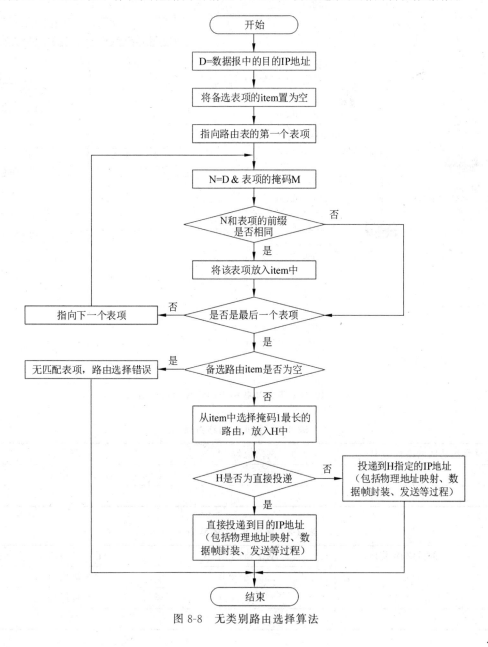

图 8-8　无类别路由选择算法

8.1.8　IP 数据报传输与处理过程

学习路由算法之后,我们讨论一下 IP 数据报在互联网中较为完整的传输与处理过程。

图 8-9 显示的互联网由 3 个路由器互联 3 个以太网,表 8-7～表 8-11 给出了主机 A、B 和路由器 R1、R2、R3 的路由表。假如主机 A 的某个应用程序需要发送数据到主机 B 的某个应用程序,IP 数据报在互联网中的传输与处理大致要经历如下过程。

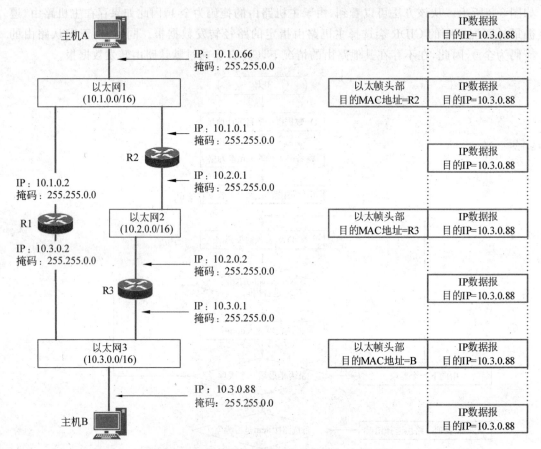

图 8-9　IP 数据报在互联网中的传输与处理过程

表 8-7　主机 A 的路由表

要到达的网络前缀 P	网络掩码 M	下一路由器 R
10.1.0.0	255.255.0.0	直接投递
0.0.0.0	0.0.0.0	10.1.0.1

表 8-8　路由器 R1 的路由表

要到达的网络前缀 P	网络掩码 M	下一路由器 R
10.1.0.0	255.255.0.0	直接投递
10.3.0.0	255.255.0.0	直接投递
10.2.0.0	255.255.0.0	10.1.0.1

表 8-9　路由器 R2 的路由表

要到达的网络前缀 P	网络掩码 M	下一路由器 R
10.1.0.0	255.255.0.0	直接投递
10.2.0.0	255.255.0.0	直接投递
10.3.0.0	255.255.0.0	10.2.0.2

表 8-10　路由器 R3 的路由表

要到达的网络前缀 P	网络掩码 M	下一路由器 R
10.2.0.0	255.255.0.0	直接投递
10.3.0.0	255.255.0.0	直接投递
10.1.0.0	255.255.0.0	10.2.0.1

表 8-11　主机 B 路由表

要到达的网络前缀 P	网络掩码 M	下一路由器 R
10.3.0.0	255.255.0.0	直接投递
0.0.0.0	0.0.0.0	10.3.0.2

1. 主机发送 IP 数据报

如果主机 A 要发送数据给互联网上的另一台主机 B,那么主机 A 首先要构造一个目的 IP 地址为主机 B 的 IP 数据报(目的 IP 地址＝10.3.0.88),然后对该数据报进行路由选择。利用路由选择算法和主机 A 的路由表(表 8-7)可以得到,目的主机 B 和主机 A 不在同一网络,需要将该数据报转发到默认路由器 R2(IP 地址 10.1.0.1)。

尽管主机 A 需要将数据报首先送到它的默认路由器 R2 而不是目的主机 B,但是它既不会修改原 IP 数据报的内容,也不会在原 IP 数据报中附加内容(甚至不附加下一默认路由器的 IP 地址)。那么主机 A 怎样将数据报发送给下一路由器呢? 在发送数据报之前,主机 A 首先调用 ARP 地址解析软件得到下一默认路由器 IP 地址与 MAC 地址的映射关系,然后以该 MAC 地址为帧的目的地址形成一个帧,并将 IP 数据报封装在帧的数据区,最后由具体的物理网络(以太网)完成数据报的真正传输。由此可见,在为 IP 数据报选路时,主机 A 使用数据报的目的 IP 地址计算得到下一跳步的 IP 地址(这里为默认路由器 R2 的 IP 地址)。但真正的数据传输是通过将 IP 数据报封装成帧,并利用默认路由器 R2 的 MAC 地址实现的。

2. 路由器 R2 处理和转发 IP 数据报

路由器 R2 接收到主机 A 发送的数据帧后,去掉帧头,并把 IP 数据报提交给 IP 软件处理。由于该 IP 数据报的目的地并不是路由器 R2,因此 R2 需要将它转发出去。

利用路由选择算法和路由器 R2 的路由表(表 8-9)可知,如果要到达数据报的目的地,那么必须将它投递到 IP 地址为 10.2.0.2 的路由器(路由器 R3)。

通过以太网投递时,路由器 R2 需要调用 ARP 地址解析软件得到路由器 R3 的 IP 地址与 MAC 地址的映射关系,并利用该 MAC 地址作为帧的目的地址将 IP 数据报封装成帧,最后由以太网完成真正的数据投递。

需要注意的是,路由器在转发数据报之前,IP 软件需要从数据报报头的"生存周期"减去一定的值。若"生存周期"小于或等于 0,则抛弃该报文;否则重新计算 IP 数据报的校验和并继续转发。

3. 路由器 R3 处理和转发 IP 数据报

与路由器 R2 相同,路由器 R3 接收到路由器 R2 发送的帧后也需要去掉帧头,并把 IP 数据报提交给 IP 软件处理。与路由器 R2 不同,路由器 R3 在路由选择过程中发现该数据报指定的目的网络与自己直接相连,可以直接投递。于是,路由器 R3 调用 ARP 地址解析软件得到主机 B 的 IP 地址与 MAC 地址的映射关系。利用该 MAC 地址作为帧的目的地址,路由器 R3 将 IP 数据报封装成帧,并通过以太网传递出去。

4. 主机 B 接收 IP 数据报

当封装 IP 数据报的帧到达主机 B 后,主机 B 对该帧进行解封装,并将 IP 数据报提交主机 B 上的 IP 软件处理。IP 软件确认该数据报的目的 IP 地址 10.3.0.88 为自己的 IP 地址后,将 IP 数据报中封装的数据信息送交高层协议软件处理。

从互联网传递和处理 IP 数据报的过程可以看到,每个路由器都是一个自治的系统,它们根据自己掌握的路由信息对每一个 IP 数据报进行路由选择和转发。路由表在路由选择过程中发挥着重要作用,如果一个路由器的路由表发生变化,那么到达目的网络所经过的路径就有可能发生变化。例如,假如主机 A 路由表中的默认路由不是路由器 R2(10.1.0.1)而是路由器 R1(10.1.0.2),那么主机 A 发往主机 B 的 IP 数据报就不会沿 A→R2→R3→B 路径传递,它将通过 R1 到达主机 B。

另外,图 8-9 所示的互联网是 3 个以太网的互联。由于它们的 MTU 相同,因此 IP 数据报在传递过程中不需要分片。如果路由器连接不同类型的网络,而这些网络的 MTU 又不相同,那么路由器在转发之前可能需要对 IP 数据报分片。对接收到的数据报,不管它是分片后形成的 IP 数据报还是未分片的 IP 数据报,路由器都一视同仁,进行相同的路由处理和转发。

8.2　路由表的建立与刷新

IP 互联网的路由选择的正确性依赖于路由表的正确性,如果路由表出现错误,那么 IP 数据报就不可能按照正确的路径转发。

路由表项可以分为静态路由表项和动态路由表项两类。静态路由是由人工管理的,而动态路由则是路由器通过自己的学习得到的。

8.2.1　静态路由

静态路由是由人工管理的。根据互联网的拓扑结构和连接方式,网络管理员可以为一个路由器建立静态路由。由于静态路由在正常工作中不会自动发生变化,因此到达某一目的网络的 IP 数据报的路径是固定的。如果互联网的拓扑结构或连接方式发生变化,那么网络管理员必须手工更新静态路由,以应对这些变化。

静态路由的主要优点是安全可靠、简单直观,同时静态路由还避免了动态路由选择的开

销。在互联网络结构不太复杂的情况下,使用静态路由表是一种很好的选择。实际上,
Internet 上的很多路由器都使用了静态路由。

但是,对于复杂的互联网拓扑结构,静态路由的配置会让网络管理员感到头痛。不但工
作量很大,而且很容易出现路由环,致使 IP 数据报在互联网中兜圈子。在图 8-10 中,R1 认
为到达网络 4 应经过 R2,而 R2 认为到达网络 4 应经过 R1。由于路由器 R1 和 R2 的静态
路由配置不合理,故而造成去往网络 4 的 IP 数据报在 R1 和 R2 之间来回传递。

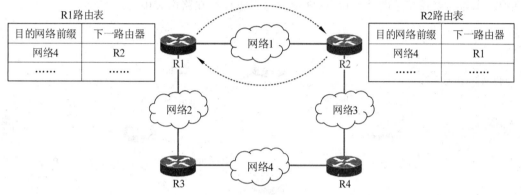

图 8-10　配置路由错误导致 IP 数据报在互联网中兜圈子

另外,在静态路由配置完毕后,去往某一网络的 IP 数据报将沿着固定路径传递。一旦
该路径出现故障,目的网络就变得不可到达,即使存在另外一条到达该目的网络的备份路
径,如图 8-11 所示,在静态路由配置完成后,主机 A 到主机 B 的所有 IP 数据报都经过路由
器 R1、R2、R4 传递。即使该路径出现问题(例如路由器 R2 故障),IP 数据报也不会自动经
备份路径 R1、R3、R4 到达主机 B,除非网络管理员对静态路由重新配置。

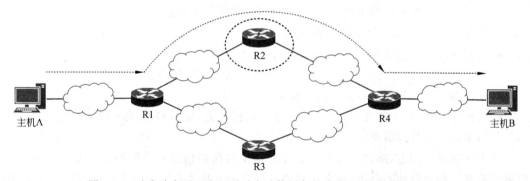

图 8-11　动态路由可以在必要时自动使用备份路由,而静态路由则不能

8.2.2　动态路由

与静态路由不同,动态路由可以通过路由器自身的学习,自动修改和刷新路由表。当网
络管理员通过配置命令启动动态路由后,无论何时从互联网中收到新的路由信息,路由器都
会利用路由管理进程自动更新路由表。

动态路由具有更多的自主性和灵活性,特别适合于拓扑结构复杂、网络规模庞大的互联
网环境。如果图 8-11 所示的互联网采用动态路由,那么开始时主机 A 发送的数据报可能通

过路由器 R1、R2、R4 到主机 B。一旦路由器 R2 发生故障,路由器可以自动调整路由表,通过备份路径 R1、R3、R4 继续发送数据。当然,在路由器 R2 恢复正常工作后,路由器可再次自动修改路由表,仍然使用路径 R1、R2、R4 发送数据。

当路由器自动刷新和修改路由表时,它的首要目标是要保证路由表中包含最佳的路径信息。为了区分速度的快慢、带宽的宽窄、延迟的长短,修改和刷新路由时需要给每条路径生成一个数字,该数字被称为度量值(metric)。度量值越小,说明这条路径越好,如图 8-12 所示。作为与路径相关的重要信息,度量值通常也保存在路由表中。

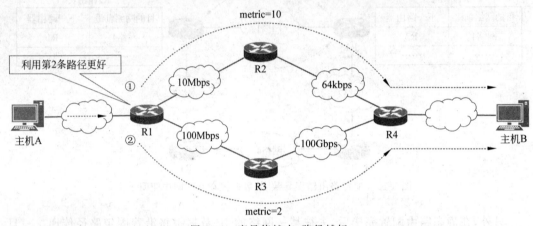

图 8-12 度量值越小,路径越好

度量值的计算可以基于路径的一个特征,也可以基于路径的多个特征。在计算中经常使用的特征可以总结如下。

- 跳数(hop count):IP 数据报到达目的地必须经过的路由器个数。跳数越少,路由越好。下面将要介绍的 RIP 就是使用"跳数"作为其度量值的。
- 带宽(bandwidth):链路传输数据的能力。
- 延迟(delay):将数据从源送到目的地所需的时间。
- 负载(load):网络中(如路由器中或链路中)信息流的活动数量。
- 可靠性(reliability):数据传输过程中的差错率。
- 开销(cost):一个变化的数值,通常可以根据带宽、建设费用、维护费用、使用费用等因素由网络管理员指定。

为了实现动态路由,路由器之间需要经常地交换路由信息。交换路由信息势必要占用网络的带宽。如果设计不合理,那么大量路由信息的交换就会影响正常数据的传送。另外,路由表的动态修改和刷新需要通过计算实现,这种计算也需要占用路由器的内存和 CPU 处理时间,消耗路由器的资源。

8.3 路由选择协议

为了使用动态路由,互联网中的路由器必须运行相同的路由选择协议,执行相同的路由选择算法。

目前,应用最广泛的路由选择协议有两种,一种叫做路由信息协议(routing information protocol,RIP),另一种叫做开放式最短路径优先协议(open shortest path first,OSPF)。RIP 利用向量—距离算法,而 OSPF 则使用链路—状态算法。

不管采用何种路由选择协议和算法,路由信息应以精确的、一致的观点反映新的互联网拓扑结构。当一个互联网中的所有路由器都运行着相同的、精确的、足以反映当前互联网拓扑结构的路由信息时,我们就说路由已经收敛(convergence)。快速收敛是路由选择协议最希望具有的特征,因为它可以尽量避免路由器利用过时的路由信息进行路由选择,保证选路的正确性和经济性。

8.3.1　RIP 与向量—距离算法

RIP 是互联网中使用较早的一种动态路由选择协议。由于算法简单,因此 RIP 得到了广泛的应用。

1. 向量—距离路由选择算法

向量—距离(vector-distance,V-D)路由选择算法也称为 Bellman-Ford 算法。其基本思想是路由器周期性地向其相邻路由器广播自己知道的路由信息,用于通知相邻路由器自己可以到达的网络以及到达该网络的距离(通常用"跳数"表示),相邻路由器可以根据收到的路由表修改和刷新自己的路由表。

如图 8-13 所示,路由器 R1 向相邻的路由器(例如 R2)广播自己的路由信息,通知 R2 自己可以到达 net1、net2 和 net4。由于 R1 送来的路由信息包含了两条 R2 不知的路由(到达 net1 和 net4 的路由),于是 R2 将 net1 和 net4 加入自己的路由表,并将下一站指定为 R1。也就是说,如果 R2 收到的目的网络为 net1 和 net4 的 IP 数据报,它将转发给路由器 R1,由 R1 进行再次投递。由于 R1 到达网络 net1 和 net4 的距离分别为 0 和 1,因此,R2 通过 R1 到达这两个网络的距离分别为 1 和 2。

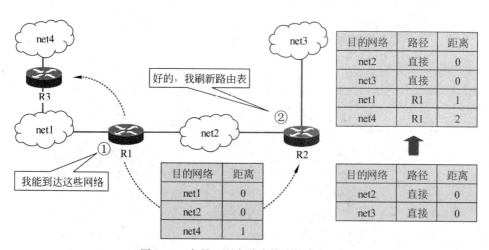

图 8-13　向量—距离路由算法的基本思想

下面对向量—距离算法进行具体描述。

首先,路由器启动时对路由表进行初始化,该初始路由表包含所有去往与本路由器直接相连的网络路径。因为去往直接相连的网络不经过中间路由器,所以初始化的路由表中各路径的距离均为 0。图 8-14(a)显示了路由器 R1 附近的互联网拓扑结构,图 8-14(b)给出了路由器 R1 的初始路由表。

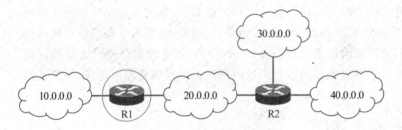

(a) 路由器R1附近的网络拓扑

(b) 路由器R1的初始路由表

图 8-14　路由器启动时初始化路由表

然后,各路由器周期性地向其相邻的路由器广播自己的路由表信息。与该路由器直接相连(位于同一物理网络)的路由器收到该路由表报文后,据此对本地路由表进行刷新。刷新时,路由器逐项检查来自相邻路由器的路由信息报文,遇到下述表目之一,须修改本地路由表(假设路由器 R_i 收到路由器 R_j 的路由信息报文)。

(1) R_j 列出的某表目 R_i 路由表中没有:R_i 路由表中须增加相应表目,其"目的网络"是 R_j 表目中的"目的网络",其"距离"为 R_j 表目中的距离加 1,而"路径"则为 R_j。

(2) R_j 去往某目的地的距离比 R_i 去往该目的地的距离减 1 还小:这种情况说明 R_i 去往某目的网络如果经过 R_j,距离会更短。于是,R_i 需要修改本表目,其"目的网络"不变,"距离"为 R_j 表目中的距离加 1,"路径"为 R_j。

(3) R_i 去往某目的地经过 R_j,而 R_j 去往该目的地的路径发生变化:需要分成两种情况处理。

- 如果 R_j 不再包含去往某目的地的路径,则 R_i 中相应路径须删除。
- 如果 R_j 去往某目的地的距离发生变化,则 R_i 中相应表目的"距离"须修改,以 R_j 中的"距离"加 1 取代之。

表 8-12 假设 R_i 和 R_j 为相邻路由器,对向量—距离路由选择算法给出了直观说明。

表 8-12　按照向量—距离路由选择算法更新路由表

R_i 原路由表			R_j 广播的路由信息		R_i 刷新后的路由表		
目的网络	路径	距离	目的网络	距离	目的网络	路径	距离
10.0.0.0	直接	0	10.0.0.0	4	10.0.0.0	直接	0
30.0.0.0	R_n	7	30.0.0.0	4	30.0.0.0	R_j	5
40.0.0.0	R_j	3	40.0.0.0	2	40.0.0.0	R_j	3
45.0.0.0	R_l	4	41.0.0.0	3	41.0.0.0	R_j	4
180.0.0.0	R_j	5	180.0.0.0	5	45.0.0.0	R_l	4
190.0.0.0	R_m	10			180.0.0.0	R_j	6
199.0.0.0	R_j	6			190.0.0.0	R_m	10

向量—距离路由选择算法的最大优点是算法简单、易于实现。但是由于路由器的路径变化需要向波浪一样从相邻路由器传播出去,过程非常缓慢,有可能造成慢收敛等问题,因此它不适用于路由剧烈变化的或大型的互联网网络环境。另外,向量—距离路由选择算法要求互联网中的每个路由器都参与路由信息的交换和计算,而需要交换的路由信息报文与自己的路由表的大小几乎一样,因此需要交换的信息量很大。

2. RIP

RIP 是向量—距离路由选择算法在局域网上的直接实现。它规定了路由器之间交换路由信息的时间、交换信息的格式、错误的处理等内容。

在通常情况下,RIP 规定路由器每 30 秒钟与其相邻的路由器交换一次路由信息,该信息来源于本地的路由表,其中,路由器到达目的网络的距离以"跳数"计算。

RIP 除严格遵守向量—距离路由选择算法进行路由广播与刷新外,在具体实现过程中还做了一些改进,主要包括以下两点。

（1）对相同开销路由的处理。在具体应用中,到达同一网络可能会有若干条距离相同的路径。对于这种情况,RIP 通常按照先入为主的原则进行处理,如图 8-15 所示,由于路由器 R1 和 R2 都与 net1 直接相连,因此它们都向相邻路由器 R3 发送到达 net1 距离为 0 的路由信息。R3 按照先入为主的原则,先收到哪个路由器的路由信息报文,就将去往 net1 的路径定为哪个路由器,直到该路径失效或被新的、更短的路径代替。

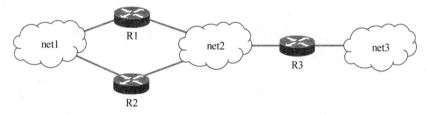

图 8-15　相同开销路由处理

（2）对过时路由的处理。根据向量—距离路由选择算法,路由表中的一条路径被刷新是因为出现了一条开销更小的路径,否则该路径会在路由表中保持下去。按照这种思想,一旦某条路径发生故障,过时的路由表项会在互联网中长期存在下去。在图 8-15 中,假如 R3 到达 net1 经过 R1,如果 R1 发生故障后不能向 R3 发送路由刷新报文,那么 R3 关于到达 net1 需要经过 R1 的路由信息将永远保持下去,尽管这是一条坏路由。为了解决这个问题,RIP 规定,参与 RIP 选路的所有机器要为其路由表的每个表项增加一个定时器,以进行老化处理。在收到相邻路由器发送的路由刷新报文中如果包含关于此路径的表目,则将定时器清零,重新开始计时。如果在规定时间内一直没有收到关于该路径的刷新信息,则定时器溢出。定时器溢出说明该路径已经崩溃,需要将它从路由表中删除。RIP 规定路径的超时时间为 180 秒,相当于 6 个 RIP 刷新周期。

3. 慢收敛问题及对策

慢收敛问题是 RIP 的一个严重缺陷。那么慢收敛问题是怎么产生的呢?

图 8-16(a)是一个正常的互联网拓扑结构,从 R1 可直接到达 net1,从 R2 经 R1(距离为 1)可到达 net1。正常情况下,R2 收到 R1 广播的刷新报文后,会建立一条距离为 1 经 R1 到达 net1 的路由。

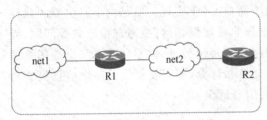 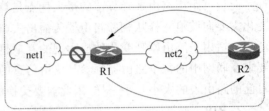

(a) 正常情况　　　　　　　　　(b) R1和R2之间出现路由环

图 8-16　慢收敛问题的产生

现在,假设从 R1 到 net1 的路径因故障而崩溃,但 R1 仍然可以正常工作。当然,R1 一旦检测到 net1 不可到达,会立即将去往 net1 的路由废除。然后会出现以下两种可能。

- 在收到来自 R2 的路由刷新报文之前,R1 将修改后的路由信息广播给相邻的路由器 R2,于是 R2 修改自己的路由表,将原来经 R1 去往 net1 的路由删除。这种情况为正常情况。
- R2 赶在 R1 发送新的路由刷新报文之前,广播自己的路由刷新报文。该报中必然包含一条说明 R2 经过一个路由器可以到达 net1 的路由。由于 R1 已经删除了到达 net1 的路由,按照向量—距离路由选择算法,R1 会增加通过 R2 到达 net1 的新路径,不过路径的距离变成了 2。这样,在路由器 R1 和 R2 之间就形成了路由环,R2 认为通过 R1 可以到达 net1,R1 则认为通过 R2 可以到达 net1。尽管路径的"距离"会越来越大,但该路由信息不会从 R1 和 R2 的路由表中消失,如图 8-16 所示。这就是慢收敛问题的产生原因。

为了解决慢收敛问题,RIP 采用了以下解决对策。

(1) 限制路径最大"距离"。产生路由环以后,尽管无效的路由不会从路由表中消失,但是其路径的"距离"会变得越来越大。为此,可以通过限制路径的最大"距离"来加速路由表的收敛。一旦"距离"到达某一最大值,就说明该路由不可达,需要从路由表中删除。RIP 规定"距离"的最大值为 16,距离超过或等于 16 的路由为不可达路由。当然,在限制路径最大距离为 16 的同时,也限制了应用 RIP 的互联网规模。在使用 RIP 的互联网中,每条路径经过的路由器数目不应超过 15 个。

(2) 水平分割。当路由器从某个网络接口发送 RIP 路由刷新报文时,其中不能包含从该接口获取的路由信息,这就是水平分割(horizon split)对策的基本原理。在图 8-16 中,如果 R2 不把从 R1 获得的路由信息再广播给 R1,那么 R1 和 R2 之间就不可能出现路由环,慢收敛问题也就不会发生。

(3) 保持对策。仔细分析慢收敛的原因,我们发现崩溃路由的信息传播比正常路由的信息传播慢了许多。针对这种现象,RIP 的保持(hold down)对策规定在得知目的网络不可到达后的一定时间内(RIP 规定为 60s),路由器不接收关于此网络的任何可到达性信息。这样,可以给路由崩溃信息充分的传播时间,使它尽可能地赶在路由环形成之前传出去,防止慢收敛问题的出现。

(4) 带触发刷新的毒性逆转。毒性逆转(poison reverse)对策的基本原理是当某路径崩溃后,最早广播此路由的路由器将原路由继续保留在若干路由刷新报文中,但指明该路由的距离为无限长(距离为 16)。与此同时,还可以使用触发刷新(trigged update)技术,一旦检测到路由崩溃,立即广播路由刷新报文,而不必等待下一刷新周期。

4. RIP 与无类别域间路由

RIP 的最大优点是配置和部署相当简单。早在 RFC 正式颁布 RIP 的第一个版本之前,RIP 已经被广泛使用了。但是,RIP 的第一个版本使用标准的有类别的 IP 地址,并不支持无类别域间路由。直到第二个版本的出现,RIP 才结束了不能使用无类别 IP 地址的历史。与此同时,RIP 的第二个版本还具有身份验证、支持多播等特性。

8.3.2　OSPF 与链路—状态算法

在互联网中,OSPF 是另一种经常被使用的路由选择协议。OSPF 使用链路—状态路由选择算法,可以在大规模的互联网环境下使用。OSPF 协议比 RIP 复杂很多。这里仅对 OSPF 协议和链路—状态路由选择算法做一简单介绍。

链路—状态(link-status,L-S)路由选择算法也称为最短路径优先(shortest path first,SPF)算法。其基本思想是互联网上的每个路由器周期性地向其他路由器广播自己与相邻路由器的连接关系,以使各个路由器都可以画出一张互联网拓扑结构图。利用这张图和最短路径优先算法,路由器就可以计算出自己到达各个网络的最短路径。

如图 8-17 所示,路由器 R1、R2 和 R3 首先向互联网上的其他路由器(R1 向 R2 和 R3,R2 向 R1 和 R3,R3 向 R1 和 R2)广播报文,通知其他路由器自己与相邻路由器的关系(例如,R3 向 R1 和 R2 广播自己通过 net1 和 net3 与路由器 R1 相连)。利用其他路由器广播的信息,互联网上的每个路由器都可以形成一张由点和线相互连接而成的抽象拓扑结构图[图 8-17(b)给出了路由器 R1 形成的抽象拓扑结构图]。一旦得到了这张图,路由器就可以

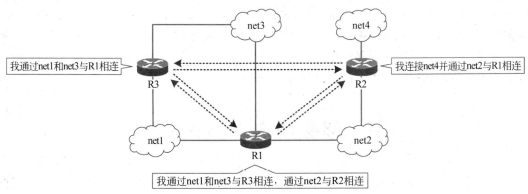

(a) 互联网上每个路由器向其他路由器广播自己与相邻路由器的关系

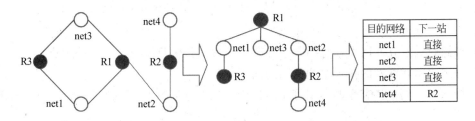

(b) 路由器 R1 利用形成的互联网拓扑图计算路由

图 8-17　链路—状态路由选择算法的基本思想

按照最短路径优先算法计算出以本路由器为根的 SPF 树[图 8-17(b)显示了以 R1 为根的 SPF 树]。这棵树描述了该路由器(例如 R1)到达每个网络(例如 net1、net2、net3 和 net4)的路径和距离。通过这棵 SPF 树,路由器就可以生成自己的路由表[图 8-17(b)显示了路由器 R1 按照 SPF 树生成的路由表]。

从以上介绍可以看到,链路—状态路由选择算法与向量—距离路由选择算法有很大的不同。向量—距离路由选择算法并不需要路由器了解整个互联网的拓扑结构,它通过相邻的路由器了解到达每个网络的可能路径;而链路—状态路由选择算法则依赖于整个互联网的拓扑结构图,利用该图得到 SPF 树,再由 SPF 树生成路由表。

以链路—状态算法为基础的 OSPF 路由选择协议具有收敛速度快、支持服务类型选路、提供负载均衡和身份认证等特点,非常适合于在规模庞大、环境复杂的互联网中使用。

但是,OSPF 协议也存在一些缺陷,主要包括以下两个方面。

- 要求较高的路由器处理能力。在一般情况下,运行 OSPF 路由选择协议要求路由器具有更大的存储器和更快的 CPU 处理能力。与 RIP 不同,OSPF 要求路由器保存整个互联网的拓扑结构图、相邻路由器的状态等众多的路由信息,并且利用比较复杂的算法生成路由表。互联网的规模越大,OSPF 协议对内存和 CPU 的要求越高。
- 一定的带宽需求。为了得到与相邻路由器的连接关系,互联网上的每一个路由器都需要不断地发送和应答查询信息,与此同时,每个路由器还需要将这些信息广播到整个互联网。因此,OSPF 对互联网的带宽有一定的要求。

为了适应更大规模的互联网环境,OSPF 协议通常利用分层、指派路由器等一系列的方法来解决这些问题。所谓分层就是将一个大型的互联网分成几个不同的区域,一个区域中的路由器只需要保存和处理本区域的网络拓扑和路由,区域之间的路由信息交换由几个特定的路由器完成。而指派路由器则是指在互联的局域网中,路由器将自己与相邻路由器的关系发送给一个或多个指定路由器(而不是广播给互联网上的所有路由器),指派路由器生成整个互联网的拓扑结构图,以便其他路由器查询。

8.4 部署和选择路由协议

静态路由、RIP 路由选择协议、OSPF 路由选择协议都有其各自的特点,可以适应不同的互联网环境。

1. 静态路由

静态路由最适合于在小型的、单路径的、静态的 IP 互联网环境下使用。其中:

- 小型互联网可以包含 2~10 个网络。
- 单路径表示互联网上任意两个节点之间的数据传输只能通过一条路径进行。
- 静态表示互联网的拓扑结构不随时间而变化。

一般来说,小公司、家庭办公室等小型机构建设的互联网具有这些特征,可以采用静态路由。

2. RIP 路由选择协议

RIP 路由选择协议比较适合于小型到中型的、多路径的、动态的 IP 互联网环境。其中:

- 小型到中型互联网可以包含 10～50 个网络。
- 多路径表明在互联网的任意两个节点之间有多个路径可以传输数据。
- 动态表示互联网的拓扑结构随时会更改(通常是由于网络和路由器的改变而造成的)。

通常,在中型企业、具有多个网络的大型分支机构等互联网环境中可以考虑使用 RIP。

3. OSPF 路由选择协议

OSPF 路由选择协议最适合较大型到特大型、多路径的、动态的 IP 互联网环境。其中:

- 大型到特大型互联网应该包含 50 个以上的网络。
- 多路径表明在互联网的任意两个节点之间有多个路径可以传播数据。
- 动态表示互联网的拓扑结构随时会更改(通常是由于网络和路由器的改变而造成的)。

OSPF 路由选择协议通常在企业、校园、部队、机关等大型机构的互联网上使用。

8.5　实验：配置路由

路由技术是互联网最核心的技术之一,掌握路由的配置过程和方法对理解互联网的工作机理非常有益。本章实验分别在真实局域网环境下和虚拟仿真环境下进行路由的配置,实现数据报的转发。同时,本节还将简单介绍三层交换技术及其三层交换机的配置方法。

8.5.1　局域网环境下的路由配置

路由器本质上是一台能够进行路由选择和数据转发功能的计算机。本实验利用一个局域网中的两台(或多台)主机作为路由器,实现 IP 数据报的转发功能。

在学习第 6 章时,通过为主机分配不同网络前缀的 IP 地址,将一个物理网络划分为多个逻辑网络。这些逻辑网络之间是相互隔离的(例如,属于一个逻辑网络的主机不能 ping 通另一个逻辑网络中的主机)。但是,如果在一台主机的网卡上绑定两个(或多个)不同网络前缀的 IP 地址,使其属于不同的逻辑网络,通过一定的路由配置,就可以在这台主机上实现 IP 数据报的转发,达到不同逻辑网络之间互通的目的。

局域网环境下的路由配置

图 8-18 利用绑定双 IP 的方式在一个局域网上组建了一个实验性互联网。从图中可以看出,尽管物理上各个网络设备仍然连接在同一个以太网交换机或集线器上,如图 8-18(a)所示,但是逻辑上这些设备是通过 3 个网络相互连接的,如图 8-18(b)所示。通过在双 IP 主机上启动路由功能并进行合理的配置,主机 A 就能和主机 B 顺利进行通信。

目前,流行的操作系统(如 Windows、UNIX、Linux 等)都提供了路由转发功能。本实验以 Windows 10 操作系统为例,配置静态路由,使其能够进行 IP 数据报的转发。

不管是实际应用的互联网还是实验性的互联网,在进行路由配置之前都应该绘制一张互联网的拓扑结构图,用于显示网络、路由器及主机的布局。与此同时,这张图还应该反映每个网络的网络前缀、每条连接的 IP 地址以及每台路由器使用的路由协议。

图 8-19 给出了本次实验需要配置静态路由的互联网拓扑结构图。该互联网由 10.1.0.0/16、10.2.0.0/16 和 10.3.0.0/16 三个网络通过 R1、R2 两个路由设备相互连接而成。尽管

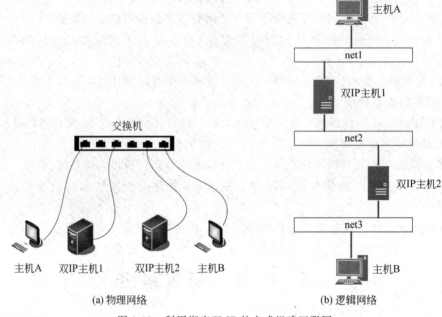

图 8-18　利用绑定双 IP 的方式组建互联网

图 8-19 中的 R1 和 R2 是由两台具有双 IP 地址的普通主机组成,但由于它们需要完成路由选择和数据报转发等工作,因此仍以路由器符号 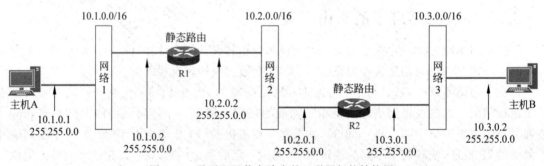 表示。

图 8-19　需要配置静态路由的互联网拓扑结构图

需要注意,很多网络设备和软件都使用了"网关"一词。网关的意义比较广泛。本实验中使用的路由器就是一种网关。

1. 配置主机 A 和主机 B 的 IP 地址和默认路由

配置主机 A 的 IP 地址与默认路由的方法如下。

(1) 启动主机 A,在 Windows 10 桌面中依次选择"开始"→"Windows 系统"→"控制面板"→"网络和共享中心"→"更改适配器设置"进入网络连接界面。在网络连接界面中双击需要配置的网络接口,在弹出的界面单击"属性"按钮,系统进入网络接口的属性界面,如图 8-20 所示。

(2) 选中"此连接使用下列项目"列表框中的"Internet 协议版本 4(TCP/IPv4)",单击"属性"按钮,系统将进入"Internet 协议版本 4(TCP/IPv4)属性"对话框,如图 8-21 所示。

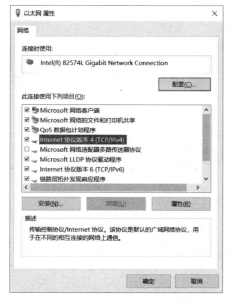

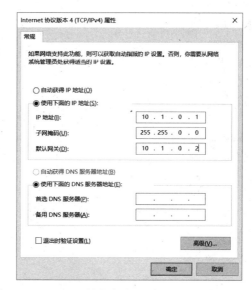

图 8-20　主机 A 网络接口的属性对话框　　图 8-21　"Internet 协议版本 4(TCP/IPv4)属性"对话框

（3）在该对话框中输入主机 A 的 IP 地址 10.1.0.1 和子网掩码 255.255.0.0，如图 8-21 所示。

（4）由于主机 A 将通过 R1 访问整个互联网，因此把主机 A 的"默认网关"设为 R1 的 IP 地址 10.1.0.2，如图 8-21 所示。需要注意，一个主机默认路由的 IP 地址应与该主机处于同一个网络前缀（例如，主机 A 的默认路由应该为 10.1.0.2 而不是 10.2.0.2）。

（5）单击"确定"按钮，从"Internet 协议版本 4（TCP/IPv4）属性"对话框返回网络连接属性窗口。然后，单击网络连接属性窗口中的"确定"按钮完成主机 A 的 IP 地址与默认路由的设置。

主机 B 的配置过程与主机 A 相同，只是主机 B 的 IP 地址为 10.3.0.2，默认路由为 10.3.0.1。

2. 配置路由设备 R1 和 R2 的 IP 地址

路由设备 R1 和 R2 通过将两个属于不同前缀的 IP 地址绑定到一块网卡实现两个逻辑网络的互联。R1 把两个 IP 地址绑定到一块网卡的配置过程如下：

（1）启动 R1，在 Windows 10 桌面中选择"开始"→"Windows 系统"→"控制面板"→"网络和共享中心"→"更改适配器设置"选项，进入网络连接界面。在网络连接界面中双击需要配置的网络接口，在弹出的界面单击"属性"按钮，系统进入网络接口的属性界面。

（2）打开"Internet 协议版本 4（TCP/IPv4）属性"对话框，单击"高级"按钮，将出现"高级 TCP/IP 设置"对话框，如图 8-22 所示。

（3）单击 IP 地址选项区的"添加"按钮，可以依次将 R1 的两个 IP 地址添加到"IP 地址"列表，如图 8-23 所示。

（4）完成两个 IP 地址添加后，如图 8-24 所示，单击"确定"按钮返回"Internet 协议（TCP/IP）属性"对话框。然后，通过单击"Internet 协议（TCP/IP）属性"对话框中的"确定"按钮和"本地连接属性"窗口中的"确定"按钮，结束 R1 的 IP 地址配置过程。

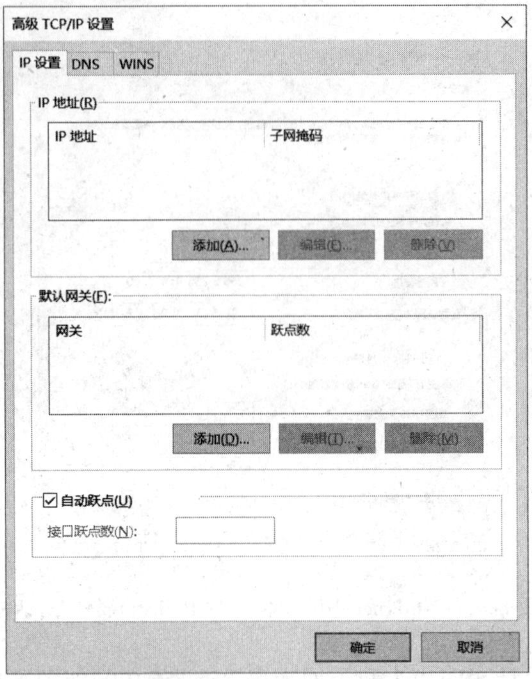

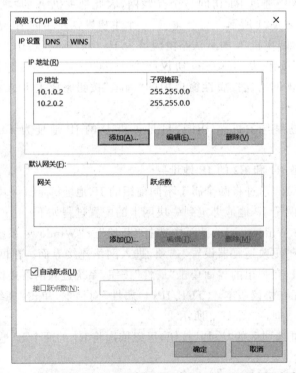

图 8-22　R1 的"高级 TCP/IP 设置"对话框

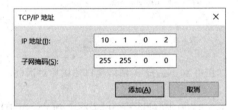

图 8-23　R1 的"TCP/IP 地址"对话框

图 8-24　完成两个 IP 地址添加后的"高级 TCP/IP 设置"对话框

　　路由选择设备 R2 的 IP 地址配置过程与 R1 的配置过程完全相同,这里不再赘述。

3. 利用命令提示符程序配置 R1 和 R2 的静态路由

Windows 10 提供一个叫作 route 的命令提示符程序，用于显示和配置主机的路由表。由于添加、修改路由表都需要用到管理员权限，因此需要以管理员权限启动命令提示符程序。选择"开始"→"Windows 系统"，找到命令提示符程序名，右击该程序名，在弹出的菜单中选择"更多"→"以管理员身份运行"命令，可以以管理员身份运行命令提示符程序，如图 8-25 所示。

图 8-25　以管理员身份启动命令提示符程序

route 命令具有如下功能。

（1）显示路由信息。route PRINT 命令可用于显示和查看机器当前使用的路由表，如图 8-26 所示。

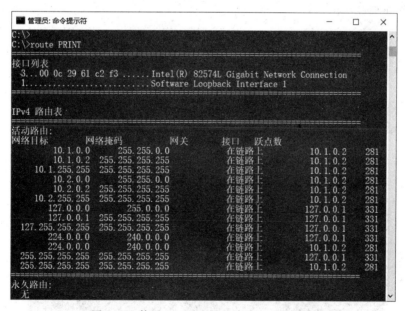

图 8-26　使用 route PRINT 命令显示路由表

（2）增加路由表项。在机器中增加一个路由表项，可以使用 route ADD 命令。例如，route ADD 10.3.0.0 MASK 255.255.0.0 10.2.0.1 命令用于向路由表中增加一个目的子网为 10.3.0.0、子网掩码为 255.255.0.0 的表项，其下一路由器地址为 10.2.0.1 的表项，如图 8-27 所示。增加完成后，可以使用 route PRINT 命令查看路由表的变化。

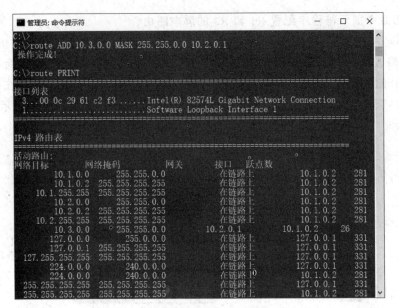

图 8-27 利用 route ADD 命令增加路由

（3）修改现有的路由表项。利用 route CHANGE 命令可以修改现有的路由表项。比如，route CHANGE 10.3.0.0 MSK 255.255.0.0 10.1.0.101 命令将目的子网 10.3.0.0 网络的下一路由器 IP 地址由 10.2.0.1 改为 10.1.0.101，如图 8-28 所示。然后可以利用 route PRINT 命令显示修改结果。

图 8-28 用 route CHANGE 命令修改现有的路由表项

（4）删除路由。如果希望将路由表中的某个路由删除，可以使用 route DELETE 命令。图 8-29 利用 route DELETE 10.3.0.0 命令删除刚增加的表项，并用 route PRINT 命令显示了删除后路由表的变化。

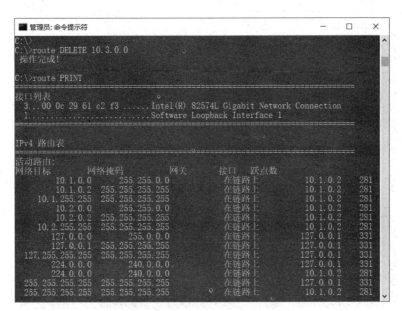

图 8-29　用 route DELETE 命令删除路由

现在利用 route 命令配置图 8-19 中路由设备 R1 和 R2 的静态路由，其具体配置过程如下。

（1）由于 R1 到达子网 10.3.0.0 必须通过 R2，因此在 R1 上可以使用 route ADD 10.3.0.0 MASK 255.255.0.0 10.2.0.1 命令将到达目的子网 10.3.0.0 的下一站指向 IP 地址 10.2.0.1，如图 8-30 所示。同理，R2 到达子网 10.1.0.0 必须通过 R1，因此在 R2 上可以利用 route ADD 10.1.0.0 MASK 255.255.0.0 10.2.0.2 命令将到达目的子网 10.1.0.0 的下一站指向 IP 地址 10.2.0.2，如图 8-31 所示。

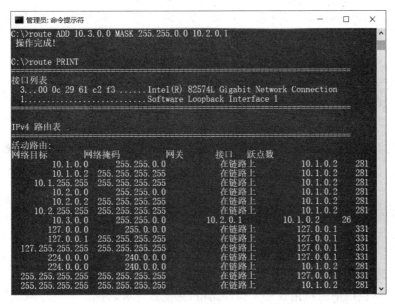

图 8-30　R1 增加到达子网 10.3.0.0 的路由

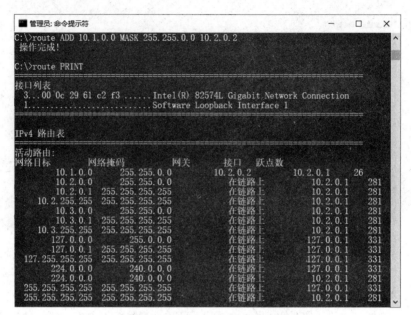

图 8-31 R2 增加到达子网 10.1.0.0 的路由

(2) 虽然 R1 和 R2 已经配置了到达其他网络的路由,但是在默认状态下,Windows 10 并不允许 IP 数据报转发。为了启动数据报转发,需要启动 Routingand Remote Access 服务。选择"开始"→"Windows 管理工具"→"服务"选项,启动服务管理面板,如图 8-32 所示。在服务管理面板中找到 Routing and Remote Access 服务,该服务在默认状态下为"禁用"启动类型。双击 Routing and Remote Access,系统进入"Routing and Remote Access 的属性"对话框,如图 8-33 所示。在该对话框中把启动类型改为"自动"或"手动"模式,通过"应用"按钮使其生效后,就可以单击"启动"按钮,启动 Routing and Remote Access 服务。如果 Routing and Remote Access 服务已经启动,主机 A 和主机 B、路由器 R1 和 R2 又配置正确,主机 A 与主机 B 应该可以进行正常通信。

图 8-32 Windows 系统的服务面板

4. 测试配置的路由

不论是实际应用中的路由还是实验性路由,在配置完成后都需要进行测试。

路由测试最常使用的命令是 ping 命令,如果需要测试实验时配置的路由是否正确,可

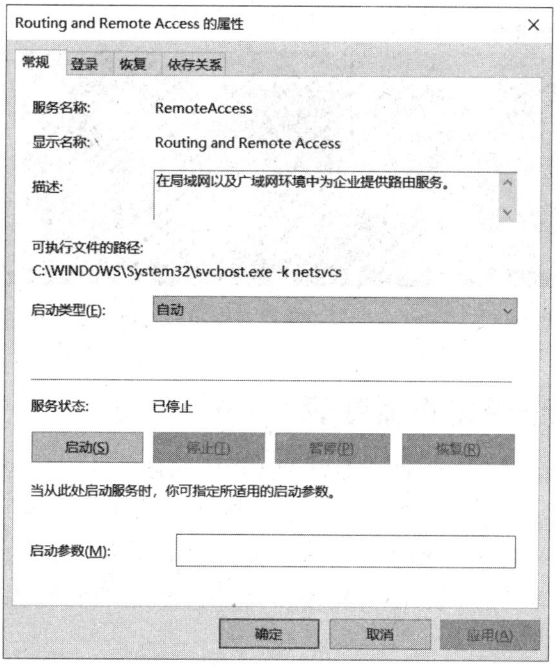

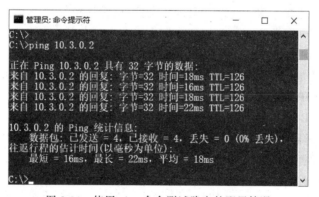

图 8-33 "Routing and Remote Access 的属性"对话框

以在主机 A 上通过 ping 10.3.0.2 命令测试 IP 数据报是否能顺利通过配置的路由器到达目的主机 B。图 8-34 给出了路由配置正确后 ping 命令的显示结果。

图 8-34 使用 ping 命令测试路由的配置情况

但是,ping 命令只可以显示 IP 数据报可以从一台主机顺利到达另一台主机,并不能显示 IP 数据报沿着哪条路径转发和前进。为了能够显示 IP 数据报所走过的路径,可以使用 Windows 10 提供的 tracert 命令(有的操作系统写为 traceroute)。tracert 命令不但可以给出数据报是否能够顺利到达目的节点,而且可以显示数据报在前进过程中所经过的路由器。图 8-35 显示的是主机 A(10.1.0.1)发送给 IP 主机 B(10.3.0.2)的 IP 数据报所走过的路径。从图中可以看出,IP 数据报经过 10.1.0.2(R1)和 10.2.0.1(R2)最终到达目的地 10.3.0.2(主机 B)。如果 IP 数据报不能到达目的地,tracert 命令会告诉你哪个路由器终止了 IP 数据报的转发。在这种情况下,通常可以断定该路由器到达这个目的地的路由发生了故障。

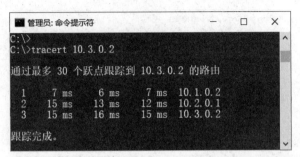

图 8-35　tracert 命令可以显示数据报转发所经过的路径

8.5.2　仿真环境下的路由器配置

路由器的静态路由配置

在真实环境下,路由器与交换机的配置方法完全相同。基本的方法是将终端的串行口与路由器的控制端口进行连接,进而实现通过终端命令对路由器进行配置。在 Packet Tracer 仿真环境下,既可以采用终端控制台方式对路由器进行配置,也可以采用设备配置界面的 CLI、设备配置界面的 Config 对路由器进行配置,其具体操作方法与交换机的配置方法相同,详见 3.3 节内容。

1. 网络的拓扑结构

运行 Packet Tracer 仿真软件,在设备类型和设备选择区选择路由器、交换机和主机。将选择的路由器、交换机和主机用鼠标拖入 Packet Tracer 的工作区,形成和图 8-36 类似的仿真网络拓扑。由于本实验为最基本的路由器组网和配置实验,因此对路由器的型号没有特殊要求,可以任意选择一款。在进行主机与交换机、交换机与路由器、路由器与路由器连接时,请注意使用的电缆类型。

在图 8-36 中,网络 10.1.0.0/16、10.2.0.0/16 和 10.3.0.0/16 通过路由器 Router1、Router2 相互连接构成一个互联网,每个连接分配的 IP 地址显示在设备的相应位置。

2. 配置主机的 IP 地址和默认路由

由于主机 PC1、PC2 和 PC3、PC4 分别处于两个物理网中,因此 PC1、PC2 和 PC3、PC4 之间的通信需要经过路由器转发。图 8-36 清楚、直观地显示出了主机的默认路由。请根据前面讲过的内容,配置主机 PC1、PC2、PC3 和 PC4 的 IP 地址和默认路由。

3. 配置路由器接口的 IP 地址

配置路由器的 IP 地址,可以单击需要配置的路由器,在弹出的配置界面中选择 CLI,如图 8-37 所示。如果要配置路由器的 IP 地址,那么首先需要使用 enable 命令进入路由器的特权执行模式,而后使用 config terminal 进入全局配置模式。需要注意,路由器通常具有两个或多个网络接口,一个 IP 地址是属于一个特定接口的。在为接口配置 IP 地址之前,首先需要使用"interface 接口名"命令进入这个接口的配置模式。如果忘记了一个接口的接口名,那么可以将光标放置在连接该接口的线路上,系统将提示该线路连接的接口名。

配置路由器 IP 地址的命令为"ipaddressIP 地址掩码"(如 ip address 10.2.0.2 255.255.0.0)。请注意,实验中一定要保证使用的接口处于激活状态。如果一个端口处于非激活状态,那么可以使用 no shutdown 命令将其激活,如图 8-37 所示。

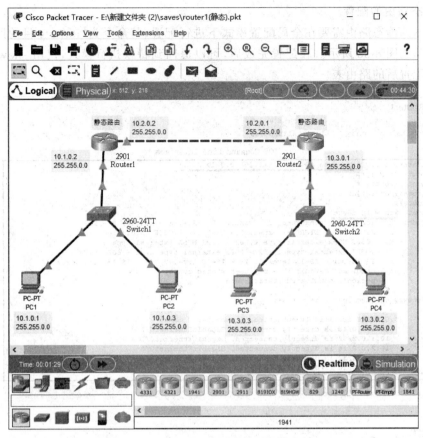

图 8-36　路由配置实验使用的网络拓扑

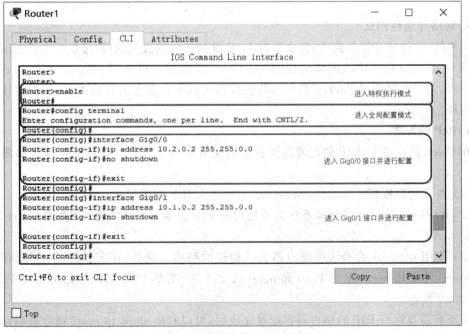

图 8-37　路由器的 IP 地址配置

4. 静态路由的配置

路由器的静态路由需要在全局配置模式下进行配置,其命令为"iproute 目的网络掩码下一跳步",如图 8-38 所示。在配置完成后,可以退回到特权执行模式,使用 showip route 命令查看配置后的路由表。

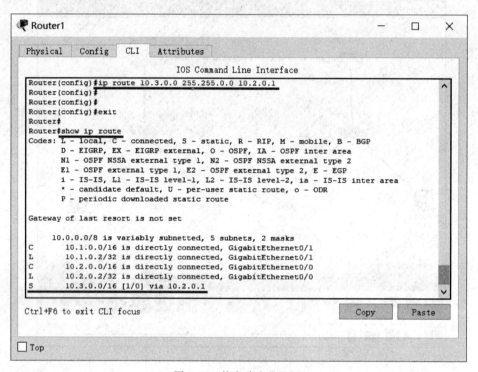

图 8-38　静态路由的配置

5. 网络连通性测试

主机的 IP 地址和默认路由、路由器的 IP 地址和路由配置完成后,可以在主机之间使用 ping 命令、tracert 命令测试网络的连通性。Cisco 路由器也提供了 ping 命令,可以在 CLI 界面使用。另外,请通过 Packet Tracer 的模拟模式观察数据包的传递过程,并对传递过程进行解释。

6. RIP 的配置

在 Cisco 路由器中,RIP 的配置需要在全局配置模式下进行。具体配置方式如图 8-39 所示。

(1) 在全局配置模式下运行 router rip 命令进入 RIP 配置模式。

(2) 利用 version2 命令通知系统需要使用的 RIP 版本为可以处理子网编址的 version 2 版本。

RIP 协议
的配置

(3) 使用 network 命令说明路由器直接相连的网络。例如,在图 8-39 中,需要在路由器 Router1 中使用 network 10.1.0.0 和 network 10.2.0.0 告诉 RIP 程序,该路由器与 10.1.0.0 和 10.2.0.0 相连。

在所有需要运行 RIP 的路由器都配置完成后,可以利用 show ip route 命令查看路由器是否获得了正确的路由。同时,也可以在主机上运行 ping 命令,检查网络的连通性。

图 8-39　RIP 的配置

8.5.3　三层交换机的配置

为了提高网络的可管理性、增强网络的安全性和防止广播风暴,单位内部一般利用 VLAN 方式进行组网。在使用 VLAN 进行组网时,同一个 VLAN 内的节点可以相互通信, 但不同 VLAN 中的节点相互隔离。那么,一个 VLAN 中的节点如何与另一个 VLAN 中的 节点通信呢? 我们知道,交换机利用数据链路层的 MAC 地址进行选路,而路由器通过互联 层的 IP 地址进行选路。借助路由器,可以实现 VLAN 之间节点的通信。

在图 8-40 中,PC1 和 PC2 位于 VLAN1,PC3 和 PC4 位于 VLAN2。由于 VLAN1 和 VLAN2 相互隔离,因此 PC1 和 PC4 不能进行直接通信。如果 PC1 需要与 PC4 进行通信, 那么只能借助于路由器 R。PC1 向 PC4 发送数据的过程可以分成 4 步:①PC1 将数据发往 交换机;②交换机接收该数据并进行分析。由于 PC4 与 PC1 不在同一 VLAN,因此交换机 将数据发向路由器 R;③路由器 R 从接口 i 接收该数据并进行路由选择,而后再通过接口 i 送回交换机;④交换机接收该数据并将其传送给 PC4。

在通常情况下,路由器从一个网络接口收到 IP 数据报后,会经路由选择转发到另一个 网络接口。但是,在为内部不同 VLAN 之间转发数据报时,路由器总是把从一个网络接口

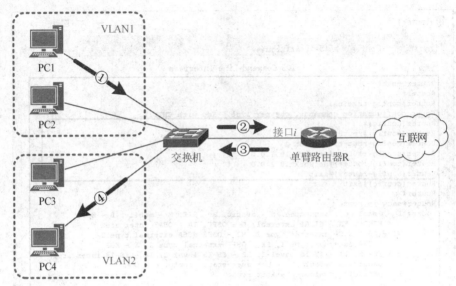

图 8-40　VLAN 之间通过单臂路由器通信

收到的数据报再从该接口转发回去。因此,为内部 VLAN 之间转发数据报的路由器通常叫作单臂路由器。

路由器(包括单臂路由器)通常采用软件方式进行路由选择,支持丰富的网络接口(例如既支持局域网接口也支持广域网接口)。随着 VLAN 的使用越来越普及,VLAN 间节点的交互需求越来越大。由于软件处理路由和转发方式较慢,因此单臂路由器成了 VLAN 间大流量数据交互的瓶颈。为此,研究人员将路由器的功能集成到交换机中,利用硬件和以太网的特点优化选路过程,加速 VLAN 之间的数据交换,降低部署成本。

由于普通的交换机覆盖了物理层和数据链路层,利用 MAC 地址进行选路,因此被称为二层交换机。由于集成了路由器功能的交换机覆盖了物理层、数据链路层和互联层,既可以像二层交换一样利用 MAC 地址进行选路,也可以像路由器一样利用 IP 地址进行选路,因此被称为三层交换机。

实际上,三层交换机本质上就是一个路由器,只不过这个路由器比较特殊。与路由器一样,三层交换机可以利用 IP 地址对 IP 数据报进行选路,需要处理 TTL 和 IP 数据报的校验和,需要更新和维护路由表;与普通的路由器使用软件为 IP 数据报选路不同,三层交换机利用专用硬件为 IP 数据报选路。同时,三层交换机充分利用需要处理的报文全部为以太网封装报文的特点,对硬件选路和转发流程进行优化设计,提高了交换速率,降低了交换时延,使设备造价和部署成本更低。

本节利用一个三层交换机,实现 VLAN 之间的信息交换。

1. 网络的拓扑结构

运行 Packet Tracer 仿真软件,在设备类型和设备选择区选择三层交换机和主机。将选择的三层交换机和主机用鼠标拖入 Packet Tracer 的工作区,形成和图 8-41 类似的仿真网络拓扑。

在图 8-41 中,PC0、PC1、PC2 和 PC3 连入三层交换机 Switch0 中。PC0 和 PC1 位于VLAN10,PC2 和 PC3 位于 VLAN20。

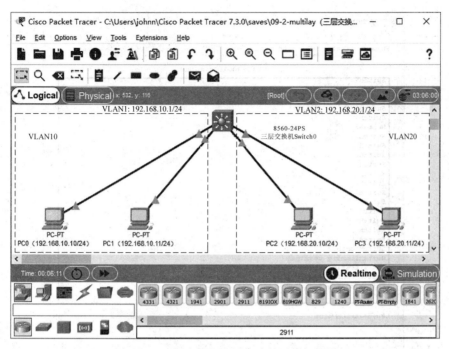

图 8-41　三层交换机配置实验的网络拓扑图

2. VLAN 的配置

三层交换机的 VLAN 配置与二层交换机的 VLAN 配置完全相同。请按照二层交换机 VLAN 配置方法配置两个静态 VLAN。VLAN10 包含 PC0 和 PC1 连接的端口，VLAN20 包含 PC2 和 PC3 连接的端口。配置完成后，请验证配置的 VLAN 的连通性和正确性。

3. 三层交换机的路由配置

与普通的路由器相同，三层交换技术利用 IP 地址进行路由和转发。在使用普通路由器组网时，主机的默认路由需要指向与其直接相连的路由器接口。在使用三层交换技术时，VLAN 中主机的默认路由也需要指向该主机所在 VLAN 具有的接口。不过普通路由器的网络接口是一块实实在在的网卡接口，而三层交换机上的 VLAN 接口是交换机虚拟出来的网卡接口。

与使用普通路由器相同，在使用交换机的三层交换功能时也需要为 VLAN 的虚拟接口分配 IP 地址。需要注意，为虚拟接口分配的 IP 地址需要与该 VLAN 中主机 IP 地址的网络前缀相同。例如，在图 8-41 中，VLAN10 虚拟接口的 IP 地址应该与 PC0、PC1 的 IP 地址具有相同的网络前缀，即 192.168.10.0/24；VLAN2 虚拟接口的 IP 地址应该与 PC3、PC4 的 IP 地址具有相同的网络前缀，即 192.168.20.0/24。

在 Packet Tracer 中，单击图 8-41 中的三层交换机 Switch0，在弹出的配置界面中选择 CLI，可以对三层交换机的路由进行配置。三层交换机路由的具体配置过程如下。

（1）启动三层交换机的路由转发功能。在全局模式下使用 ip routing 命令可以启动三层交换机的路由转发功能，如图 8-42 所示。有时三层交换机可以禁用路由转发功能，当作二层交换机使用。因此，在使用三层交换机的路由转发功能前，无论路由转发功能是否启动，都可以执行一次 ip routing 命令，保证路由转发处于开启状态。

169

图 8-42　启动三层交换机的路由转发功能

（2）配置 VLAN 虚拟接口的 IP 地址。配置 VLAN 虚拟接口的 IP 地址与配置普通路由器接口 IP 地址的操作方式一样，VLAN 的编号就是这个虚拟接口的名称。为图 8-41 的 VLAN10 虚拟接口配置 IP 地址的命令如图 8-43 所示。其中，用 interface vlan 10 命令进入 VLAN10 的虚拟接口配置方式，ip address 192.168.10.1 255.255.255.0 命令为 VLAN10 的虚拟接口配置了一个 IP 地址。按照同样的方式，可以配置 VLAN20 虚拟接口的 IP 地址。

（3）配置三层交换机的路由表项。配置三层交换机的路由表项与配置普通路由器的路由表项，操作命令和操作方式完全相同。例如，可以使用命令"ip route 目的网络掩码下一跳步"为三层交换机增加一条路由表项。在图 8-41 显示的实验网络拓扑中，由于 VLAN10 和 VLAN20 都处于同一个三层交换机上，到达 VLAN10 和 VLAN20 的路由交换机可以自动获取，因此无须配置。但是，如果 VLAN10 和 VLAN20 处于不同三层交换机上，三层交换机之间进行级联，那么就需要在三层交换机中增加路由表项。在配置完 VLAN10 和 VLAN20 的 IP 地址后，利用 show ip route 命令可以看到交换机自动形成的路由表，如图 8-44 所示。

（4）配置主机的 IP 地址和默认路由。按照图 8-41 中给出的 IP 地址对 PC0、PC1、PC2 和 PC3 进行配置。需要注意，PC0 和 PC1 处于 VLAN10 中，它们的默认路由应该指向 VLAN10 的 IP 地址（即 192.168.10.1）；PC3 和 PC4 处于 VLAN20 中，它们的默认路由应该指向 VLAN20 的 IP 地址（即 192.168.20.1）。

（5）网络连通性测试。完成以上工作后，可以使用 ping 命令或 tracert 命令测试网络的连通性。例如，可以利用 VLAN10 中的 PC0 去 ping 一下 VLAN20 中的 PC3，如果配置正确，那么应该能看到不同 VLAN 中的主机已经可以进行通信了，如图 8-45 所示。

图 8-43　配置 VLAN 虚拟接口的 IP 地址

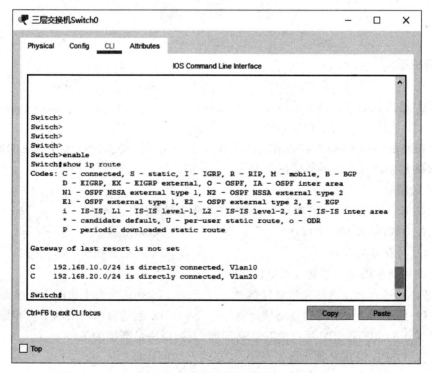

图 8-44　三层交换机的路由表

图 8-45　三层交换机实验的连通性测试

练　习　题

1. 填空题

(1) 在 IP 互联网中,路由通常可以分为_____路由和_____路由。

(2) IP 路由表通常包括三项内容,它们是掩码、_____和_____。

(3) RIP 使用_____算法,OSPF 协议使用_____算法。

(4) 在路由选择时,如果有多条路径可以到达目的网络,那么应该选择对应的掩码中包含 1 最多的那条路径。这种原则被称为_____。

2. 单选题

(1) 在 IP 互联网中,不需要具备 IP 路由选择功能的是(　　)。

　　A. 具有单网卡的主机　　　　　　　　　B. 路由器

　　C. 具有多网卡的主机　　　　　　　　　D. 二层交换机

(2) 路由器中的路由表通常需要包含(　　)。

　　A. 到达所有主机的完整路径信息　　　B. 到达所有主机的下一步路径信息

　　C. 到达目的网络的完整路径信息　　　D. 到达目的网络的下一步路径信息

(3) 关于 OSPF 和 RIP 适应的互联网环境,下列说法最准确的是(　　)。

　　A. OSPF 和 RIP 都适合于庞大、动态的互联网环境

　　B. OSPF 和 RIP 都适合于小型、静态的互联网环境

　　C. OSPF 适合于小型、静态的互联网环境,RIP 适合于大型、动态的互联网环境

　　D. OSPF 适合于大型、动态的互联网环境,RIP 适合于小型、动态的互联网环境

(4)有关 IP 路由表的描述中,错误的是(　　　)。

　　A. 特定主机表项中的掩码为 0.0.0.0,默认路由表项中的掩码为 255.255.255.255

　　B. 特定主机表项中的掩码为 255.255.255.255,默认路由表项中的掩码为 0.0.0.0

　　C. 特定主机表项和默认路由表项中的掩码都为 0.0.0.0

　　D. 特定主机表项和默认路由表项中的掩码都为 255.255.255.255

3. 实操题

(1)假设图 8-46 是一个单位内部的互联结构图。如果该单位申请到的 IP 地址块为 190.50.0.0/16,请动手完成以下内容。

- 为互联网上的主机和路由器分配 IP 地址。
- 写出路由器 R1、R2、R3 和 R4 的静态路由表。
- 在 Packet Tracer 环境下模拟该互联网并验证你写的路由表是否正确。
- 将运行静态路由的 R1、R2、R3 和 R4 改为运行 RIP,试一试主机之间是否还能进行正常的通信。

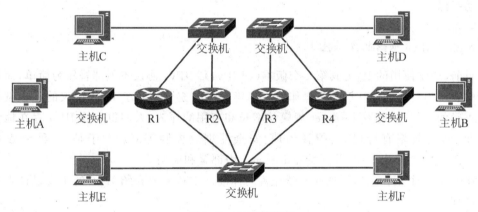

图 8-46　互联结构图

　　(2)在三层交换机中,通过端口配置方式下的 no switchport 命令可以将一个端口设置为路由端口。这时,这个端口的功能和使用方式与普通路由器的端口完全相同。查找相关资料,在 Packet Tracer 仿真环境下组装一个如图 8-47 所示的互联网,并将两个三层交换机相互连接的端口设置为路由端口。然后对图 8-47 中的各个设备进行配置,使不同 VLAN 中的主机能够相互访问。

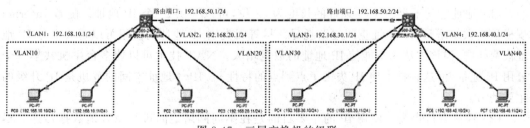

图 8-47　三层交换机的级联

第 9 章　IPv6

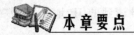
本章要点

➢ IPv6 地址表示法和地址类型
➢ IPv6 数据报的组成
➢ ICMPv6 的主要功能
➢ IPv6 的自动配置方式
➢ IPv6 的路由选择方法

动手操作

➢ 配置 IPv6 路由
➢ 测试 IPv6 网络的连通性

目前,通常使用的 IP 为其第 4 个版本(即 IPv4)。IPv4 协议不但部署较为简单,而且在运行中表现出良好的健壮性和互操作性。多年的实践充分证明了 IPv4 协议的基本设计思想是正确的。但是,随着 Internet 规模的增长和应用的深入,人们也发现 IPv4 存在地址空间不足、转发效率有待提高、配置烦琐、安全性难以控制等问题。于是,一种新版本的 IP——IPv6 逐渐浮出水面,并开始在 Internet 中部署和应用。

IPv6 是一个正在迅速发展并不断完善的标准。本章主要介绍 IPv6 的主要设计思想和工作原理。

9.1　IPv6 的新特征

1. IPv4 协议的局限性

在介绍 IPv6 协议的主要特征之前,先讨论一下·IPv4 协议的局限性。IPv4 的局限性主要包括如下几个方面。

(1) 地址空间不足。IPv4 地址的长度为 32 位,可以提供 2^{32} 个 IP 地址。随着 Internet 规模呈指数级增长,IP 地址空间逐渐耗尽。尽管无类别 IP 地址的使用可以解决部分 IP 地址浪费问题,但该方法并不能使 IP 地址的数量增大。NAT 技术可以使多台主机共享一个公用 IP 地址,但这种技术使 IP 失去了点到点的特性[①]。IPv4 地址空间的危机是 IP 升级的主要动力。

(2) 性能有待提高。使用 IP 的主要目的是在不同网络之间进行高效地数据传递。尽

---

① 关于 NAT 技术的讨论参见第 10 章。

管 IPv4 在很大程度上已经实现了此目标,但是在性能上还有改进的余地。例如,IP 报头的设计、IP 选项和头部校验和的使用等严重影响路由器的转发效率。

（3）安全性缺乏。在公共的 Internet 上进行隐私数据的传输需要 IP 提供加密和认证服务,但是 IP 在设计之初对这些安全性考虑很少。尽管后来出现了一个提供安全数据传输的 IPSec 协议,但是该协议只是 IPv4 的一个选项,在现实的解决方案中并不流行。

（4）配置较为烦琐。目前,IPv4 地址、掩码等配置工作以手工方式进行。随着互联网中主机数量的增多,手工配置方法显得非常烦琐。尽管动态主机配置协议 DHCP 的出现在一定程度上解决了地址的自动配置问题,但需要部署 DHCP 服务器并对其进行管理。人们需要一种更为简便和自动的地址配置方法。

（5）服务质量欠缺。IPv4 中的服务质量（QoS,quality of service）保证主要依赖于 IP 报头中的"服务类型"字段,但是,"服务类型"字段的功能有限,不能满足保证实时数据传输质量的要求。为了支持互联网中的实时多媒体应用,需要 IP 能够提供有效的 QoS 保障机制。

2. IPv6 的新特征

针对 IPv4 存在的局限性,IETF 推出了下一代 IP 标准——IPv6。IPv6 沿用了 IPv4 的核心设计思想,但对报文格式、地址表示等进行了重新设计。IPv6 的新特征主要包括以下 6 个方面。

（1）全新的报文结构。在 IPv6 报文中,报头分为基本头和扩展头两部分。基本头的长度固定,包含中途路由器转发数据报必需的信息。扩展头位于基本头之后,包含一些扩展字段。这种设计能使路由器快速定位转发需要的信息,提高转发效率。

（2）巨大的地址空间。IPv6 地址长度为 128 位,可以提供超过 3.4×10^{38} 个 IP 地址。IPv6 地址空间是 IPv4 地址空间的 2^{96}（约 7.9×10^{28}）倍。如果这些 IP 地址均匀分布于地球表面,那么每平方米可以获得 6.65×10^{23} 个。

（3）有效的层次化寻址和路由结构。IPv6 巨大的地址空间能够更好地将路由结构划分出层次,允许使用多级 IP 地址划分和分配。由于 IPv6 地址可以使用的网络号部分位数较长,因此层次的划分可以覆盖从主干网到部门内部网的多级结构。同时,合理的层次划分和地址分配可以使路由表的聚合性更好,有利于数据报的高效寻址和转发。

（4）内置的安全机制。IPSec 是 IPv6 协议要求的标准组成部分。它可以对 IP 数据报加密和认证,增强网络的安全性。

（5）自动地址配置。为了简化主机的配置过程,IPv6 支持有状态和无状态两种自动地址配置方式。在有状态的自动地址配置中,主机借助于 DHCPv6 服务器获取 IPv6 地址；在无状态的自动地址配置中,主机借助于路由器获取 IPv6 地址。即使没有 DHCP 服务器和路由器,主机也可以自动生成一个链路本地地址而无须人工干预。

（6）QoS 服务支持。IPv6 在其报头中设计了一个流标签,用于标识从源到目的地的一个数据流。中途路由器可以识别这些数据流并可以对它们进行特殊的处理。

9.2　IPv6 地址

与 IPv4 相同,IPv6 地址用于表示主机（或路由器）到一个网络的连接（或接口）,因此具有多个网络连接（或接口）的设备应该具有多个 IPv6 地址。同样,多个 IPv6 地址可以绑定到一条连接(或接口)上,使一条连接(或接口)具有多个 IP 地址。与 IPv4 不同,IPv6 地址长度为 128 位二进制数,理论上 IP 地址的数量为 2^{128}(340,282,366,920,938,463,463,374,607,431,768,211,456)个。本节讨论 IPv6 地址表示法和 IPv6 地址分类。

9.2.1　IPv6 地址表示法

IPv4 地址采用点分十进制表示法,32 位的 IP 地址按每 8 位划分为一个位段,每个位段转换为相应的十进制数,十进制数之间用"."隔开。由于 IPv6 地址的长度较长,使用点分十进制表示法显得非常烦琐,因此在 IPv6 标准中采用了新的表示法。

新的表示法分为两种,一种为冒号十六进制表示法,另一种为双冒号表示法。不过双冒号表示法可以看成冒号十六进制表示法的简化方式。另外,IPv6 使用地址前缀标识 IPv6 地址中哪些部分表示网络,哪些部分标识主机。

1. 冒号十六进制表示法

所谓冒号十六进制表示法是将 IPv6 的 128 位地址按每 16 位划分为一个位段,每个位段转换为一个十六进制数,十六进制数之间用":"隔开。

例如,一个 128 位的 IPv6 地址如下:

00100000000000010000000000000001000000000000000000000000000000000000000000000000000000000000000011000000001100001011111101110110

这 128 位的地址按每 16 为一组划分为 8 个位段为:

0010000000000001 0000000000000001 0000000000000000 0000000000000000
0000000000000000 0000000000000000 1100000000110000 1011111101110110

每个位段转换为一个十六进制数,十六进制数之间用":"隔开,其结果为:

2001:0001:0000:0000:0000:0000:C030:BF76

冒号十六进制表示法可以进一步简化,其方法是移除每个位段前导的 0,但每个位段至少保留一位数字。例如,可以将 IPv6 地址 2001:0001:0000:0000:0000:0000:C030:BF76 中第 2 个位段 0001 中的前导 0 去掉,变成 1;将第 3 个位段 0000 仅保留 1 位,变成 0。这样 IPv6 地址 2001:0001:0000:0000:0000:0000:C030:BF76 可以表示为:

2001:1:0:0:0:0:C030:BF76

需要注意,每个位段非零数字后面的 0 不能去掉,例如,第 1 位段 2001 中的 0 和第 7 位段 C030 中的 0 不能去掉。

2. 双冒号表示法

有些类型的 IPv6 地址会包含一长串的 0。为了进一步简化 IPv6 地址表示,可以将多个连续为 0 的位段简写为"::",这就是双冒号表示法。

例如在 IPv6 地址 2001:1:0:0:0:0:C030:BF76 中,第 3~6 位段连续为 0,可以将其用双冒号表示法表示为:

2001:1::C030:BF76

需要注意,一个 IPv6 地址中只能包含一个"::"。双冒号代表的位段数需要根据"::"前面和后面的位段数决定,即双冒号代表的位段数、双冒号前面的位段数、双冒号后面的位段数总和应为 8。

例如在 2001:1::C030:BF76 中,"::"代表 4 个 0 位段;而在 2001:1::BF76 中,"::"代

表 5 个 0 位段。

如果一个 IPv6 地址的开始几个位段为 0(或最后几个位段为 0),那么也可以用双冒号表示法表示。例如 IPv6 地址 0:0:0:0:0:0:0:1 可以表示为"::1",2001:1:0:0:0:0:0:0 可以表示为"2001:1::"。如果 IPv6 地址 0:0:0:0:0:0:0:0,那么可以简单表示为"::"。

3. IPv6 地址前缀

在 IPv4 中,IP 地址的网络号部分和主机号部分可以使用掩码表示法或斜杠标记法进行标识。IPv6 允许使用多级网络前缀和地址分配方案,其网络号部分和主机号部分如何标识呢?

IPv6 抛弃了 IPv4 中使用的掩码表示法,采用了与斜杠标记法一致的地址前缀表示法。地址前缀表示法采用"地址/前缀长度"的表示方式,其中,"地址/前缀长度"中的"地址"为一个 IPv6 地址,"前缀长度"表示这个 IP 地址的前多少位为网络号部分。实际上,前缀可以简单地看作 IPv6 地址的网络号部分,用作 IPv6 路由或子网标识。

例如,2001:D3::/48 表示 IPv6 地址"2001:D3::"的前 48 位为其地址前缀(即"2001:D3::"的前 48 位为其网络号部分),而 2001:D3:0:2F3B::/64 表示 IPv6 地址"2001:D3:0:2F3B::"的前 64 位为其地址前缀(即"2001:D3:0:2F3B::"的前 64 位为其网络号部分)。

9.2.2 IPv6 地址类型

IPv6 地址类型主要分为单播地址(unicast address)、组播地址(multicast address)、任播地址(anycast address)和特殊地址(special address)4 种。

1. 单播地址

单播地址用于标识 IPv6 网络一个区域中单个网络接口。在这个区域中,单播地址是唯一的。发送到单播地址的 IPv6 数据报将被传送到该地址标识的接口上。按照覆盖的区域不同,单播地址分为全球单播地址(global unicast address)、链路本地地址(link-local address)、站点本地地址(site-local address)等。

(1) 全球单播地址。IPv6 的全球单播地址类似于 IPv4 中的公网 IP 地址,该地址在整个互联网中是唯一的,用于全球范围内的互联网寻址。全球单播地址以 001 开始,其后的 61 位用于网络和子网的划分,最后 64 位标识主机的接口,如图 9-1(a)所示。

(2) 链路本地地址。链路本地地址用于同一链路上邻居节点之间的通信,使用该地址的 IPv6 数据报不能穿越路由器。链路本地地址总是以 1111111010 开始,后面跟随 54 位的 0,其地址前缀为 FE80::/64,如图 9-1(b)所示。链路本地地址的最后 64 位为主机的接口标识。

(3) 站点本地地址。IPv6 站点本地地址类似于 IPv4 的私有地址(192.168.××.××、10.××.××.×× 等),用于标识私有互联网中的网络连接。站点本地地址在所属站点的私有互联网范围内有效,以其作地址的 IPv6 数据报可以被站点中的路由器转发,但不能转发出该站点范围。站点本地地址以 1111111011 开始,随后的 54 位用于站点中子网的划分,最后 64 位标识主机的接口,如图 9-1(c)所示。通常看到的以 FEC0 开始的 IPv6 地址就是站点本地地址。

与全球单播地址不同,链路本地地址和站点本地地址可以重复使用。例如,链路本地地址可以在不同的链路上重复使用,站点本地地址可以在一个组织内部的不同站点上使用。本地地址可以重复使用的特性有时会造成其二义性。为了解决这个问题,IPv6 使用附加的

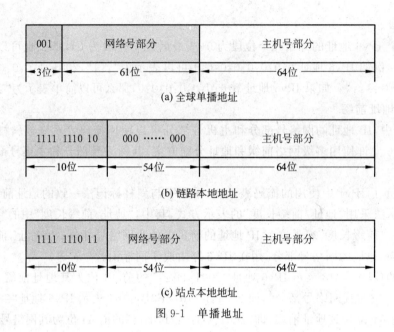

图 9-1　单播地址

区域标识符(zone ID)表示一个 IPv6 地址具体属于哪个链路或哪个站点,其具体格式为:address％zoneID。其中,address 为一个链路本地地址或站点本地地址,zoneID 表示该 IPv6 地址所属的链路号或站点号。例如,FE80::1％6 表示第 6 号链路上的 FE80::1,FEC0::1％2 表示第 2 号站点上的 FEC0::1。

zoneID 是由本地节点分配的。对于同一条链路或同一个站点,不同的节点可能会分配不同的链路号或不同的站点号。图 9-2 显示了不同主机为同一个链路和站点分配的链路号和站点号。主机 A 为 FE80::1 所在的链路分配的链路号为 4,为 FEC0::1 分配的站点号为 9;主机 B 为 FE80::2 所在的链路分配的链路号为 6,为 FEC0::2 分配的站点号为 2。在主机 A 需要使用主机 B 的 FE80::2 和 FEC0::2 地址时,可以使用 FE80::2％4 和 FEC0::2％9。其意义可以简单理解为 FE80::2 在本机(主机 A)的 4 号链路上,FEC0::2 在本机(主机 A)的 9 号站点上。

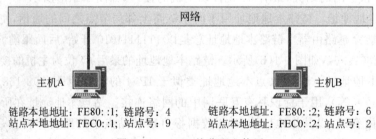

图 9-2　zoneID 的分配和使用

2. 组播地址

IPv6 的组播地址用于表示一组 IPv6 网络接口,发送到该地址的数据报会被送到由该地址标识的所有网络接口。组播地址通常在一对多的通信中使用,一个节点发送,组中的其他所有成员接收。IPv6 标准规定,一个节点不但可以同时收听多个组播组的信息,而且可以在任何时候加入或退出一个组播组。

IPv6 组播地址由 8 位的 11111111 开始,后面跟随有 4 位的标志、4 位的范围和 112 位的组标识,如图 9-3 所示。其中,4 位标志用于表示该组播地址是否为永久分配的组播组(例如是否为官方分配的著名组播组地址);4 位范围用于表示该组播地址的作用范围(例如是本地链路有效还是本地站点有效);112 位的组标识用于标识一个组播组,该值应该在其作用范围内唯一。

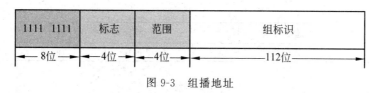

图 9-3 组播地址

由于组播地址以 FF 开头,因此很容易识别。需要注意,组播地址只能用作目的地址而不能用作源地址。另外,IPv6 中抛弃了广播地址,一对多的广播通信也需要利用组播方式实现。

3. 任播地址

任播地址也称泛播地址,用于表示一组网络接口,发送到该地址的数据报会被传送到由该地址标识的其中一个接口,该接口通常是距离发送节点最近的一个。任播地址通常在一个对多个中的任何一个通信中使用,一个发送,组中的一个接收并处理即可。任播地址需要从单播地址空间中分配,它没有单独的地址空间。

4. 特殊地址

与 IPv4 类似,IPv6 地址中也包含一些特殊的地址。常见的特殊 IPv6 地址如下。

(1)非指定地址。0:0:0:0:0:0:0:0(或::)为非指定地址,表示一个网络接口上的 IPv6 地址还不存在。该 IPv6 地址不能分配给一个网络接口,也不能作为目的地址使用。但是在某些特殊场合中,该地址可以用做源地址。

(2)回送地址。0:0:0:0:0:0:0:1(或::1)为回送地址。该地址与 IPv4 的 127.0.0.1 类似,允许一个节点向它自己发送数据报。

(3)兼容地址。兼容地址包括 IPv4 兼容地址、IPv4 映射地址、6to4 地址等。在 IPv4 向 IPv6 过渡时期,可能会用到这些地址。

9.3 IPv6 数据报

与 IPv4 的数据报不同,IPv6 数据报的组成如图 9-4 所示。

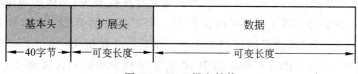

图 9-4 IPv6 报文结构

9.3.1 IPv6 基本头

IPv6 基本头采用固定的 40 字节长度,包含了发送和转发该数据报必须处理的一些字段。对于一些可选的内容,IPv6 将其放在了扩展头中实现。由于软件比较容易定位这些必须处理的字段,因此路由器在转发 IP 数据报时具有较高的处理效率。IPv6 基本头如图 9-5 所示。

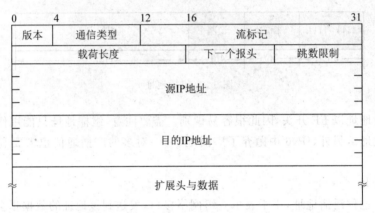

图 9-5　IPv6 基本头

(1) 版本:取值为 6,表示该报文符合 IPv6 数据报格式。

(2) 通信类型:与 IPv4 报头中的"服务类型"字段类似,表示 IPv6 数据报的类型或优先级,用于提供区分服务。

(3) 流标记:表示该数据报属于从源节点到目的节点的一个特定的流。如果该字段的值不为 0,说明该数据报希望所经过的 IPv6 路由器对其进行特殊处理。

(4) 载荷长度:表示 IPv6 有效载荷的长度,有效载荷的长度包括扩展头和高层数据。

(5) 下一个报头:如果存在扩展头,该字段的值指明下一个扩展头的类型。如果不存在扩展头,该字段的值指明高层数据的类型,如 TCP、UDP 或 ICMPv6 等。

(6) 跳数限制:表示 IPv6 数据报在被丢弃之前可以被路由器转发的次数。数据报每经过一个路由器该字段的值减 1。当该字段的值减为 0 时,路由器向源节点发送 ICMPv6 错误报文并丢弃该数据报。

(7) 源 IP 地址:表示源节点的 IPv6 地址。

(8) 目的 IP 地址:表示目的节点的 IPv6 地址[①]。

9.3.2 IPv6 扩展头

IPv6 数据报可以包含 0 个或多个扩展头。如果存在扩展头,那么扩展头位于基本头之后。IPv6 基本头中的"下一个报头"字段指出第一个扩展头的类型。每个扩展头中也都包含"下一个报头"字段用以指出后继扩展头类型。最后一个扩展头中的"下一个报头"字段指出高层协议的类型。例如,图 9-6 所示的 IPv6 数据报包含路由和认证两个扩展头,基本头

---

① 在有些情况下,目的地址字段可能为下一个转发路由器的地址。本书不对其具体内容进行详细阐述。

中的"下一个报头"字段指出其后跟随的为"路由头";路由头中的"下一个报头"字段指出其后跟随的为"认证头";认证头中的"下一个报头"字段指出其后跟随的为 TCP 头和数据。

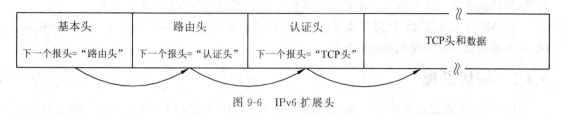

图 9-6　IPv6 扩展头

IPv6 扩展头包括逐跳选项头、路由头、目的选项头、分片头、认证头和封装安全有效载荷头等。

(1) 逐跳选项头:用于指定数据报传输路径上每个中途路由器都需要处理的一些转发参数。如果数据报中存在该扩展头,中途路由器都需要对其进行处理。

(2) 路由头:用来指出数据报从源节点到达目的节点的过程中,需要经过的一个或多个中间路由器。该扩展头类似于 IPv4 中的松散源路由选项。

(3) 目的选项头:用于为中间节点或目的节点指定数据报的转发参数。如果存在路由头,并且目的选项头出现在路由头之前,则路由头指定的每个中途路由器和目的节点都需要处理该目的选项头;如果不存在路由头或目的选项头出现在路由头之后,则只需要目的节点处理该目的选项头。

(4) 分片头:用于 IPv6 的分片和重组服务。该扩展头中含有分片的数据部分相对于原始数据的偏移量、是否是最后一片标志及数据报的标识符,目的节点利用这些参数进行分片数据报的重组。

(5) 认证头:用于 IPv6 数据报的数据认证(数据来源于真实的节点)、数据完整性验证(数据没有被修改过)和防重放攻击(保证数据不是已经发送过一次的数据)。

(6) 封装安全有效载荷头:用于 IPv6 数据报的数据保密、数据认证和数据完整性验证。

9.4　IPv6 差错与控制报文

IPv6 使用的 ICMP 通常称为 ICMPv6,它可以看成 IPv4 的 ICMP 升级版。除了具有 IPv4 ICMP 具有的错误报告、回应请求与应答等功能外,ICMPv6 还具有组播侦听者发现、邻居发现等功能。本节将对 ICMPv6 特有的一些功能做简单介绍。

9.4.1　组播侦听者发现

组播在 IPv6 中使用非常广泛,因此组播的管理非常重要。ICMPv6 中的组播侦听者发现(multicast listener discovery,MLD)就是为管理组播设计的。MLD 定义了一组路由器和节点之间交换的报文,允许路由器发现每个接口上都有哪些组播组。这些报文包括 MLD 查询报文、MLD 报告报文和 MLD 离开报文。

(1) MLD 查询报文:路由器使用 MLD 查询报文查询一条连接上是否有组播收听者。MLD 查询报文分为两种,通用 MLD 查询用于查询一条连接上所有的组播组;特定 MLD 查询用于查询一条连接上某一特定的组播组。

（2）MLD 报告报文：组播接收者在响应 MLD 查询报文时可以发送 MLD 报告报文。另外,组播接收者希望接收某一组播地址的信息时也可以发送 MLD 报告报文。

（3）MLD 完成报文：组播接收者使用 MLD 完成报文指示它希望离开某一特定的组播组,不再希望接收该组播地址的信息。

9.4.2 邻居发现

所谓邻居节点是指处于同一物理网络中的节点。IPv6 邻居发现(neighbor discovery, ND)定义了一组报文和过程,用于探测和判定邻居节点之间的关系。邻居发现包括了物理地址解析、路由发现、路由重定向等功能。其中,IPv6 网络不再使用 ARP,地址解析需要使用邻居发现完成。而重定向功能则与 IPv4 中的重定向功能类似。

邻居发现定义了 5 种不同的报文,它们是路由器请求报文、路由器公告报文、邻居请求报文、邻居公告报文、重定向报文。

1. 路由器请求与公告

路由器请求与路由器公告报文是路由器与主机之间交换的报文,用于本地 IPv6 路由器的发现和链路参数配置。

（1）路由器请求报文。路由器请求报文由主机发送,用于发现链路上的 IPv6 路由器。该报文请求 IPv6 路由器立即发送路由器公告报文,而不要等待路由器公告报文发送周期的到来。

（2）路由器公告报文。IPv6 路由器周期性地发送路由器公告报文,以通知链路上的主机应使用的地址前缀、链路 MTU、是否使用地址自动配置等信息。另外,在收到主机发送的路由器请求报文后,路由器器会立即响应路由器公告报文。

图 9-7 显示了一个具有两台主机和一台路由器的以太网。在通常情况下,路由器 R 周期性地在一个特定的组播组中发送路由器公告报文,如图 9-7(a)所示。这些公告报文除宣布路由器 R 为本地路由器之外,还提供所在链路的默认跳数限制、MTU 和前缀等参数信息。属于该组播组的主机(例如主机 A 和主机 B)接收这些路由器公告报文,然后按照公告报文提供的信息更新自己的路由表和其他参数。

在有些情况下(例如主机启动时),主机也可以主动请求路由器公告,以尽快获得路由信息和其他参数信息。在图 9-7(b)中,主机 B 主动向一特定的组播组中发送路由器请求公告,这样该组播组的主机 A 和路由器 R 都会接收该请求报文。当路由器 R 接收到该报文后,它会立刻使用路由器公告报文进行响应。路由器发送的响应采用单播方式,即如果主机 B 发送路由器请求报文,那么路由器 R 响应的路由器公告报文的目的地为主机 B。

2. 邻居请求与公告

邻居请求与邻居公告报文是本地节点之间交换的报文,这些节点既可以是主机也可以是路由器。在 IPv6 中,物理地址解析、邻居节点不可达探测、重复地址探测等功能的实现主要依靠邻居请求与公告报文的交换。

（1）邻居请求报文。邻居请求报文由 IPv6 节点发送,用于发现本链路上一个节点的物理地址。该报文中包含了发送节点的物理地址。

（2）邻居公告报文。当接收到邻居请求报文后,节点使用邻居公告报文进行响应。另

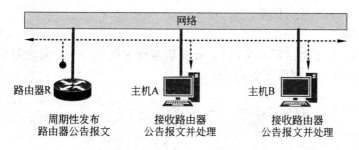

(a) 路由器周期性地发布路由器公告报文

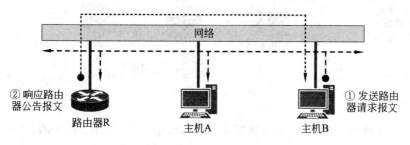

(b) 主机主动请求路由器公告报文

图 9-7 路由器请求与公告

外,节点也会主动发送邻居广播报文,以通知其物理地址的改变。邻居公告报文包含了发送节点的物理地址。

图 9-8 显示了利用邻居请求与公告报文进行物理地址解析的例子。尽管 IPv6 不再使用 ARP 进行地址解析,但是利用邻居请求与公告进行地址解析的过程与 ARP 的解析过程非常相似。

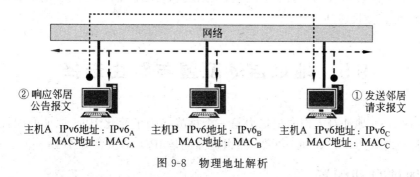

图 9-8 物理地址解析

(1) 当主机 C 希望得到 $IPv6_A$ 与其 MAC_A 地址的对应关系时,它向一个特定的组播组发送邻居请求报文,该报文包含有 $IPv6_C$ 与其 MAC_C 的对应关系。

(2) 侦听该组播组的主机 A 和主机 B 接收该报文,并将 $IPv6_C$ 与其 MAC_C 的对应关系存入各自的邻居缓存表(类似于 IPv4 的 ARP 表)中。

(3) 由于主机 C 请求的是主机 A 的 $IPv6_A$ 与其 MAC_A 地址的对应关系,因此主机 A 将 $IPv6_A$ 与 MAC_A 的映射通过单播方式发送给主机 C。

(4) 主机 C 获得主机 A 的响应后,将 $IPv6_A$ 与 MAC_A 的对应关系存入自己的邻居缓存表中,从而完成一次地址解析任务。

3. 路由重定向

重定向报文由 IPv6 路由器发送,用于通知某本地主机到达一个特定目的地的更好路由。路由重定向发生的过程如图 9-9 所示。

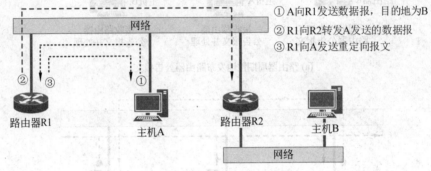

图 9-9　路由重定向

(1) 主机 A 准备发送一个 IPv6 数据报,其目的地址为主机 B。由于路由表中到达主机 B 所在网络的下一跳步指向路由器 R1,因此主机 A 将数据报投递给 R1。

(2) R1 接收主机 A 发送的数据报并为其选路,确定该数据报应投递至 R2。路由器 R1 发现该数据报来自于自己的邻居主机 A,同时下一跳步 R2 也是自己的邻居,于是,R1 判定主机 A 与 R2 也是邻居。这样,主机 A 发送目的地为主机 B 的数据报可以直接投递给 R2,不需要经过 R1。

(3) R1 将主机 A 发送的数据报转发到下一跳步 R2。然后,R1 向主机 A 发送重定向报文,通知主机 A 到达主机 B 所在网络的最优路径。

(4) 主机 A 接收到 R1 发送的重定向报文后更新自己的路由表。如果以后再向主机 B 发送数据报,则直接投递到 R2。

9.5　地址自动配置与路由选择

128 位的 IPv6 地址对人们的记忆力是一个挑战。为了简化 IPv6 地址的配置,人们常常采用自动方式配置 IPv6 地址。另外,路由选择也是 IPv6 的重要内容之一。

9.5.1　地址自动配置

地址自动配置包括链路本地地址配置、无状态地址配置和有状态地址配置。

1. 链路本地地址配置

无论主机还是路由器,在 IPv6 协议启动时都会在每个接口自动生成一个链路本地地址。该地址的网络前缀固定为 FE80::/64,后 64 位(主机号部分)自动生成。物理网络内各节点之间可以使用该地址进行通信。

2. 无状态地址配置

主机在自动配置链路本地地址后,可以继续进行无状态地址配置,其过程如下。

（1）主机发送 ICMPv6 路由器请求报文，询问是否存在本地路由器。

（2）如果没有路由器响应路由器公告报文，那么主机需要使用有状态方式或手工方式配置 IPv6 地址和路由。

（3）如果接收到路由器公告报文，那么主机按照该报文的内容更新自己的 MTU 值、跳步限制数等参数。同时，主机会按照公告报文中的地址前缀更新自己的路由表并自动生成 IPv6 地址。

3. 有状态地址配置

有状态地址自动配置需要 DHCPv6 服务器的支持。DHCPv6 协议的工作过程与 IPv4 中的 DHCP 类似。主机向 DHCPv6 服务器多播"DHCP 请求消息"，DHCPv6 服务器在返回的"DHCP 应答消息"中将分配的地址返回给请求主机。主机利用该地址作为自己的 IPv6 进行配置。

9.5.2　路由选择

与 IPv4 相似，IPv6 路由选择也使用了路由表；与 IPv4 不同，IPv6 通过目的地缓存表提高了路由选择效率。

一个基本的 IPv6 路由表通常包含许多(P，R)对序偶，其中 P 指的是目的网络前缀，R 是到目的网络路径上的"下一个"路由器的 IPv6 地址。在图 9-10 所示的互联网中，IPv6 路由器的路由表如表 9-1 所示。

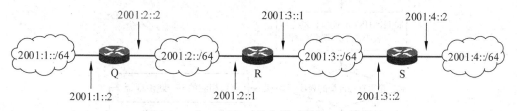

图 9-10　由 3 个 IPv6 路由器互联的 4 个网络

表 9-1　路由器 R 的路由表

要到达的网络	下一跳步
2001:2::/64	直接投递
2001:3::/64	直接投递
2001:1::/64	2001:2::2
2001:4::/64	2001:3::2

从表 9-1 可以看出，网络 2001:2::/64 和网络 2001:3::/64 都与路由器 R 直接相连，路由器 R 收到一 IPv6 数据报，如果其目的地址的前缀为 2001:2::/64 或 2001:3::/64，那么 R 就可以将该报文直接传送给目的主机。如果收到目的地址前缀为 2001:1::/64 的报文，那么 R 就需要将该报文传送给 2001:2::2(路由器 Q)，由路由器 Q 再次投递该报文。同理，如果收到目的地址前缀为 2001:4::/64 的报文，那么 R 就需要将报文传送给 2001:3::2 (路由器 S)。

目的地缓存表是 IPv6 在内存中动态生成的一个表，保存最近的路由选择结果。在连续向一个目的地发送多个数据报时,从第 2 个数据报开始便可以通过目的地缓存表找到转发路由。由于目的地缓存表通常比路由表小很多,因此路由的查找效率比较高。

表 9-2 显示了一个简单的目的地缓存表。当目的地址为 2001:1::2 时,下一跳步为 2001:1::2(该数据报可以直接投递);当目的地址为 2001:2::2 时,下一跳步为 2001:1::1 (该数据报需要通过路由器转发)。

表 9-2　目的地缓存表

目的地址	下一跳步
2001:1::2	2001:1::2
2001:2::2	2001:1::1

IPv6 的路由选择过程如图 9-11 所示。从图中可以看到,路由软件在进行 IPv6 路由选择时首先在目的地缓存表中进行查找和匹配。如果在目的地缓存表中找到与目的 IPv6 地址匹配的表目,那么利用该表目进行投递,不再查找路由表。之后系统更新目的地缓存表,表明该表项最近曾被使用,以免老化时被删除。如果在目的地缓存表中没有找到匹配的表目,则继续在路由表中查找。如果在路由表中查找到与目的 IPv6 地址匹配的表目,那么路由算法首先更新目的地缓存表,然后利用该表目进行投递。

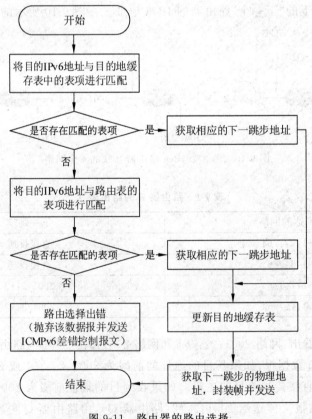

图 9-11　路由器的路由选择

需要注意的是,一旦路由表也没有找到与目的 IPv6 地址匹配的表目,路由选择算法会认为该目的地不可达。这时,路由软件将抛弃该报文并向源主机发送 ICMPv6 差错控制报文。

9.6　实验：配置 IPv6

配置 IPv6

本实验在仿真环境下对主机和路由器的 IPv6 进行配置，进一步了解 IPv6 的工作过程。

为了在 Packet Tracer 环境下进行 IPv6 实验，可以形成一个如图 9-12 所示的互联网拓扑图。IPv6 实验使用的互联网拓扑图与 IPv4 使用的互联网拓扑图非常类似，只是将 IPv4 的 IP 地址修改成了 IPv6 地址。IPv6 路由器的配置也可以在 CLI 界面中进行，过程与 IPv4 类似。

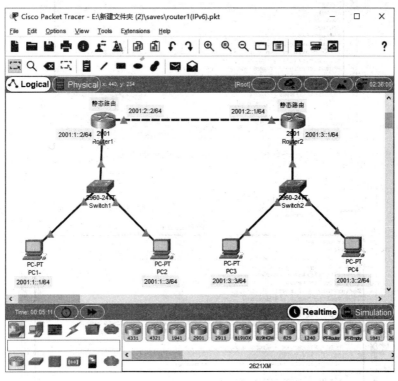

图 9-12　IPv6 实验使用的网络拓扑结构

（1）路由器 IPv6 地址的配置。由于 IPv6 地址属于一个网络接口，因此 IPv6 地址的配置需要进入接口配置模式。IPv6 地址的配置命令为"ipv6 address IPv6 地址/前缀"。例如，图 9-12 中路由器 Router1 其中一个接口的 IPv6 地址可以使用 ipv6 address 2001:1::2/64 进行配置，如图 9-13 所示。

（2）路由器 IPv6 路由表的配置。IPv6 路由表的配置需要在全局配置模式下进行，其命令为 ipv6 route 目的网络/前缀 下一跳步。例如，在图 9-12 的路由器 Router1，可以使用 ipv6 route 2001:3::/64 2001:2::1 配置一条到达网络 2001:3::/64 的路由，其下一跳步为 2001:2::1。同样，也可以在路由器 Router2 中使用 ipv6 route 2001:1::/64 2001:2::2 配置一条到达网络 2001:1::/64 的路由，其下一跳步为 2001:2::2。配置完成后，可以在特权模式下使用 show ipv6 route 命令查看配置后的 IPv6 路由表。路由器 IPv6 路由表的配置和显示如图 9-14 所示。

图 9-13　路由器 IPv6 地址的配置

图 9-14　路由器 IPv6 路由表的配置和显示

（3）允许路由器转发 IPv6 数据报。在全局配置模式下使用 ipv6 unicast-routing 命令，可以告诉路由器转发 IPv6 单播数据报，如图 9-14 所示。

（4）主机上的 IPv6 配置。主机上的 IPv6 配置可以采用手工模式或自动模式，配置界面如图 9-15 所示。如果采用自动配置模式，可以选中 IPv6 配置界面中的 Auto Config 进行无状态的 IPv6 地址获取。由于没有提供 DHCP 服务器,因此这里不能使用 DHCP 方式进行有状态的 IPv6 地址获取。注意,如果主机采用手工方式配置 IPv6 地址,主机的 IPv6 默认路由也需要手工配置。请使用手工和自动两种方式配置主机的 IPv6 地址,并查看自动获取的 IPv6 地址是否与本网络段的网络前缀一致。

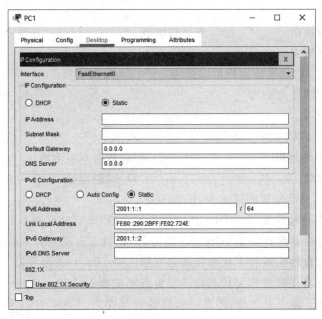

图 9-15　主机的 IPv6 配置界面

　　(5) 网络连通性测试。在完成以上步骤后,可以在主机中使用 ping 命令和 Tracert 命令测试网络的连通性,如图 9-16 所示。

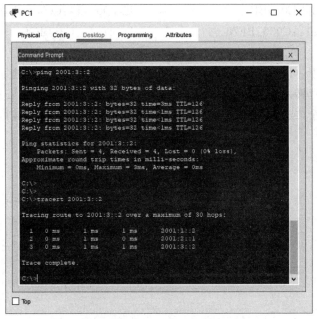

图 9-16　IPv6 网络连通性测试

练 习 题

1. 填空题

(1) IPv6 的地址由_____位二进制数组成。

(2) IPv6 数据报由一个 IPv6 _____、多个_____和上层数据单元组成。

(3) 在 IPv6 中,物理地址解析可以使用_____报文实现。

(4) IPv6 中的回送地址为_____。

2. 单选题

(1) 在 IPv6 中,以 FE80 开始的地址为(   )。

    A. 链路本地地址   B. 站点本地地址

    C. 组播地址   D. 回送地址

(2) 关于 IPv6 自动配置的描述中,正确的是(   )。

    A. 无状态自动配置需要 DHCPv6 服务器,有状态自动配置不需要

    B. 有状态自动配置需要 DHCPv6 服务器,无状态自动配置不需要

    C. 有状态自动配置和无状态自动配置都需要 DHCPv6 服务器

    D. 有状态自动配置和无状态自动配置都不需要 DHCPv6 服务器

(3) IPv6 中除了路由表之外,还有一个目的地缓存表。关于 IPv6 路由选择的描述中,正确的是(   )。

    A. 只查路由表   B. 先查路由表,后查目的地缓存表

    C. 只查目的地缓存表   D. 先查目的地缓存表,后查路由表

(4) IPv6 地址 2001:0001:0000:0000:0000:0000:C030:BF76 可以简写为(   )。

    A. 2001:1::C03:BF76   B. 2001:1::C030:BF76

    C. 2001::1:C030:BF76   D. 21:1::C3:BF76

3. 实操题

在 IPv4 环境中,可以将主机的一块网卡上绑定两个(或多个)IP 地址,进而在一个局域网中进行 IPv4 路由转发实验验证(参见第 8 章相关内容)。查找相关资料,仿照 IPv4 实验的做法,将绑定两个(或多个)IPv6 地址的主机作为路由器,在一个局域网环境下实现 IP 数据报的转发。

第 10 章　TCP 与 UDP

本章要点

➤ 端对端通信的概念
➤ TCP 提供的服务内容
➤ TCP 的流量控制和可靠性实现
➤ UDP 的协议特点和提供的服务
➤ NAT 工作原理

动手操作

➤ 配置 NAT 服务器
➤ 观察 NAT 地址映射表

可靠是对一个计算机系统的基本要求。在编写应用程序过程中,程序员有时会向某个 I/O 设备发送数据(如打印机),但并不需要验证数据是否正确到达设备。这是因为应用程序依赖于底层计算机系统确保数据的可靠传输,系统保证数据传送到底层后不会丢失和重复。

与使用单机工作的程序员相同,网络用户希望互联网能够提供迅速、准确、可靠的通信功能以保证不发生丢失、重复、错序等可靠性问题。

传输层是 TCP/IP 网络体系结构中至关重要的一层,它的主要作用就是保证端对端数据传输的可靠性。在 IP 互联网中,传输控制协议(transport control protocol,TCP)和用户数据报协议(user datagram protocol,UDP)是传输层最重要的两种协议,它们为上层用户提供不同级别的通信可靠性。

10.1　端对端通信

利用互联层,互联网提供了一个虚拟的通信平台。在这个平台中,数据报从一站转发到另一站,从一个节点又传送给另一个节点,其主要的传输控制是在两个相邻节点之间进行的,如图 10-1 所示。

与互联层不同,传输层需要提供一个直接从一台主机到另一台远程主机的"端对端"通信控制,如图 10-1 所示。传输层利用互联层发送数据,每一传输层数据都需要封装在一个互联层的数据报中通过互联网。当数据报到达目的主机后,互联层再将数据提交给传输层。请注意,尽管传输层使用互联层携带报文,但是互联层并不阅读或干预这些报文。因而,传输层只把互联层看作一个数据包通信系统,这一通信系统负责连接两端的主机。

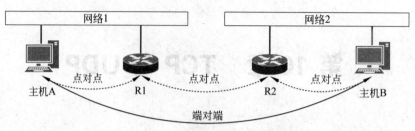

图 10-1　传输层的端对端通信控制

图 10-2 显示了一个具有两台主机和一台路由器的互联网。由于主机需要进行端对端的通信控制,因此主机 A 和主机 B 都需要安装传输层软件,但是,中间的路由器不需要。从传输层的角度看,整个互联网是一个通信系统,这个系统能够接收和传递传输层的数据而不会改变和干预这些数据。

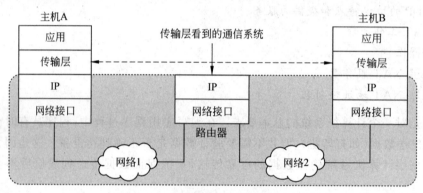

图 10-2　端对端通信与虚拟通信平台

10.2　传输控制协议

可靠性保证是传输层协议的主要功能,应用层协议需要利用传输层协议进行可靠的数据发送和接收。传输控制协议(TCP)是传输层最优秀的协议之一,很多互联网应用协议都是建立在它的基础上。

10.2.1　TCP 提供的服务

从 TCP 的用户角度看,TCP 可以提供面向连接的、可靠的(没有数据重复或丢失)、全双工的数据流传输服务。它允许两个应用程序建立一条连接,然后发送数据并终止连接。每一 TCP 连接可靠地建立,优雅地关闭,保证数据在连接关闭之前被可靠地投递到目的地。

具体地说,TCP 提供的服务具有如下五个特征。

(1) 面向连接:TCP 提供的是面向连接的服务。在发送正式的数据之前,应用程序首先需要建立一个到目的主机的连接。这个连接有两个端点,分别位于源主机和目的主机之上。一旦连接建立完毕,应用程序就可以在该连接上发送和接收数据。

（2）可靠性保证：TCP 确保通过一条连接发送的数据正确地到达目的地,不会发生数据的丢失或乱序。

（3）全双工通信：一个 TCP 连接允许数据在任何一个方向上流动,并允许任何一方的应用程序在任意时刻发送数据。

（4）流接口：TCP 提供了一个流接口,应用程序利用它可以发送连续的数据流。也就是说,TCP 连接提供了一个管道,可以保证数据从一端正确地流到另一端,但不提供结构化的数据表示法(例如,TCP 不区分传送的是整数、实数还是记录或表格)。

（5）连接的可靠建立与优雅关闭：在建立连接过程中,TCP 保证新的连接不与其他的连接或过时的连接混淆;在连接关闭时,TCP 确保关闭之前传递的所有数据都可靠地到达目的地。

10.2.2　TCP 的可靠性实现

由于 TCP 建立在 IP 提供的面向非连接、不可靠的数据报投递服务基础之上,因此必须经过仔细的设计才能实现 TCP 的可靠数据传输。TCP 的可靠性问题既包括数据丢失后的恢复问题,也包括连接的可靠建立问题。

1. 数据丢失与重发

TCP 建立在一个不可靠的虚拟通信系统上,因此偶尔会发生数据丢失。通常,TCP 利用重发(retransmission)技术补偿数据包的丢失。在使用重发机制的过程中,如果接收方的 TCP 正确地收到一个数据包,它需要回发一个确认(acknowledgement)信息给发送方。发送方在发送数据时,TCP 需要启动一个定时器。在定时器到时之前,如果没有收到一个确认信息,则发送方重发该数据。图 10-3 说明了重发的概念。

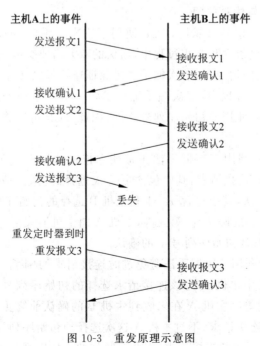

图 10-3　重发原理示意图

尽管重发原理看起来很简单,但在实现过程中却有一个关键问题需要解决,即 TCP 很难确定重发之前应等待多长时间。

如果处于同一个局域网中的两台主机进行通信,确认信息在几毫秒之内就能到达。若为这种确认等待的过久,则会使网络处于空闲而无法使吞吐率达到最高。因此,在一个局域网中 TCP 不应该在重发之前等待太久。然而,互联网可以由多个不同类型物理网络相互连接而成,大规模的互联网可以包含成千上万不同类型的物理网络(如 Internet)。显然,几毫秒的重发等待时间在这样的互联网上是不够的。另外,互联网上的任意一台主机都有可能突然发送大量的数据包,数据报的突发性可能导致传输路径的拥挤程度发生很大的变化,以至于数据报的传输延迟也发生很大的变化。

那么,TCP 在重发之前应该等待多长时间呢? 显然,在一个互联网中,固定的重发时间不会工作得很好。因此在选择重发时间过程中,TCP 必须具有自适应性。它需要根据互联网当时的通信状况,给出合适的数据重发时间。

TCP 的自适应性来自于对每一条连接当前延迟的监视。事实上,TCP 无法知道一个互联网的所有部分在所有时刻的精确延迟,但 TCP 通过测量收到一个确认所需的时间来为每一活动的连接计算一个往返时间(round trip time,RTT)。当发送一个数据时,TCP 记录下发送的时间,当确认到来时,TCP 利用当前的时间减去记录的发送时间来产生一个新的往返时间估计值。在多次发送数据和接收确认后,TCP 就产生了一系列的往返时间估计值。利用一些统计学的原理和算法(如 karn 算法等),就可以估计该连接的当前延迟,从而得到 TCP 重发之前需要等待的时间值。

经验告诉我们,TCP 的自适应重发机制可以很好地适应互联网环境。如果说 TCP 的重发方案是它获得成功的关键,那么自适应重发时间的确定则是重发方案的基石。

2. 连接的可靠建立与优雅关闭

为确保连接建立和终止的可靠性,TCP 使用了三次握手(3-way handshake)法。所谓的三次握手法就是在连接建立和终止过程中,通信的双方需要交换三个报文。可以证明,在数据包丢失、重复和延迟的情况下,三次握手法是保证连接无二义性的充要条件。

在创建一个新的连接过程中,三次握手法要求每一端产生一个随机的 32 位初始序列号。由于每次请求新连接使用的初始序列号不同,因此 TCP 可以将过时的连接区分开,避免二义性的产生。

图 10-4 显示了 TCP 利用三次握手法正常建立连接的过程。在三次握手法的第一次中,主机 A 向主机 B 发出连接请求,其中包含主机 A 选择的初始序列号 x。第二次,主机 B 收到请求后,发回连接确认,其中包含 $x+1$ 和主机 B 选择的初始序列号 y($x+1$ 表示主机 B 对主机 A 初始序列号 x 的确认)。第三次,主机 A 向主机 B 发送序号为 $x+1$ 的数据,其中包含 $y+1$ 表示对主机 B 初始序列号 y 的确认。

图 10-5 给出了一个利用三次握手法避免过时连接请求的例子。主机 A 首先向主机 B 发送了一个连接请求,其中主机 A 为该连接请求选择的初始序列号为 x。但是,由于种种原因(例如主机重新启动等),主机 A 在未收到主机 B 的确认前终止了该连接。而后,主机 A 又开始进行新一轮的连接请求,不过主机 A 这次选择的初始序列号为 x'。由于主机 B 并不知道主机 A 停止了前一次的连接请求,因此对收到的初始序列号为 x 的连接请求按照正常的方法进行确认。当主机 A 收到该确认后,发现主机 B 确认的不是初始序列号为 x' 的新

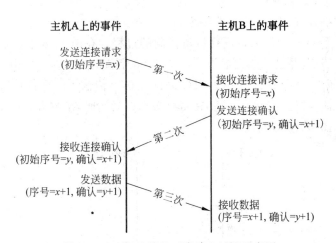

图 10-4　TCP 连接的正常建立过程示意图

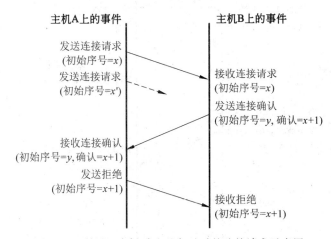

图 10-5　利用三次握手法避免过时的连接请求示意图

连接请求,于是向主机 B 发送拒绝信息,通知主机 B 该连接请求已经超时。通过这个过程,TCP 可以避免连接请求的二义性,保证连接建立过程的可靠和准确。

在 TCP 中,连接的双方都可以发起关闭连接的操作。为了保证在关闭连接之前所有的数据都可靠地到达了目的地,TCP 再次使用了多次握手法。一方发出关闭请求后并不立即关闭连接,而要等待对方确认。只有收到对方的确认信息,才能关闭连接。

10.2.3　TCP 的缓冲、流控与窗口

TCP 使用窗口机制进行流量控制。当一个连接建立时,连接的每一端分配一块缓冲区来存储接收到的数据,并将缓冲区的尺寸发送给另一端。当数据到达时,接收方发送确认信息,其中包含了自己剩余的缓冲区尺寸。通常将剩余缓冲区空间的数量叫作窗口(window),接收方在发送的每一确认中都含有一个窗口通告。

如果接收方应用程序读取数据的速度与数据到达的速度一样快,接收方将在每一确认中发送一个非零的窗口通告。但是,如果发送方操作的速度快于接收方,接收到的数据最终将充满接收方的缓冲区,导致接收方通告一个零窗口。发送方收到一个零窗口通告时,必须

停止发送,直到接收方重新通告一个非零窗口。

图 10-6 展示了 TCP 利用窗口进行流量控制的过程。在图 10-6 中,假设发送方每次最多可以发送 1000 字节,并且接收方通告了一个 2500 字节的初始窗口。由于 2500 字节的窗口说明接收方具有 2500 字节的空闲缓冲区,因此发送方传输了 3 个数据段,其中两个数据段包含 1000 字节,一段包含 500 字节。在每个数据段到达时,接收方就产生一个确认,其中的窗口减去了到达的数据尺寸。

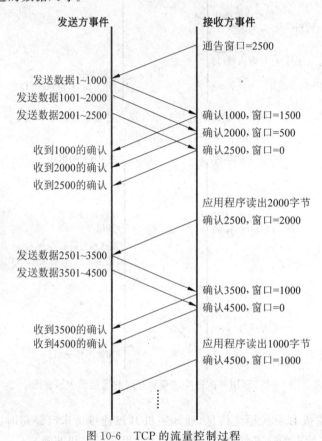

图 10-6 TCP 的流量控制过程

由于前 3 个数据段在接收方应用程序使用数据之前就充满了缓冲区,因此通告的窗口达到零,发送方不能再传送数据。在接收方应用程序用掉了 2000 字节之后,接收方 TCP 发送一个额外的确认,其中的窗口通告为 2000 字节,用于通知发送方可以再传送 2000 字节。于是,发送方又发送两个数据段,致使接收方的窗口再一次变为零。

窗口和窗口通告可以有效地控制 TCP 的数据传输流量,使发送方发送的数据永远不会溢出接收方的缓冲空间。

10.2.4 TCP 连接与端口

在应用程序利用 IP 传输数据之前,首先需要建立一条到达目的主机的 TCP 连接。IP 将一条 TCP 连接两端的端点叫作端口,如图 10-7 所示。端口用一个 16 位的二进制数表示,例如 21 端口、8080 端口等。实际上,应用程序利用 TCP 进行数据传输的过程就是数据从一台主机的 TCP 端口流入,经 TCP 连接从另一主机的 TCP 端口流出的过程。

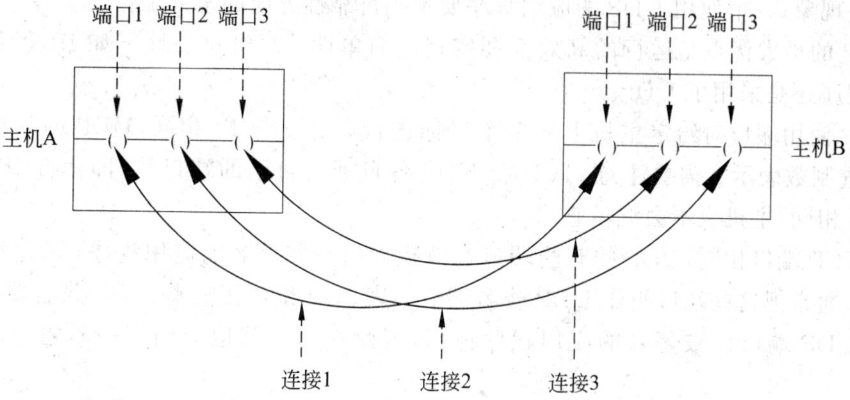

图 10-7 端口的概念示意图

TCP 可以利用端口提供多路复用功能。一台主机可以通过不同的端口建立多条到其他主机的连接,应用程序可以同时使用一条或多条 TCP 连接发送或接收数据。

在 TCP 的所有端口中,有些端口被指派给一些著名的应用程序(如 Web 应用程序、FTP 应用程序等),通常把这些端口叫作 TCP 著名端口。表 10-1 给出了一些著名的 TCP 端口号。由于这些 TCP 端口已被著名的应用程序占用,因此在编写其他应用程序时应尽量避免使用。

表 10-1 著名的 TCP 端口号

TCP 端口号	关键字	描　　述
20	FTP-data	文件传输协议数据
21	FTP	文件传输协议控制
23	Telnet	远程登录协议
25	SMTP	简单邮件传输协议
53	domain	域名服务
80	HTTP	超文本传输协议
110	POP3	邮局协议

10.3　用户数据报协议

与传输控制协议(TCP)相同,用户数据报协议(UDP)也位于传输层。但是 UDP 提供的数据传输可靠性远没有 TCP 高。

从用户的角度看,用户数据报协议 UDP 提供了面向非连接的、不可靠的传输服务。它使用 IP 数据报携带数据,但增加了对给定主机上多个目标进行区分的能力。

由于 UDP 是面向非连接的,因此它可以将数据直接封装在 IP 数据报中进行发送。这与 TCP 发送数据前需要建立连接有很大的区别。UDP 既不使用确认信息对数据的到达进行确认,也不对收到的数据进行排序。因此,利用 UDP 传送的数据有可能会出现丢失、重复或乱序现象,一个使用 UDP 的应用程序要承担可靠性方面的全部工作。

UDP 的最大优点是运行的高效性和实现的简单性。尽管可靠性不如 IP,但很多著名的应用程序还是采用了 UDP。

UDP 使用端口对给定主机上的多个目标进行区分。与 IP 相同,UDP 的端口也使用 16 位二进制数表示。需要注意,TCP 和 UDP 各自拥有自己的端口号,即使 TCP 和 UDP 的端口号相同,主机也不会混淆它们。

与 TCP 端口相同,UDP 的有些端口也被指派给一些著名的应用程序(如 SNMP 应用程序等),通常把这些端口叫作 UDP 著名端口。表 10-2 给出了一些 UDP 著名端口号。由于这些 UDP 端口已被著名的应用程序占用,因此在编写其他应用程序时也应尽量避免使用。

表 10-2　著名的 UDP 端口号

UDP 端口号	关键字	描　　述
53	domain	域名服务
67	bootps	引导协议服务器
68	bootpc	引导协议客户机
69	TFTP	简单文件传输协议
161	SNMP	简单网络管理协议
162	SNMP-trap	简单网络管理协议陷阱

10.4　实验：端口的应用——网络地址转换

网络地址转换(network address translation,NAT)是 TCP 和 UDP 端口的典型应用之一。网络地址转换的主要目的是利用较少和有限的 IP 地址资源将私有的互联网接入公共互联网。由于网络地址转换技术的运用对用户透明,用户使用公共互联网上的服务(如 DNS 服务、Web 服务、E-mail 服务等)不需要安装特殊的软件和进行特殊的设置,因此网络地址转换技术的使用和部署相对比较简单。

目前,很多路由器、无线 AP 等硬件设备都支持 NAT 功能。Windows、Linux、UNIX 等操作系统也可以通过软件支持 NAT 功能。

10.4.1　使用 NAT 的动机

在 TCP/IP 互联网中,IP 地址用来标识网络连接。如果一个网络设备与互联网有多个网络连接,那么它就应该具有多个 IP 地址。在目前使用的互联网中,由于 IP 地址使用 32 位的二进制数表示,因此,理论上它可以唯一地标识 2^{32} 个网络连接。实际上,由于 IP 地址的分类、需要为多播和测试等目的预留 IP 地址等原因,真正可以分配给用户的 IP 地址的数量要比 2^{32} 少一些。随着 TCP/IP 互联网应用的广泛和深入,越来越多的用户、家庭网络和企业网络要求连入互联网,这导致 IP 地址的分配逐渐出现短缺和不足的问题。

解决 IP 地址短缺和不足问题的最直接和显而易见的方法是抛弃现有的 IP 地址方案，重新设计和启用新的 IP 地址方案。下一代互联网使用的 IPv6 就是通过将目前使用的 32 位 IP 地址扩展为 128 位(理论上 IP 地址的数量由 2^{32} 个增加到 2^{128} 个)来解决这个问题。但是，由于实施 IPv6 需要更换和升级整个互联网的网络设施(如路由器等)，因此完成 IPv6 的部署需要很长的时间和大量的资金投入。

NAT 网络地址转换就是为了在现阶段解决 IP 地址短缺和不足的问题而设计的。它允许用户使用单一的设备作为外部网(如 Internet)和内部网(如家庭内部网或企业内部网)之间的代理，利用一个或很少的几个全局的 IP 地址代表整个本地网上所有主机的 IP 地址，达到本地网上的所有主机通过这一个或很少的几个全局 IP 地址上网的目的。

10.4.2　NAT 的主要技术类型

NAT 的主要技术类型有 3 种，它们是静态 NAT(static NAT)、动态 NAT(pooled NAT)和网络地址端口转换 NAPT(port-level NAT)。

1. 静态 NAT

静态 NAT 是最简单的一种 NAT 转换方式，如图 10-8 所示。在使用静态 NAT 之前，网络管理员需要在 NAT 设备中设置 NAT 地址映射表，该表确定了一个内部 IP 地址与一个全局 IP 地址的对应关系。NAT 地址映射表中的内部地址与全局地址是一一对应，只要网络管理员不重新设置，这种对应关系将一直保持。

每当内部节点与外界通信时，内部地址就会转换为对应的全局地址。在图 10-8 中，当 NAT 设备接收到主机 192.168.1.66 发来的数据报时，它就按照 NAT 地址映射表将数据报中的源地址 192.168.1.66 转换为 202.113.20.25，然后发送至外部网络；同样，当 NAT 设备从外网接收到目的地址为 202.113.20.25 的数据报时，它也将按照 NAT 地址映射表将其转换为 192.168.1.66，而后发往内部网络。请注意，由于 NAT 地址映射表中没有 192.168.1.68 的映射项，因此，使用 192.168.1.68 的主机不能利用静态 NAT 技术访问外部网络。

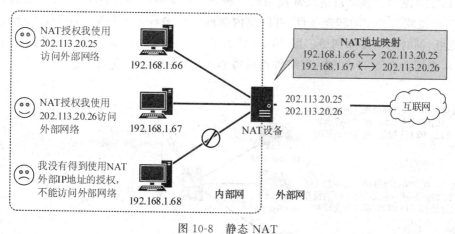

图 10-8　静态 NAT

2. 动态 NAT

在动态 NAT 方式中，网络管理员首先需要为 NAT 设备分配一些全局 IP 地址，这些全局的 IP 地址构成 NAT 地址池。当内部主机需要访问外部网络时，NAT 设备就在 NAT 地址池中为该主机选择一个目前未被占用的 IP 地址,并建立内部 IP 地址与全局 IP 地址之间的映射;当该主机本次通信结束时,NAT 设备将回收该全局 IP 地址,并删除 NAT 地址映射表中对应的映射项,以便其他内部主机访问外部网络时使用,如图 10-9 所示。需要注意的是,当 NAT 池中的全局地址被全部占用后,NAT 设备将拒绝再来的地址转换申请。在图 10-9 中,NAT 地址池中有两个全局 IP 地址:202.113.20.25 和 202.113.20.26。当内部主机 192.168.1.66、192.168.1.67 和 192.168.1.68 需要访问外部网络时,NAT 设备就会按照内部主机的申请次序为其中的两台(如 192.168.1.66 和 192.168.1.67)分配全局 IP 地址,并在NAT 地址映射表建立映射。由于 NAT 地址池中只有 2 个全局 IP 地址,第 3 台申请的主机(如 192.168.1.68)此时将会被拒绝。因此,如果主机 192.168.1.68 想与外部网络进行通信,那么必须等到 192.168.1.66 或 192.168.1.67 通信结束并释放全局 IP 地址。

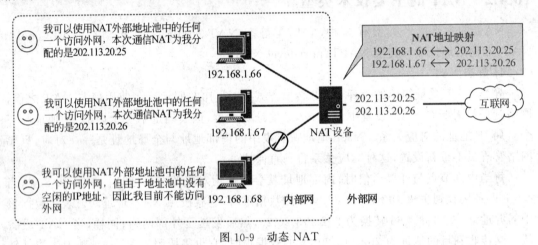

图 10-9 动态 NAT

3. 网络地址端口转换 NAPT

网络地址端口转换是目前最常使用的一种 NAT 类型,它利用 TCP/UDP 的端口号区分 NAT 地址映射表中的转换条目,可以使内部网中的多台主机共享一个(或少数几个)全局 IP 地址,同时访问外部网络。图 10-10 显示了一个内部网内多台主机共享两个全局 IP 地址的示意图。在图 10-10 中,网络管理员将 NAT 设备的工作方式设置为 NAPT,同时为

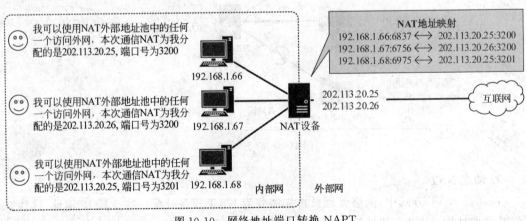

图 10-10 网络地址端口转换 NAPT

NAT 设备配置了两个全局 IP 地址,一个为 202.113.20.25,另一个为 202.113.20.26。当内部网络中的一个主机(如 192.168.1.66)利用一个 TCP 或 UDP 端口(如 TCP 的 6837 端口)开始访问外部网络中的主机时,NAPT 设备在自己拥有的全局 IP 地址中随机选择一个(如 202.113.20.25)作为其外部网络中使用的 IP 地址,同时,为其指定外部网络中使用的 TCP 端口号(如 3200)。NAPT 在自己的地址转换表中添加该地址转换信息(如 192.168.1.66: 6837～202.113.20.25:3200),并在之后的数据包转发中,通过变换发送数据包的源地址和接收数据包的目的地址维持内部主机和互联网中外部主机的通信。

当内部网中的其他主机(如 192.168.1.68)需要与外部网中的主机通信时,NAPT 设备可以将其 IP 地址映射为 NAPT 地址映射表中正在使用的全局 IP 地址(如 202.113.20.25),但需要为其指定不同的 TCP 或 UDP 端口号(如可以将 TCP 端口号指定为 3201,但不能为 3200)。由于映射的 TCP 或 UDP 的端口号不同,NAPT 接收到来自外部网络的数据包时就可以根据端口号转发到不同的主机和应用程序。例如,在图 10-10 的地址映射表中有两个表项用到了外部全局地址 202.113.20.25,它们是 192.168.1.66:6837～202.113.20.25: 3200 和 192.168.1.68:6975～202.113.20.25:3201。NAPT 将 192.168.1.66:6837 发送的数据包的源地址转换为 202.113.20.25:3200,而将 192.168.1.68:6975 发送的数据包的源地址转换为 202.113.20.25:3201。由于 192.168.1.66 和 192.168.1.68 主机上的应用对外都使用了 202.113.20.25,因此,这两个应用对应的目的主机回送的数据包都利用 202.113.20.25 作为其目的地址。当接收到这些外部网络发送来的数据包时,NAPT 设备根据不同的 TCP 或 UDP 端口号将其映射到不同的内部主机或应用。按照图 10-10 所示的地址映射表,当 NAPT 接收到 IP 地址为 202.113.20.25、端口号为 3200 的数据包,它将其 IP 地址转换为 192.168.1.66、端口号转换为 6837 进行转发;当 NAPT 接收到 IP 地址为 202.113.20.25、端口号为 3201 的数据包,它将其 IP 地址转换为 192.168.1.68、端口号转换为 6975 进行转发。

NAT 技术(特别是 NAPT 技术)较为成功地解决了目前 IP 地址的短缺问题,可以使内部网络的多台主机和用户共享少数几个全局 IP 地址。同时,NAT 还可以在一定程度上提高内部网络的安全性。在图 10-11 显示的示意图中,外部网络的主机不能主动访问内部网络中的主机,即使内部网络中主机 192.168.1.67 为 Web 服务器。这是因为这个内部网络对外只有 202.113.20.25 和 202.113.20.26 两个 IP 地址。由于 NAT 地址映射表中不存在到达

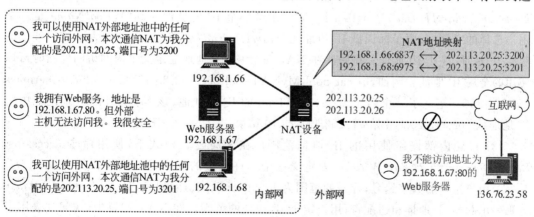

图 10-11　NAT 设备对内部网络的保护示意图

内部 Web 服务器的映射,因此,外部主机发起的访问内部 Web 服务器的数据包在到达 NAT 设备时将被抛弃。但是,NAT 这种隐藏内部主机,使外部主机不可访问内部主机的方式也会给一些网络应用(如 P2P 应用)带来一些的问题,这些应用常常希望内部网主机和外部网主机之间能够自由地进行通信。

10.4.3 在仿真环境实现网络地址转换

目前,市场上流行的路由器大部分都集成了 NAT 功能。在本实验中,我们通过合理地配置路由器,使其完成网络地址转换功能。

在 Packet Tracer 中,构造一个与图 10-12 相似的网络拓扑图。其中,Router0 完成 NAT 转换功能,服务器 Server-PT 用于提供 Web 服务功能。

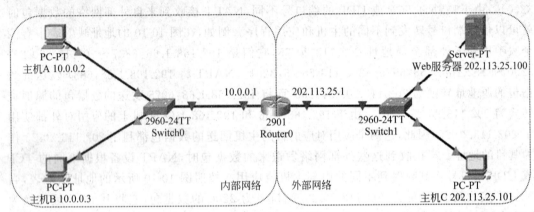

图 10-12 仿真环境中使用的网络拓扑图

配置 NAT

1. NAT 服务的配置

在 Cisco 路由器上配置 NAT 服务的方法如下。

(1) 配置路由器的 IP 地址。按照前面学习的方法配置路由器 Router0 的 IP 地址,并保证接口处于激活状态。

(2) 指定 NAT 使用的全局 IP 地址范围。在全局配置模式下,使用命令 ip nat pool *PoolName StartIP EndIP* netmask *Mask* 定义一个 IP 地址池。其中,*PoolName* 是一个用户选择的字符串,用于标识该 IP 地址池;*StartIP*、*EndIP* 和 *Mask* 分别表示该地址池的起始 IP 地址、终止 IP 地址和掩码。在 NAT 配置中,IP 地址池定义了内网访问外网时可以使用的全局 IP 地址。例如,ip nat pool MyNATPool 202.113.25.1 202.113.25.10 netmask 255.255.255.0 定义了一个名字为 MyNATPool 的 IP 地址池,该 MyNATPool 地址池中的 IP 地址从 202.113.25.1 开始,至 202.113.25.10 结束,共有 10 个 IP 地址。

(3) 设置内部网络使用的 IP 地址范围。在全局配置模式下,使用命令 access-list *LabelID* permit *IPAddr WildMask* 定义一个允许通过的标准访问列表。其中,*LabelID* 是一个用户选择的数字编号,标号的范围为 1~99,标识该访问列表;*IPAddr* 和 *WildMask* 分别表示起始 IP 地址和通配符,用于定于 IP 地址的范围。在 NAT 配置中,访问列表用于指定内部网络使用的 IP 地址范围。例如:access-list 6 permit 10.0.0.0 0.255.255.255 定义了一个标号为 6 的访问列表,该访问列表允许 10.0.0.0~10.255.255.25 的 IP 地址通过。

（4）建立全局 IP 地址与内部私有 IP 地址之间的关联。在全局模式下，利用 ip nat inside source list *LabelID* pool *PoolName* overload 建立全局 IP 地址与内部私有 IP 地址之间的关联。其意义为访问列表 *LabelID* 中指定的 IP 地址可以转换成地址池 *PoolName* 中的 IP 地址访问外部网络。overload 关键词表示 NAT 转换中采用 NAPT 方式，*PoolName* 中的 IP 地址可以重用。如果不加 overload 关键词，则说明 NAT 转换中采用动态 NAT 方式。例如，ip nat inside source list 6 pool MyNATPool overload 通知系统该 NAT 转换采用 NAPT 方式，将访问列表 6 中指定的 IP 地址（10.0.0.0～10.255.255.255）转换成地址池 MyNATPool 中的 IP 地址（202.113.25.1～202.113.25.10）访问外部互联网。

（5）指定连接内部网络和外部网络的接口。指定哪个接口连接内部网络，哪个接口连接外部网络需要在接口配置模式进行设定。使用 ip nat inside 命令指定该接口连接内部网络，使用 ip nat outside 命令指定该接口连接外部网络。例如，图 10-13 中的给出的例子中，将 Gig0/0 接口配置为连接内部网络，Gig0/1 接口配置为连接外部网络。

```
Router(config)#interface Gig0/0
Router(config-if)#ip nat inside
Router(config-if)#exit
Router(config)#interface Gig0/1
Router(config-if)#ip nat outside
Router(config-if)#exit
```

图 10-13　内部网络和外部网络接口配置示例

2. 配置主机的 IP 地址

主机的 IP 地址可以按照前面学习的方法进行配置。需要注意，由于内部主机在进行路由选择时，遇到访问外网的 IP 数据报都需要投递到 NAT 服务器，因此，需要将内部主机的默认网关指向 NAT 服务器（即图 10-12 中用作 NAT 服务器的 Router0），如图 10-14 所示。

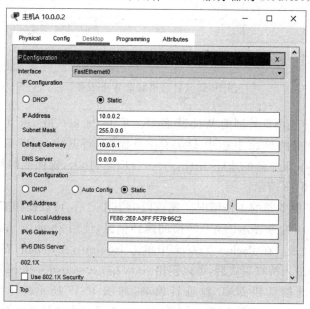

图 10-14　内部主机的 IP 地址配置

对于外网主机的 IP 地址,由于图 10-12 中 Router0 连接外网的接口与外网中的主机 (Web 服务器和主机 C)处于一个网络中,IP 地址使用相同的网络前缀,因此,本实验中外网主机不需要配置默认路由。

3. 查看 NAT 的工作状况

为了测试网络的连通性,既可以在内部主机中使用 ping 命令去 ping 外部主机,也可以使用 Tracert 命令跟踪 IP 数据报的传输路径。但是,为了更清晰地查看 NAT 的工作情况,学习 NAT 的工作原理,需要在外网中启动和配置 Web 服务,而后使用内网中的主机访问该 Web 服务。具体过程如下。

(1) 启动和配置 Web 服务。单击 Packet Tracer 工作区的 Web 服务器图标,选中 Services 页面。在 Services 页面中的服务列表中选中 HTTP,保证 HTTP 服务处于开启状态,如图 10-15 所示。

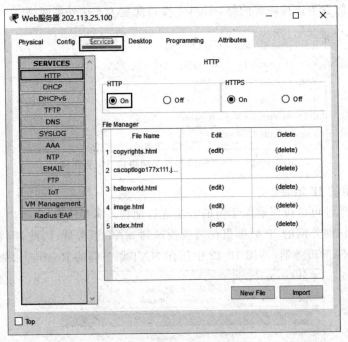

图 10-15　启动和配置 Web 服务

(2) 利用内网主机浏览外网的 Web 服务器。单击 Packet Tracer 工作区中的内网主机 (如主机 A)。在弹出的界面中选中 Desktop 页面,运行其中的 Web Browser。在 Web Browser 中输入 Web 服务器的地址(http://202.113.25.100),确保能够看到 Web 服务器中存储的界面,如图 10-16 所示。

(3) 查看 NAT 服务器的工作情况。完成以上工作之后,可以使用 Cisco 路由器提供的 show ip nat statistics 命令显示 NAT 转换的统计信息,使用 show ip nat translations 命令显示 NAT 地址转换表。在 Packet Tracer 中单击 Router0,在出现的界面中选中 CLI。在使用 enable 等命令进入特权模式后,可以使用 show ip nat statistics 和 show ip nat translations 显示 NAT 转换统计信息和 NAT 地址转换表,如图 10-17 所示。仔细阅读 show ip nat statistics 和 show ip nat translations 命令的返回信息,看看能否理解其中的内容。

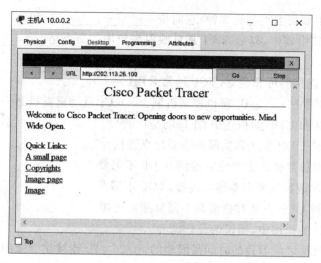

图 10-16 利用内网主机浏览外网的 Web 服务器

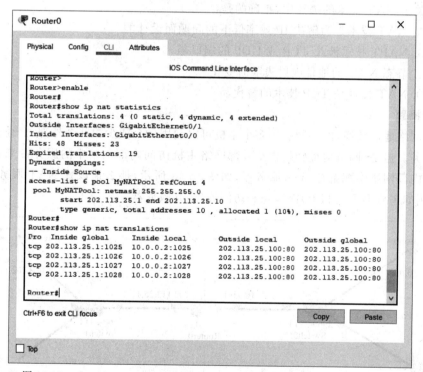

图 10-17 show ip nat statistics 和 show ip nat translations 命令的返回信息

练 习 题

1. 填空题

（1）TCP 可以提供_____服务。

（2）UDP 可以提供_____服务。

(3) NAT 的主要技术类型有 3 种,它们是_____、_____和_____。

(4) 在 Cisco 路由器中,显示 NAT 地址映射表使用的命令是_____。

2. 单选题

(1) 为了保证连接的可靠建立,TCP 通常采用( )。

    A. 三次握手法   B. 窗口控制机制   C. 自动重发机制   D. 端口机制

(2) 关于 TCP 和 UDP 的描述中,正确的是( )。

    A. TCP 和 UDP 发送数据前都需要建立连接

    B. TCP 发送数据前需要建立连接,UDP 不需要

    C. UDP 发送数据前需要建立连接,TCP 不需要

    D. TCP 和 UDP 发送数据前都不需要建立连接

(3) 关于 TCP 的描述中,错误的是( )。

    A. 重传数据之前等待的时间是固定的   B. 连接建立采用三次握手法

    C. 使用窗口进行流量控制   D. 提供面向连接的服务

(4) 关于 NAT 技术的描述中,正确的是( )。

    A. NAT 技术是为解决 IP 效率低下的问题而设计的

    B. NAPT 技术涉及 TCP 或 UDP 的端口号

    C. 静态 NAT 的地址映射表随时变化

    D. NAT 技术是 TCP 技术的替代品

3. 实操题

    利用网络地址转换,内部网络的多个主机可以利用一个或少数几个外部 IP 地址访问外部网络服务。但是,网络地址转换也给外部网络主机访问内部网络中的服务带来一定的问题。如果内部网络中配备有 Web 服务器,如图 10-18 所示,那么请设置 NAT 服务器,使外部主机(例如主机 B 和主机 C)能够顺利访问该 Web 服务器。

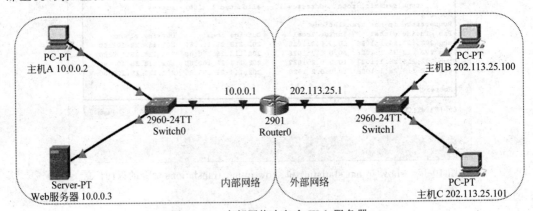

图 10-18 内部网络中包含 Web 服务器

第 11 章　应用程序进程交互模式

本章要点

➢ 客户—服务器模式的概念
➢ 客户—服务器模式的特点
➢ 对等计算模式的概念
➢ 对等网络的分类

动手操作

➢ 编写简单的服务器程序
➢ 编写简单的客户程序

从网络的系统结构看,传输层、互联层和网络接口层提供了一个通用的通信架构,负责将数据准确、可靠地从一端传输到另一端。然而,用户最感兴趣的服务功能却是由应用软件提供的,尽管这些应用软件必须使用下层的通信架构进行相互沟通。应用软件使邮件收发、信息浏览、文件传输成为可能。

在计算机中,应用软件使用的进程交互模式有两种,一种是客户—服务器模式,另一种是对等计算模式。互联网提供的 Web 服务、E-mail 服务、文件传输与共享服务、即时通信服务等都是以这两种模式为基础的。

11.1　客户—服务器模式

客户—服务器模式是最常使用的应用程序进程交换模式。人们经常使用的 Web 服务、E-mail 服务等采用的都是客户—服务器模式。

11.1.1　认识客户—服务器模式

应用程序进程之间为了能顺利地进行通信,一方通常需要处于守候状态,等待另一方请求的到来。在分布式计算中,这种一个应用程序进程被动地等待,而另一个应用程序进程通过请求启动通信的模式就是客户—服务器模式。

在这里,客户(client)和服务器(server)分别指两个应用程序进程。客户向服务器发出服务请求,服务器做出响应。图 11-1 显示了一个通过互联网进行交互的客户—服务器模式。在图中,服务器应处于守候状态,并监视客户端的请求。客户端发出请求,该请求经互联网传送给服务器。一旦服务器接收到这个请求,就可以执行请求指定的任务,并将执行的结果经互联网回送给客户。

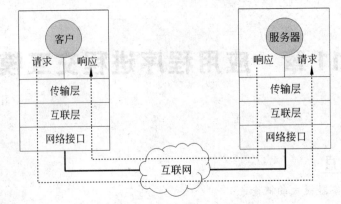

图 11-1 客户—服务器交互模式

11.1.2 客户与服务器的特性

在一台主机上,可以运行多个服务器,每个服务器需要并发地处理多个客户的请求,并将处理的结果返回给客户。因此,服务器通常比较复杂,对主机的硬件资源(如 CPU 的处理速度、内存的大小等)及软件资源(如分时、多线程网络操作系统等)都有一定的要求。而客户机由于功能相对简单,通常不需要特殊的硬件和高级的网络操作系统。在图 11-2 中,运行服务器的主机同时提供 Web 服务、FTP 服务和文件服务。由于客户 1、客户 2 和客户 3 分别运行访问文件服务和 Web 服务的客户进程,因此服务器在通过互联网为客户 1 提供文件服务的同时,还需要为客户 2 和客户 3 提供 Web 服务。

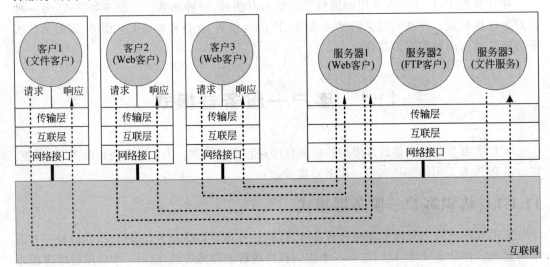

图 11-2 一台主机可同时运行多个服务器,服务器需要并发地处理多个客户的请求

客户—服务器模式不但很好地解决了互联网应用程序之间的同步问题(何时开始通信、何时发送信息、何时接收信息等),而且客户—服务器非对等相互作用的特点(客户与服务器处于不平等的地位,服务器提供服务,客户请求服务)很好地适应了互联网资源分配不均的客观事实(有些主机是具有高速 CPU、大容量内存和外存的巨型机,有些主机仅是简单的微

型计算机或移动终端),因此成为互联网应用程序相互作用的主要模式之一。

表 11-1 给出了客户程序和服务器程序特性对照表。

表 11-1　客户程序和服务器特性对照表

客　户	服　务　器
是一个普通的应用程序进程,在需要进行远程访问时临时成为客户,同时也可以进行其他本地计算	是一种有专门用途的、享有特权的应用程序进程,专门用来提供一种特殊的服务
为一个用户服务,用户可以随时开始或停止其运行	同时处理多个远程客户的请求,通常在系统启动时自动调用,并一直保持运行状态
在用户本地的主机上运行	在一台共享的主机上运行
主动地与服务器进程进行联系	被动地等待各个客户的通信请求
不需要特殊硬件和高级操作系统	需要强大的硬件和高级操作系统支持

11.1.3　实现中需要解决的主要问题

在客户—服务器模式实现时,需要解决一些关键问题。例如,如何标识一个特定的服务,如何响应并发请求等。

1. 标识一个特定的服务

由于一个主机可以运行多个服务器进程,因此,必须提供一套机制让客户进程无二义性地指明所希望的服务。这种机制要求赋予每个服务一个唯一的标识,同时要求服务器进程和客户进程都使用这个标识。当服务器进程开始执行时,首先在本地主机上注册自己提供服务所使用的标识。在客户需要使用服务器提供的服务时,则利用服务器使用的标识指定所希望的服务。一旦运行服务器进程的主机接收到一个具有特定标识的服务请求,就将该请求转交给注册该特定标识的服务器进程处理。

在 TCP/IP 互联网中,服务器进程通常使用 TCP 或 UDP 的端口号作为自己的特定标识。在服务器启动时,服务进程首先在本地主机注册自己使用的 TCP 或 UDP 端口号。这样,服务进程在声明该端口号已被占用的同时,也通知本地主机如果在该端口上收到信息,则需要转交给注册该端口的服务器进程处理。客户进程通过向服务器进程使用的端口号发送请求,使用服务器提供的服务。

2. 响应并发请求

在互联网中,客户发起请求完全是随机的,很有可能出现多个请求同时到达服务器的情况。因此,服务器必须具备处理多个并发请求的能力。服务器响应并发请求有两种解决方案:重复服务器方案和并发服务器方案。

(1) 重复服务器方案。该方案实现的服务器进程中包含一个请求队列,客户请求到达后,首先进入队列中等待,服务器按照先进先出的原则顺序做出响应,如图 11-3 所示。

(2) 并发服务器方案。并发服务器进程是一个守护进程(或线程),在没有请求到达时处于等待状态。一旦客户请求到达,服务器守护进程(或线程)立即再为之创建一个子进程(或线程),然后回到等待状态,由子进程(或线程)响应请求。当下一个请求到达时,服务器守护进程(或线程)再为之创建一个新的子进程(或线程)。其中,服务器守护进程(或线程)叫作主服务器(master),子进程(或线程)叫作从服务器(slave),如图 11-4 所示。

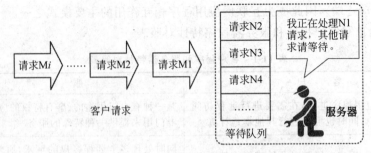

图 11-3　重复服务器解决方案

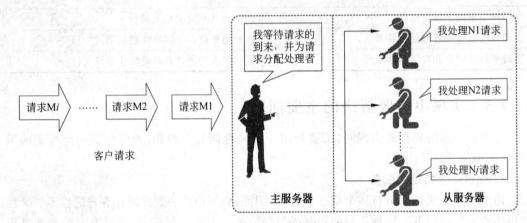

图 11-4　并发服务器解决方案

　　重复服务器方案和并发服务器方案各有各的特点,应按照服务器程序需要实现的功能进行选择。重复服务器对系统资源要求不高,但是,如果服务器需要在较长时间内才能完成一个请求任务,那么其他的请求必须等待很长时间才能得到响应。例如,文件传输服务允许客户将服务器端的文件复制至客户端。如果客户请求的文件很小,那么服务器能在很短的时间内送出整个文件,等待队列中的其他请求就可以迅速得到响应。但是,如果客户请求的文件很大,服务器送出该文件需要很长的时间,那么等待队列中的其他请求就需要等待很长时间才能得到响应。因此,重复服务器解决方案一般用于处理可在预期时间内处理完的请求,针对面向无连接的客户—服务器模式。

　　与重复服务器解决方案不同,并发服务器解决方案具有实时性强、灵活性好的特点。由于主服务器经常处于守护状态,多个客户同时请求的任务分别由不同的从服务器并发执行,因此,请求不会长时间得不到响应。但是,由于创建从服务器会增加系统开销,因此并发服务器解决方案通常对主机的软硬件资源要求较高。实践中,并发服务器解决方案一般用于处理不可在预期时间内处理完的请求,针对面向连接的客户—服务器模式。

11.2　对等计算模式

　　随着计算机技术的发展,普通微型计算机的计算能力越来越强大。在这种背景下,对等计算模式开始崭露头角,成为与客户—服务器模式共存的计算模式。

11.2.1　认识对等计算

对等计算模式通常也称为 P2P(peer-to-peer)计算模式。所谓对等计算,就是交互双方为达到一定目的而进行直接的、双向的信息或服务交换,是一种点对点的计算模式。与传统的客户—服务器计算模式不同,对等计算中每个节点的地位是平等的,既充当服务器,为其他节点提供服务,同时又是客户机,享用其他节点提供的服务。图 11-5 显示了对等计算模式与客户—服务器模式的差异。从图 11-5 图中可以明显看到,客户—服务器模式中存在中心服务器节点,客户之间交换的所有信息需要通过服务器中转。例如,客户 A 希望与客户 C 交换信息,那么客户 A 首先需要将信息上传给服务器,而后客户 C 再从服务器下载这些信息。在对等计算模式中,节点之间交换信息可以直接进行。例如,节点 A 希望与节点 C 交换信息,那么节点 A 可以将信息直接传送给节点 C,不需要中间节点的中转。

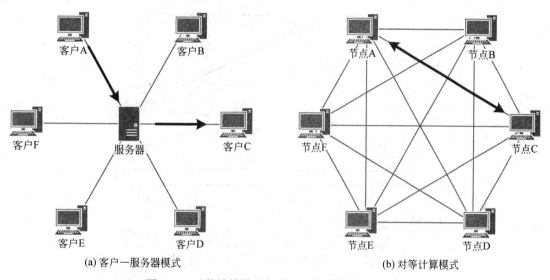

(a) 客户—服务器模式　　　　　　　　　　　　(b) 对等计算模式

图 11-5　对等计算模型与客户—服务器模型的对比

客户—服务器计算模式曾经是最主要的计算模式。它对客户机的性能要求非常低,比较适应当时微型计算机存储和计算能力弱、带宽低的特点。利用客户—服务器计算模式,用户可以以非常低廉的成本方便地连接 Internet,从而进行信息共享和并行计算。可以说,Internet 的高速发展得益于客户—服务器模式的成熟应用。

但随着微型计算机数量的增加,客户—服务器(C/S)模式中服务器的负载越来越重,很多时候难以满足客户机的服务请求。同时,随着计算机和网络性能的提升,人们已经能够以越来越低廉的价格成本得到性能越来越好的终端设备和网络连接。但在传统的 C/S 计算模式下微型计算机只能处于客户机地位,导致可用资源的闲置和浪费。因此,传统的客户—服务器模式会造成这样一种现象:一方面,处在网络中心的服务器不堪重负;另一方面,网络边缘却存在大量的空闲资源,网络负载极不平衡。在这种背景下,对等计算模式应运而生了。

在短短数年间,对等计算模式已渗入 Internet 的众多应用领域,并在这些领域里迅速展现出挑战传统客户—服务器模式的势头和潜力。对等计算技术的出现将推动 Internet 的计算和存储模式由现在的集中式向分布式转移,网络应用的核心也会从中央服务器向网络边缘的智能终端设备扩散。

11.2.2 对等网络的分类

每种对等计算应用都会在网络的应用层形成一个面向应用的网络,这个网络叫作对等网络(或 P2P 网络)。由于这个面向应用的对等网络建立在具体的互联网络之上,因此又被称为覆盖网络(overlay network)。覆盖网络通常不考虑或很少考虑下层网络的问题(如网络的互联层问题、网络接口层问题),节点之间通过虚拟的和逻辑的链路相互连接。图 11-6显示了一个覆盖网络示意图。图中节点 A、C、D、E 和 F 参与同一个对等计算应用,进而形成了一个对等网络(或覆盖网络)。在该对等网络中,节点 A 与节点 D、E 和 F 相邻(即节点 A 与节点 D、E 和 F 之间拥有直达的逻辑链路),节点 A 到这些节点的逻辑链路可能跨越了互联网上的多个物理网络。

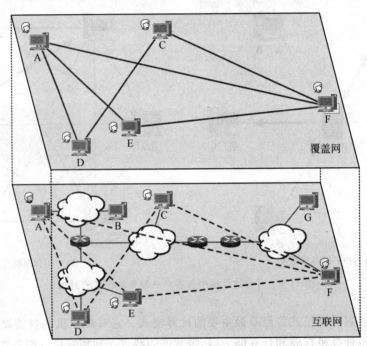

图 11-6　覆盖网络示意图

从采用的拓扑结构看,应用层形成的对等网络可以分为 4 种类型:集中式对等网络、分布式非结构化对等网络、混合式对等网络、分布式结构化对等网络。

1. 集中式对等网络

与传统 C/S 网络模式的拓扑结构类似,集中式对等网络结构采用了星形结构,如图 11-7所示。中心服务器位于星形结构的中心点,负责保存和维护对等网络中所有节点发布的共享资源的描述信息并提供资源搜索功能。节点通过向中心服务器发送请求以搜索资源,服务器将节点请求和已发布的资源信息进行匹配并返回存储匹配资源的节点地址信息,然后资源的访问将在请求的发起节点与资源的存储节点之间直接进行,不需要通过中央服务器的干涉。

假设图 11-7 为一个文件共享系统,节点 A、B、C 和 D 可以将自己共享文件的描述信息

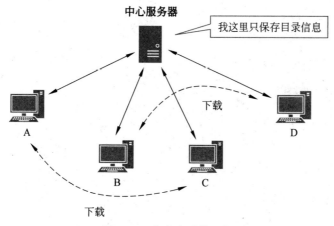

图 11-7　集中式对等网络

（如文件名、文件大小、文件内容说明等）随时发布到中心服务器，中心服务器记录这些描述信息和文件的位置（例如发布节点的 IP 地址）。如果某一节点（例如节点 A）需要下载一个文件，那么它首先通过中心服务器进行查询。当中心服务器返回该文件所在的具体位置（如节点 C 的 IP 地址）后，节点 A 直接与节点 C 建立连接，从节点 C（而不是中心服务器）直接下载所需的文件。

尽管集中式对等网络中存在中心服务器，但集中式对等网络与传统的客户—服务器网络有根本的区别。对等网络中的中心服务器仅提供资源的描述信息（如文件名），各个节点直接连接以交换信息的具体内容（如文件本身等）。

集中式对等网络有两个最大的优点：一是维护简单，二是资源的查询和搜索可以借助集中式的目录系统，灵活高效且能实现复杂查询。但是和传统客户—服务器系统类似，集中式对等网络最大的问题是健壮性和可扩展性较差，易受单点失效、服务器过载等问题的影响。第一代对等网络（如 Napster、BitTorrent 等）多采用这种结构。

2. 分布式非结构化对等网络

分布式非结构化对等网络通常采用随机图的方式组织网络中的节点，节点之间的连接关系随机形成，没有预先定义的拓扑构造要求，如图 11-8 所示。分布式非结构化对等网络中不存在居中的中心服务器，各个节点自由地与其他节点相连。每个节点存储的资源放置在本地，不需向网络中其他节点发送资源描述信息。当用户提出资源搜索请求时，网络以洪泛（flooding）方式向其他节点发送查询消息。其他节点收到查询消息后检索本地资源，如果找到符合条件的资源时，则将查询结果返回给查询的发起节点。

假设图 11-8 为文件共享系统，每个节点将需要共享的文件存储在本地硬盘中。如果某一节点（例如节点 A）需要下载一个文件，那么它需要形成一个包含文件描述的查询，并将该查询发送给自己的邻居节点（例如节点 A 可以把查询消息发送给节点 B、C 和 D）。收到查询消息的 B、C 和 D 节点搜索本地文件，如果发现与查询请求相关的共享文件，则向查询发起节点 A 返回查询应答。与此同时，收到查询的节点继续向各自的邻居节点转发节点 A 的查询请求（例如节点 B 将向节点 E 和 F 转发 A 的查询请求，节点 D 将向节点 F 转发查询请求），直到查询请求的生命周期完结。这样，一个节点的查询请求将在整个对等网络中传播

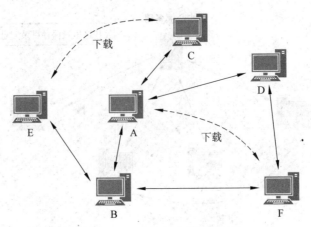

图 11-8　分布式非结构化对等网络

开。当发起查询的节点 A 收到其他的节点返回的查询应答后,汇总这些应答。如果发现多个节点都拥有符合自己下载条件的文件,那么选择其中一个,直接从该节点进行下载。

分布式非结构化对等网络的优点是不受单点故障的影响,容错性好,支持复杂查询,受节点频繁进出网络的影响较小,具有较好的可用性。但是,由于没有确定拓扑结构的支持,全分布式非结构化对等网络无法保证资源发现的效率。搜索、查询的结果可能不完全。同时随着节点的不断增加,网络规模不断扩大,通过洪泛方式查找资源的方法会造成网络流量急剧增加,导致网络中部分低带宽节点因网络资源过载而失效,可扩展性较差。早期的 Gnutella、Freenet 等系统是分布式非结构化对等网络的典型应用。

3. 混合式对等网络

混合式对等网络如图 11-9 所示,它结合了集中式对等网络和分布式非结构化对等网络的特点,运用了超级节点(super node)的概念。在这种对等网络中,一些性能较好的节点被挑选作为超级节点(如图 11-9 中的节点 S1、S2、S3 和 S4)。每个超级节点与对等网络中的一部分普通节点以集中式拓扑的方式建立一个子对等网络,由超级节点保存并维护其子网中普通节点的资源索引信息(例如,超级节点 S1 与普通节点 A1、B1、C1 构成一个子对等网络,超级节点 S2 与普通节点 A2、B2、C2 构成一个子对等网络)。超级节点之间则以分布式非结构化的形式进行连接。普通节点搜索资源时,首先向其连接的超级节点发送查询,然后由该超级节点根据需要将查询在各超级节点之间转发,最后由该超级节点将查询结果返回给查询的发起节点。与集中式对等网络中的中央服务器不同,超级节点的选择是动态的。超级节点像普通节点一样,随时可能离开网络。一旦系统发现某个超级节点不再工作时,将采用某种选举机制通过比较某个区域内节点的 CPU 处理能力、网络带宽等性能信息重新选择一个性能好的节点担任超级节点。

假设图 11-9 给出的对等网络为一文件共享网络,那么普通节点在共享自己的文件时首先需要将该文件的描述信息(例如文件名等)发布到超级节点。当一个节点(例如节点 A1)需要下载一个文件时,它需要向它的超级节点 S1 发送一个包含文件名等描述信息的查询请求。按照无结构对等网络信息查询方法,超级节点 S1 在各超级节点上查询节点 A1 所需的文件,然后将查询结果返回给 A1。当 A1 得到查询结果并确定所需文件的具体位置后,直接与该节点(例如节点 C3)建立连接并下载所需文件。

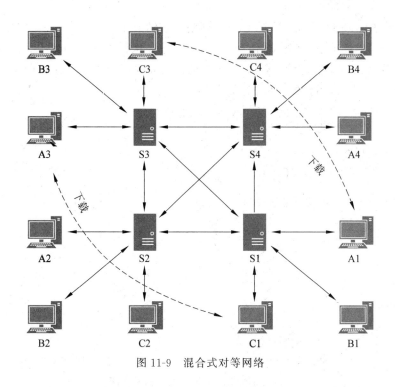

图 11-9　混合式对等网络

使用混合式对等网络的目的是希望结合集中式和分布式非结构化的优点,提升对等网络的性能和可用性。通过使用多个超级节点,混合式结构的对等网络在一定程度上缓解了单点失效问题。从结构上看,超级节点的全分布式非结构化拓扑结构使系统具有更好的扩展性。同时由于超级节点具备索引功能,使搜索效率大大提高。但由于对超级节点依赖性大,混合式对等网络的可扩展性、健壮性仍然较差。混合式对等网络的典型应用包括 KaZaA、Grokster、iMesh 等系统。

4. 分布式结构化对等网络

每种分布式结构化对等网络都有严格的逻辑拓扑结构和查询路由算法。在这种类型的对等网络中,每一个节点都会被分配一个节点标识符,我们称之为 Nid;每一个资源(如文件)也会被分配一个资源标识符,我们称之为 Rid。为了保证 Nid 和 Rid 在整个对等网络中的唯一性,Nid 和 Rid 的生成通常采用哈希算法(例如可以通过哈希节点的 IP 地址生成该节点的 Nid,通过哈希文件的内容生成该文件的 Rid)。由于每种分布式结构化对等网络都需要维护一张庞大的分布式哈希表(distributed hash table,DHT),因此分布式结构化对等网络也被称为 DHT 网络。

在理想情况下,DHT 网络中具有 Rid 的资源描述应该存放在 $Nid=Rid$ 的节点上(例如 $Rid=2853$ 的资源描述应该存放在 $Nid=2853$ 的节点上)。但是,在实际的 DHT 网络中,由于 $Nid=2853$ 的节点可能不存在(例如不在线),因此一个资源的描述信息通常存储在与其 Rid 较近的 Nid 上。

Chord 是一个典型的分布式结构化 DHT 网络,它采用环型的逻辑拓扑结构,首尾相接。如果存在 $Nid=Rid$ 的节点,那么资源 Rid 的描述信息就存储在节点 Nid 上;否则,资源 Rid 的描述信息存储在 Nid 大于 Rid 的第一个节点上。图 11-10(a)显示了一个能容纳

215

8 个节点的小型 Chord 网络(实际的 Chord 网络能容纳成千上万个节点)。在这个 Chord 网络中存在 5 个实际的节点,Nid 分别为 0、1、3、5 和 6。这样 Rid 为 1 的资源描述将存储在节点 1,Rid 为 2 的资源描述将存储在节点 3,Rid 为 6 的资源描述将存储在节点 6。由于采用环状结构,Rid 为 7 的资源描述将存储在节点 0 上。

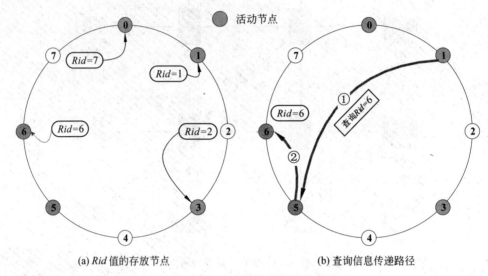

(a) Rid 值的存放节点　　　　　　　　　(b) 查询信息传递路径

图 11-10　Chord 网络的结构示意图

由于 DHT 网络是有一定结构的,因此一个节点只需要知道一些节点的信息,通过几步路由就可以找到存放 Rid 的节点(一般需要 $O(\log N)$ 步,其中 N 为最大节点数)。Chord 路由的设计采用"距离远,大步跨越;距离近,小步到达"的思想,保证转发的信息能够高效到达目的节点。如果目标节点距离自己很远,那么 Chord 一次投递可能跨越半个 Chord 环;如果目标节点距离自己很近,那么 Chord 一次投递可能仅跨越一个或两个节点。在图 11-10(b)显示的查询信息转发路径示例中,由节点 1 发起键值 $Rid=6$ 的查询。Chord 第一步将查询信息转发至节点 5(跨越半个 Chord 环),第二步就可以到达目的节点 6。由于 Chord 的路由算法比较复杂,这里不做详述。

与分布式非结构化对等网络不同,只要给定资源的 Rid,DHT 网络就能准确、高效地在 DHT 哈希表中定位维护该资源的节点。查询请求通常只需要 $O(\log N)$ 步传递就能到达目标节点,因此查询代价相对较低。同时,DHT 网络可以自适应节点的动态进出,均衡节点的负载,具有良好的可扩展性、健壮性和自组织能力。DHT 网络的最大问题是网络的维护与修复算法比较复杂,拓扑结构维护代价较大,对内容、语义等复杂查询的支持困难等。

11.2.3　对等计算模式的特点

对等计算模式的特点体现在以下几个方面。

(1) 资源利用率高。闲散的资源可以得到较好的利用,所有节点的资源综合起来构成整个网络的资源,整个对等网络可以作为提供海量存储以及巨大计算处理能力的网络超级计算机。

(2) 自组织性。节点可以在没有仲裁者的情况下自己维护网络的连接和性能,网络拓扑会随着节点的加入和离去而重新组织。对等网络的自组织性使其能够适应动态变化的应用环境。

（3）节点自治性。节点可以依据自己的意愿选择行为模式，没有外在的强制约束。对等网络对节点的自主行为给予了充分的尊重。

（4）无中心化结构。网络中的资源和服务分散在所有节点上，信息的传输和服务的实现直接在节点之间进行。由于无须中间环节和服务器的介入，因此避免了可能的性能瓶颈。对等网络无中心化的特点，带来了其在可扩展性、健壮性等方面的优势。

（5）可扩展性。在对等计算中，随着用户的加入，系统整体的资源和服务能力也在同步地扩充。对等计算的整个体系是全分布式的，不存在瓶颈，理论上其可扩展性几乎是无限的。

（6）健壮性。对等计算模式天生具有耐攻击、高容错的优点。由于服务分散在各个节点之间，部分节点在网络遭到破坏对其他部分的影响很小。对等网络一般在部分节点失效时能够自动调整整体拓扑，保持其他节点的连通性。

（7）高性能/价格比。性能优势是对等计算模式被广泛关注的一个重要原因。随着硬件技术的发展，微型计算机的计算能力和存储能力，以及网络带宽等性能依照摩尔定理高速增长。采用对等计算模式可以有效地利用 Internet 中散布的大量普通节点，将计算任务或数据存储分布到所有节点上，以利用其中闲置的计算能力或存储空间，达到高性能计算和海量存储的目的。通过利用网络中的大量空闲资源，可以用更低的成本提供更高的计算和存储能力。

（8）隐私保护。在对等计算中，由于信息的传输分散在各节点之间进行而无须经过某个集中环节，用户的隐私信息被窃听和泄露的可能性大大缩小。

（9）负载均衡。在对等计算环境下，由于每个节点既是服务器又是客户机，减少了对传统客户—服务器模式的服务器计算能力、存储能力的要求，同时因为资源分布在多个节点之上，更好地实现了整个网络的负载均衡。

11.3　实验：编写简单的客户—服务器程序

TCP/IP 技术的核心包括了传输层的 TCP 和 UDP、互联层的 IP 和网络接口层的一些协议。这三层的协议通常在操作系统的内核中实现。那么，应用程序怎样与操作系统的内核打交道呢？答案就是应用编程界面。

与单机操作系统的情形完全相同，网络操作系统也向外提供编程界面。socket（套接字）就是 TCP/IP 网络操作系统提供的典型编程界面。Windows、UNIX、Linux 等操作系统都支持 socket 编程界面。程序员可以利用 socket 编程界面使用 TCP/IP 提供的功能，完成主机之间的通信。同时，目前流行的编程语言也都提供 socket 编程支持。在面向对象的编程语言中，socket 通过被封装成类，以简化程序员的使用。

本节利用 Python 语言提供的 socket 编程接口，编写一个获取服务器时间的客户—服务器程序[①]。其中，服务器在 UDP 的一个特定端口守候客户的请求命令。当收到客户发来的请求后，服务器按照客户的命令返回相应的信息进行响应。

---

① 本书假设读者具有一定的 Python 编程基础。对于 Python 运行环境和编程环境的安装和使用，本书不再赘述。

11.3.1　Python 中的 UDP 编程

Python 对 socket 的支持非常完善,提供了丰富的 socket 编程方式。socket 分为流式 socket 和数据报式 socket。流式 socket 使用 TCP 服务,数据报式 socket 使用 UDP 服务。流式 socket 和数据报式 socket 在使用方法上既有相似之处,也有不同之处。本章主要介绍数据报式 socket 的使用方法,流式 socket 的使用方法将在后面的章节中介绍。

1. 基本 UDP 编程接口

在 Python 中,socket 模块提供基本 socket 编程接口。其中,涉及数据报式 socket 的主要有以下几个方法。

(1) socket(family, type):创建一个 socket 对象。其中,family 表示使用的协议,type 表示 socket 类型。在创建 IPv4 数据报式 scoket 时,family 应设置为 socket.AF_INET,type 应设置为 SOCK_DGRAM。

(2) bind(address):为 socket 绑定 IP 地址和端口号。address 为一个(host, port)二元组。其中 host 为一个字符串,表示主机域名或 IP 地址;port 为整数,表示端口号。编写客户程序时,bind()可以省略不用。这时,系统为该 socket 绑定本地可用的 IP 地址和随机选择的端口号。

(3) sendto(bytes, address):向 address 指定的地址发送 bytes 字节流。由于数据报式 socket 采用 UDP 进行数据传输,发送数据前无须建立连接,因此在每次发送时,都需要通过 address 指定远程的目的地址。

(4) recvfrom(bufsize):从 socket 中接收数据。其中,bufsize 指定最大接收的字节数。recvfrom 返回一个(bytes, address)二元组,bytes 为接收的字节流,address 为发送该字节流的远程地址。

(5) close( ):关闭 socket。在编程中也可以充分利用 with 语句的特性,用完之后进行自动关闭。

利用 socket 模块提供的上述方法,既可以编写客户端应用程序,也可以编写服务器端应用程序。

2. 网络服务器架构中的 UDP 编程

Python 的 socketserver 模块提供了一种网络服务器编程架构,以简化网络服务器程序的编写过程。其中,UDPServer 类是针对 UDP 服务器编程设计的。它的定义为:

Class socketserver.UDPServer(server_address, RequestHandlerClass, bind_and_activate)

其中,server_address 是 UDP 服务器使用的地址,该地址是一个(host, port)二元组。bind_and_activate 默认值为 TRUE,表示自动进行地址绑定和激活。

在编写 UDP 服务器时,需要编写一个请求处理类,该类应该是 BaseRequestHandler (或 DatagramRequestHandler)的子类。通过重载类中的 handle()方法,将服务器的收发工作嵌入其中。在创建 UDPServer 对象时,通过 RequestHandlerClass 参数将自己编写的请求处理类传递给创建的对象。

如果自己编写的请求处理类继承 BaseRequestHandler 类,那么 UDP 服务器的编写过程如下:

（1）编写一个请求处理类，该类继承自 BaseRequestHandler 类，同时重载其中的 handle()方法，如图 11-11 所示。这里，可以使用父类中提供的一些属性和方法。其中 self. request 是一个二元组，包含了接收到的数据和接收该数据的 socket；self.client_address 为对方发送使用的地址；sendto()方法用于发送数据序列。

```
1    classMyUDPHandler(socketserver.BaseRequestHandler)：
2        ♯重写基类中的 handle 方法
3        def handle(self)：
4            ♯接收的数据和使用的 socket
5            self.recv_data, self.sock＝self.request
6            …
7            ♯发送数据
8            self.sock.sendto(self.send_data, self.client_address)
9            …
```

图 11-11　继承 BaseRequestHandler 类的请求处理类

（2）创建一个 UDPServer 对象，并通过向其传递 UDP 服务器使用的地址和请求处理类对其进行初始化，如图 11-12 所示。

```
1    ♯创建 UDP 服务器，为该服务器绑定的 IP 地址为 host，端口号为 port
2    server＝socketserver.UDPServer((host，int(port))，MyUDPHandler)
```

图 11-12　创建 UDPServer 对象

（3）利用 UDPServer 类的 serve_forever()方法进行多次循环处理，并在使用完毕后利用 server_close()方法进行关闭。通常，可以利用 with 语句的功能，在使用完后进行自动关闭，如图 11-13 所示。

```
1    ♯创建 UDP 服务器，为该服务器绑定的 IP 地址为 host，端口号为 port
2    with socketserver.UDPServer((host，int(port))，MyUDPHandler) as server：
3        ♯循环进行收发处理，并在不用时自动关闭
4        server.serve_forever()
```

图 11-13　循环处理收发请求

除了继承 BaseRequestHandler 类之外，自己编写的收发处理类也可以继承 DatagramRequestHandler 类。DatagramRequestHandler 类本身就是 BaserequestHandler 类的子类，是对 BaserequestHandler 类的进一步封装。DatagramRequestHandler 提供了 self.rfile 和 self.wfile 两个属性。利用这两个属性，可以像对待磁盘文件的读写一样对待 socket 的收发。例如可用利用 self.rfile.readline()接收数据，利用 self.wfile.write()发送数据等，如图 11-14 所示。

```
1    classMyUDPHandler(socketserver.DatagramRequestHandler)：
2        ♯重写基类中的 handle 方法
3        def handle(self)：
4            ♯利用 self.rfile.readline()读取一行接收到的数据
5            self.recv_data＝self.rfile.readline()
6            …
7            ♯利用 self.wfile.write()发送数据
8            self.wfile.write(self.send_data)
9            …
```

图 11-14　继承 DatagramRequestHandler 类的请求处理类

219

编写 UDP
客户—服
务器程序

11.3.2 编写 UDP 客户—服务器程序

获取服务器时间的程序编写过程可以分成 4 步。首先需要定义一个客户和服务器的交互协议,确定客户使用的命令集和服务器回应的响应集;其次编程实现一个客户端程序,用于发送命令请求和接收服务器的响应;再次编写一个服务器程序,用于接收客户的命令,并发送相应的响应;最后进行程序的正确性测试。

1. 客户—服务器交互协议

为了实现获取服务器时间的目标,需要定义一组客户和服务器交互使用的命令和响应。为了简单起见,客户和服务器的交互命令和响应采用字符串的形式,同时忽略一些不影响理解工作原理的错误处理过程(如发送命令请求后未收到响应时如何处理等)。

本实验要求实现的命令集包括 Hello、Date、Time 和 Exit。当客户端发送 Hello 后,服务器使用 Hellofrom Server 进行响应;当客户端发送 Date 请求后,服务器使用当前日期字符串进行响应;当客户端发送 Time 后,服务器使用当前时间字符串进行响应;当客户端发送 Exit 后,服务器使用 Bye 进行响应;当用户发送非规定的字符串后,服务器使用 ErrorCommand 进行响应。

2. 客户端程序的编写

编写 UDP 客户程序需要使用 socket 模块提供的基本 UDP 编程功能。完整的获取服务器时间的客户端程序如图 11-15 所示。

```
1    import socket
2    import sys
3
4    #输入远程 UDP 服务器的 IP 地址(域名)和端口号
5    host=input("请输入 UDP 服务器的 IP 地址或域名:")
6    port=input("请输入 UDP 服务器的端口号:")
7
8    #创建一个 socket(SOCK_DGRAM 表明是一个 UDP socket)
9    with socket.socket(socket.AF_INET, socket.SOCK_DGRAM) as sock:
10       data="  #初始化发送命令字符串。
11
12       while data.lower().strip()!="exit":
13           #输入需要请求的命令
14           data="
15           while data == ":
16               print("-------------------------------")
17               print("Date:请求服务器返回当前日期")
18               print("Time:请求服务器返回当前时间")
19               print("Hello:向服务器发出问候")
20               print("Exit:退出")
21               data=input("请输入命令:")
22               print("-------------------------------")
23           #发送数据
24           data=data+"\n\r"
25           sock.sendto(bytes(data,"ascii"),(host, int(port)))
26           print("向服务器发送命令:",data.strip())
27           #接收数据,并将接收的数据由字节型转换为字符串
28           received, remote_addr=sock.recvfrom(1024)
29           print("从服务器接收响应:",str(received,"ascii").strip())
```

图 11-15　获取服务器时间的客户端程序

在图 11-15 中,第 1 行引入了 socket 模块;第 5~6 行,在屏幕上提示用户输入远程服务器的 IP 地址和端口号,并要求通过键盘进行输入;第 9 行,使用 socket()方法创建了一个数据报式 socket 对象——sock。该 sock 对象未使用 bind()方法绑定本地 IP 地址和端口号,系统自动为其绑定本地 IP 地址和随机选用的端口号;第 12~29 行,是一个 while 循环体,循环发送用户输入的命令,并接收服务器的响应,直到用户输入 Exit 命令后退出;第 14~22 行,显示用户可以使用的命令并要求用户通过键盘输入;第 25 行,使用 sendto()方法向服务器发送命令;第 28 行,使用 recvfrom()方法接收服务器的响应。

运行编写的客户端程序,界面如图 11-16 所示。由于还没有编写服务器程序,因此现在即使输入命令,也无法得到服务器的响应

```
请输入 UDP 服务器的 IP 地址或域名:192.168.3.142
请输入 UDP 服务器的端口号:5000
----------------------------------------
Date:请求服务器返回当前日期
Time:请求服务器返回当前时间
Hello:向服务器发出问候
Exit:退出
请输入命令:Hello
```

图 11-16　客户程序初始运行结果

3. 服务器程序的编写

编写 UDP 服务器程序既可以利用 socket 模块提供的基本 UDP 编程功能,也可以利用 socketserver 模块提供的网络服务器编程架构。为了简单,这里使用网络服务器编程架构中提供的 UDPServer 类编写服务器程序。同时,通过继承 DatagramRequestHandler 类,编写自己的请求处理类。完整的获取服务器时间的服务器端程序如图 11-17 所示。

```
1    import socketserver
2    import time
3
4    #--------------------------------------------------------------
5    #SimpleUDPHandler 类基于 socketserver.BaseRequestHandler。在此类中,需要重写
6    #基类中的 handle 成员函数,处理接收、发送等工作
7    #--------------------------------------------------------------
8    class SimpleUDPHandler(socketserver.DatagramRequestHandler):
9        #重写基类中的 handle 函数
10       def handle(self):
11           #self.client_address:二元组,存储了远程客户端的 IP 地址和端口号
12           self.host, self.port=self.client_address
13
14           #读取对方发来的数据。
15           self.data=str(self.rfile.readline(), "ascii")
16           print("接收数据:[{}:{}]-{}".format(self.host, self.port, self.data.strip()))
17
18           #检查收到的数据,并准备响应字符串
19           self.data=self.data.lower().strip()
20           if self.data=='hello':
21               self.data="Hello from Server"
22           elif self.data=='date':
```

图 11-17　获取服务器时间的服务器端程序

221

```
23              self.data=time.strftime("%Y-%m-%d",time.localtime())
24          elif self.data=='time':
25              self.data=time.strftime("%H:%M:%S",time.localtime())
26          elif self.data=='exit':
27              self.data="Bye"
28          else:
29              self.data='Error Command'
30
31          #发送数据
32          self.wfile.write(bytes(self.data,"ascii"))
33          print("发送数据:[{}:{}]-{}".format(self.host,self.port,self.data.strip()))
34
35  #主程序
36  if __name__ == "__main__":
37      #输入 UDP 服务器使用的 IP 地址(域名)和端口号
38      host=input("请输入本 UDP 服务器使用的 IP 地址或域名:")
39      port=input("请输入本 UDP 服务器使用的端口号:")
40      print("-----------------------------------")
41
42      #创建 UDP 服务器,为该服务器绑定的 IP 地址为 host,端口号为 port
43      with socketserver.UDPServer((host,int(port)), SimpleUDPHandler) as server:
44          #激活并运行 UDP 服务器
45          print("UDP 服务器启动>>>>>>")
46          server.serve_forever()
```

图 11-17(续)

在图 11-17 中,获取服务器时间的服务器程序分为 3 部分。

第 1 部分包括 1～2 行,分别引入了 socketserver 模块和 time 模块。

第 2 部分包括 4 ～ 33 行,定义了一个 SimpleUDPHandler 类。该类继承了 DatagramReuestHandler 类,重载了 handle()方法。第 12 行,将存储在 self.client_address 中的远程客户端的地址存入 host 和 port 中,其主要目的是使程序更易读;第 15～16,利用 self.rfile.readline()方法读取对方发来的数据(注意 readline()方法读取一行数据,这行数据 以换行符结束),并显示在屏幕上;第 19～29 行,判断收到的请求命令,并将相应的应答字符 串放置在 data 变量中;第 32～33 行,利用 self.wfile.write()方法发送响应字符串,并将响应 字符串显示在屏幕上。

第 3 部分包括 35～46 行,为主程序部分。第 38～40 行,在屏幕上提示用户输入本服务 器的 IP 地址和端口号,并要求通过键盘进行输入;第 43 行,创建了一个 UDPServer 对 象——server。同时,通过用户输入的 IP 地址、端口号以及自己编写的 SimpleUDPHandler 类对 server 进行初始化;第 46 行,使用 serve_forever()方法,循环处理客户发来的请求,并 以相应的字符串进行响应。

运行编写的服务器程序,初始界面如图 11-18 所示。

```
请输入本 UDP 服务器使用的 IP 地址或域名:192.168.3.142
请输入本 UDP 服务器使用的端口号:5000
-----------------------------------
UDP 服务器启动>>>>>>
```

图 11-18 服务器程序初始运行结果

4. 程序的正确性验证

在完成客户程序和服务器程序编写之后,需要验证程序的正确性。

验证获取服务器时间的客户—服务器程序可以在一台主机上进行,也可以在联网的两台或多台主机上进行。如果采用两台或多台主机,那么可以在一台主机上运行服务器程序,在其他主机上运行客户程序。

客户端程序和服务器程序启动后,初始运行界面如图 11-15 和图 11-17 所示。在客户端输入请求的命令(如 Date、Time 等),查看服务器响应的信息是否正确,如图 11-19 和图 11-20 所示。

```
请输入 UDP 服务器的 IP 地址或域名:192.168.3.142
请输入 UDP 服务器的端口号:5000
-----------------------------------
Date:请求服务器返回当前日期
Time:请求服务器返回当前时间
Hello:向服务器发出问候
Exit:退出
请输入命令:Date
-----------------------------------
向服务器发送命令:Date
从服务器接收响应:2020-02-09
-----------------------------------
Date:请求服务器返回当前日期
Time:请求服务器返回当前时间
Hello:向服务器发出问候
Exit:退出
请输入命令:Time
-----------------------------------
向服务器发送命令:Time
从服务器接收响应:14:57:42
-----------------------------------
Date:请求服务器返回当前日期
Time:请求服务器返回当前时间
Hello:向服务器发出问候
Exit:退出
请输入命令:
```

图 11-19　客户程序运行界面

```
请输入本 UDP 服务器使用的 IP 地址或域名:192.168.3.142
请输入本 UDP 服务器使用的端口号:5000
-----------------------------------
UDP 服务器启动>>>>>>
接收数据:[192.168.3.142:54865]—Date
发送数据:[192.168.3.142:54865]—2020-02-09
接收数据:[192.168.3.142:54865]—Time
发送数据:[192.168.3.142:54865]—14:57:42
```

图 11-20　服务器程序运行界面

如果客户或者服务器收发的信息不正确,那么说明编写的程序存在问题,需要检查和修改程序,并再次验证程序的正确性。

练 习 题

1. 填空题

(1) 在客户—服务器交互模型中,客户和服务器是指_____,其中,_____经常处于守候状态。

(2) 服务器响应并发请求的解决方案有两种,一种是_____,另一种是_____。

(3) 对等网络可以分为 4 类,它们是_____、_____、_____和_____。

(4) 有一种对等网络采用随机图的方式组织网络中的节点,节点之间的连接关系随机形成。这种对等网络是_____。

2. 单选题

(1) 关于客户—服务器进程交互模式的描述中,正确的是( )。

    A. 客户主动发起请求,服务器被动等待

    B. 服务器主动发起请求,客户被动等待

    C. 客户和服务器都会主动发起请求

    D. 客户和服务器都被动等待

(2) 标识一个特定的服务通常可以使用( )。

    A. MAC 地址   B. CPU 型号

    C. 网络操作系统的种类   D. TCP 和 UDP 端口号

(3) 关于覆盖网络的描述中,正确的是( )。

    A. 覆盖网络是一个应用层网络   B. 覆盖网络就是 Internet

    C. 覆盖网络是一个以太网络   D. 覆盖网络就是局域网络

(4) 关于对等网络的描述中,错误的是( )。

    A. 可能会出现中心服务器   B. 可能采用洪泛式信息查询

    C. DHT 网络就是 Chord 网络   D. 也称为 P2P 网络

3. 实操题

(1) 本章通过继承 DatagramReuestHandler 类,编写了一个获取服务器时间的服务器端程序。在完成该程序后,请再编写一个获取服务器时间的服务器端程序。这次要求通过继承 BaseRequestHandler 编写数据报收发处理类。

(2) 编写一个简单的客户—服务器程序,要求:①利用 UDP 完成客户程序与服务器程序的交互;②服务器程序根据客户请求的文件名将相应的文件传送给客户(可以只处理文本文件);③客户程序进行文件传送请求,并将获得的文件显示在屏幕上(可以只处理文本文件);④利用两个或多个客户程序同时对一个服务器进行请求,观察你的客户程序和服务器程序是否运行良好。

第 12 章　域 名 系 统

本章要点

➤ 互联网的命名机制
➤ 域名服务器、域名解析器与域名解析算法
➤ 提高域名解析效率的基本方法
➤ 资源记录

动手操作

➤ 配置 DNS 服务器

在 TCP/IP 互联网中,可以使用二进制数形式的 IP 地址标识主机。虽然这种地址能方便、紧凑地表示互联网中传递分组的源地址和目的地址,但是对一般用户而言还是太抽象,最直观的表达方式也不外将它分为 4 个十进制整数。用户更愿意利用好读、易记的字符串为主机指派名字。于是,域名系统(domain name system,DNS)诞生了。

实质上,主机名是一种比 IP 更高级的地址形式。主机名的管理、主机名—IP 地址映射等是域名系统要解决的重要问题。

12.1　互联网的命名机制

互联网提供主机名的主要目的是为了让用户更方便地使用互联网。一种优秀的命名机制,应能很好地解决以下 3 个问题。

(1) 全局唯一性。一个特定的主机名在整个互联网上是唯一的,它能在整个互联网中通用。不管用户在哪里,只要指定这个名字就可以唯一地找到这台主机。

(2) 名字便于管理。优秀的命名机制应能方便地分配名字、确认名字和回收名字。

(3) 高效的映射方式。用户级的名字不能为使用 IP 地址的协议软件所接受,而 IP 地址也不能为一般用户所理解,因此二者之间存在映射需求。优秀的命名机制可以使域名系统高效地进行映射。

12.1.1　无层次命名机制

在无层次命名机制(flat naming)中,主机的名字简单地由一个字符串组成,该字符串没有进一步的结构。

从理论上说,无层次名字的管理与映射很简单。其名字的分配、确认以及回收等工作可以由一个部门集中管理。而名字—地址之间的映射也可以通过一个一对一的表格来实现。

但是,无层次的命名机制具有以下缺点。

(1) 随着互联网中主机的大量增加,名字冲突的可能性越来越大。

(2) 随着互联网中主机的大量增加,单一管理机构的工作负担越来越大。

(3) 随着互联网中主机的大量增加,无论是在每一网点维护一个名字—地址映射表拷贝,还是采用集中式单一映射表都是低效率的。

因此,无层次命名机制只能适用于主机不经常变化的小型互联网。对于主机经常变化、数量不断增加的大型互联网,无层次命名机制则无能为力。事实上,无层次命名机制已被 TCP/IP 互联网淘汰,取而代之的是一种层次型命名机制。

12.1.2 层次型命名机制

所谓的层次型命名机制(hierarchy naming)就是在名字中加入结构,而这种结构是层次型的。具体地说,在层次型命名机制中,主机的名字被划分成几个部分,而每一部分之间存在层次关系。实际上,在现实生活中经常应用层次型命名。为了给朋友寄信,需要写明收信人地址(如:中国天津南开区),这种地址就具有一定结构和层次。

层次型命名机制将名字空间划分成一个树状结构,如图 12-1 所示,树中的每一节点都有一个相应的标识符,主机的名字就是从树叶到树根(或从树根到树叶)路径上各节点标识符的有序序列。例如,www→nankai→edu→cn 就是一台主机的完整名字。

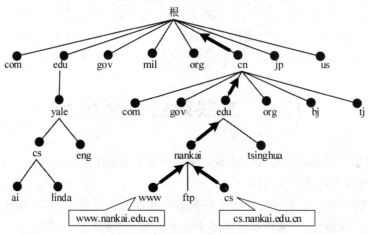

图 12-1 层次型名字的树状结构

显然,只要同一子树下每层节点的标识符不冲突,完整的主机名绝对不会冲突。在图 12-1 所示的名字树中,尽管相同的 edu 出现了两次,但由于它们出现在不同的节点之下(一个在根节点下,一个在 cn 节点下),完整的主机名不会因此而产生冲突。

层次性命名机制的这种特性,对名字的管理非常有利。一棵名字树可以划分成几个子树,每个子树分配一个管理机构。只要这个管理机构能够保证自己分配的节点名字不重复,完整的主机名就不会重复和冲突。实际上,每个管理机构可以将自己管理的子树再次划分成若干部分,并将每一部分指定一个子部门负责管理。这样,对整个互联网名字的管理也形成了一个树状的层次化结构。

在图 12-2 显示的层次化树形管理机构中,中央管理机构将其管辖下的节点标识符为 edu、com、cn、us 等。与此同时,中央管理机构还将其 edu、com、cn、us 的下一级标识符的管理分别授权给 edu 管理机构、com 管理机构、cn 管理机构和 us 管理机构。同样,cn 管理机构又将 com、edu、bj、tj 等标识符分配给它的下述节点,并分别交由 com 管理机构、edu 管理机构、bj 管理机构和 tj 管理机构进行管理。只要图中的每个管理机构能够保证其管辖的下一层节点标识符不发生重复和冲突,从树叶到树根(或从树根到树叶)路径上各节点标识符的有序序列就不会重复和冲突,由此而产生的互联网中的主机名就是全局唯一的。

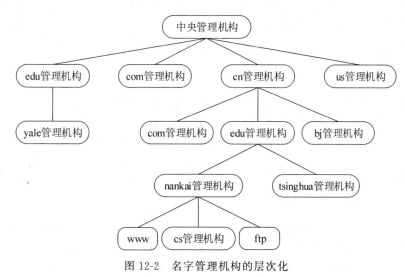

图 12-2　名字管理机构的层次化

12.1.3　TCP/IP 互联网域名

在 TCP/IP 互联网中所实现的层次型名字管理机制叫作域名系统(DNS,domain name system)。TCP/IP 互联网中的域名系统一方面规定了名字语法以及名字管理特权的分派规则,另一方面则描述了关于高效的名字—地址映射分布式计算机系统的实现方法。

域名系统的命名机制叫作域名(domain name)。完整的域名由名字树中的一个节点到根节点路径上节点标识符的有序序列组成,其中节点标识符之间以"."隔开,如图 12-1 所示。域名 cs.nankai.edu.cn 由 cs、nankai、edu 和 cn 四个节点标识符组成(根节点标识符为空,省略不写),这些节点标识符通常被称为标号(label),每一标号后面的各标号叫作域(domain)。在 cs.nankai.edu.cn 中,最低级的域为 cs.nankai.edu.cn,代表计算机学院;第三级域为 nankai.edu.cn,代表南开大学;第二级域为 edu.cn,代表中国教育机构;顶级域为 cn,代表中国。

12.1.4　Internet 域名

TCP/IP 域名语法只是一种抽象的标准,其中各标号值可任意填写,只要原则上符合层次型命名规则的要求即可。因此任何组织均可根据域名语法构造本组织内部的域名,但这些域名的使用当然也仅限于组织内部。

作为国际性的大型互联网,Internet 规定了一组正式的通用标准标号,形成了国际通用顶级域名,如表 12-1 所示。顶级域的划分采用了两种划分模式:组织模式和地理模式。前 7 个域对应于组织模式,其余的域对应于地理模式。地理模式的顶级域是按国家进行划分的,每个申请加入 Internet 的国家都可以作为一个顶级域,并向 Internet 域名管理机构 NIC 注册一个顶级域名,如 cn 代表中国、us 代表美国、jp 代表日本等。

表 12-1　Internet 顶级域名分配

顶级域名	分配给	顶级域名	分配给
com	商业组织	net	网络支持中心
edu	教育机构	org	非营利组织
gov	政府部门	int	国际组织
mil	军事部门	国家代码	各个国家

Internet 域名管理机构 NIC 将顶级域的管理权分派给指定的子管理机构,各子管理机构对其管理的域继续划分,即划分成二级域,并将各二级域的管理权授予其下属的管理机构,如此下去,便形成了层次型域名结构。由于管理机构是逐级授权的,所以最终的域名都得到 NIC 承认,成为 Internet 中的正式名字。

图 12-3 列举出了 Internet 域名结构中的一部分,如顶级域名 cn 由中国互联网中心 CNNIC 管理,它将 cn 域划分成多个子域,包括 ac、com、edu、gov、net、org、bj 和 tj 等,并将二级域名 edu 的管理权授予 CERNET 网络中心。CERNET 网络中心又将 edu 域划分成多个子域,即三级域,各大学和教育机构均可以在 edu 下向 CERNET 网络中心注册三级域名,如 edu 下的 tsinghua 代表清华大学、nankai 代表南开大学,并将这两个域名的管理权分别授予清华大学和南开大学。南开大学可以继续对三级域 nankai 进行划分,将四级域名分配给下属部门或主机,如 nankai 下的 cs 代表南开大学计算机学院,而 www 则代表一台 Web 服务器等。表 12-2 列出了我国二级域名的分配情况。

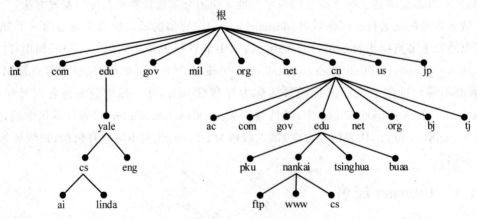

图 12-3　Internet 域名结构

表 12-2　我国二级域名分配

划分模式	二级域名	分配给	划分模式	二级域名	分配给
类别域名	ac	科研机构	行政区域名	bj	北京市
	com	商业组织		sh	上海市
	edu	教育机构		tj	天津市
	gov	政府部门		cq	重庆市
	net	网络支持中心		he	河北省
	org	非营利性组织		sx	山西省
				……	……

12.2　域 名 解 析

域名系统的提出为 TCP/IP 互联网用户提供了极大的方便。通常构成域名的各个部分（各级域名）都具有一定的含义，相对于主机的 IP 地址来说更容易记忆。但域名只是为用户提供了一种方便记忆的手段，主机之间仍然要使用 IP 地址进行数据传输。所以当应用程序接收到用户输入的域名时，域名系统必须提供一种机制，该机制负责将域名映射为对应的 IP 地址，然后利用该 IP 地址将数据送往目的主机。

12.2.1　TCP/IP 域名服务器与解析算法

那么到哪里去寻找一个域名所对应的 IP 地址呢？这就要借助于一组既独立又协作的域名服务器完成。这组域名服务器是解析系统的核心。

所谓的域名服务器实际上是一个服务器软件，运行在指定的主机上，完成域名—IP 地址映射。有时候，也常把运行域名服务软件的主机叫作域名服务器，该服务器通常保存着它所管辖区域内的域名与 IP 地址的对照表。相应地，请求域名解析服务的软件叫域名解析器。在 TCP/IP 域名系统中，一个域名解析器可以利用一个或多个域名服务器进行名字映射。

在 TCP/IP 互联网中，对应于域名的层次结构，域名服务器也构成一定的层次结构，如图 12-4 所示。这个树形的域名服务器的逻辑结构是域名解析算法赖以实现的基础。总的来说，域名解析采用自顶向下的算法，从根服务器开始直到叶服务器，在其间的某个节点上一定能找到所需的名字-地址映射。当然，由于父子节点的上下管辖关系，域名解析的过程只需走过一条从树中根节点开始到另一节点的一条自顶向下的单向路径，无须回溯，更不用遍历整个服务器树。

但是，如果每一个解析请求都从根服务器开始，那么到达根服务器的信息流量随互联网规模的增大而加大。在大型互联网中，根服务器有可能因负荷太重而超载。因此，每一个解析请求都从根服务器开始并不是一个很好的解决方案。

实际上，在域名解析过程中，只要域名解析器软件知道如何访问任意一个域名服务器的 IP 地址，而每一域名服务器知道根服务器的 IP 地址（或父节点域名服务器的 IP 地址），域

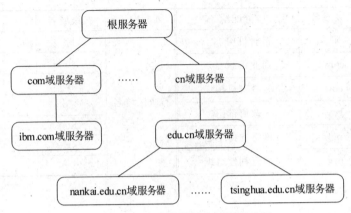

图 12-4　名字服务器层次结构示意图

名解析就可以顺利地进行。

域名解析有两种方式，一种叫递归解析(recursive resolution)，另一种叫反复解析(iterative resolution)。使用递归解析方式的解析器希望其请求的域名服务器能够给出域名与 IP 地址对应关系的最终答案，一次性完成全部名字—地址变换过程，如图 12-5(a)所示。如果解析器请求的域名服务器保存着请求域名与 IP 地址的对应关系，那么这台服务器直接应答解析器；否则，该域名服务器请求其他域名服务器帮助解析该域名并将结果传给自己。在获得最终域名与 IP 地址对应关系后，服务器将结果传递给解析器。例如在图 12-5(a)中，当客户机需要解析域名 www.nankai.edu.cn 时，解析器首先向本地域名服务器 A(tsinghua.edu.cn)提出请求。由于域名服务器在本地没有找到 www.nankai.edu.cn 与其 IP 地址的映射关系，因此服务器 A 请求服务器 B(edu.cn)帮助解析该域名。与此类似，服务器 B 会请求服务器 C(nankai.edu.cn)帮助解析该域名。由于 www.nankai.edu.cn 域名由服务器 C 管理，因此服务器 C 会将该域名与其 IP 地址的映射关系回送给服务器 B。之后，服务器 B 将得到的结果传递给服务器 A，由服务器 A 将最终结果通知客户机。

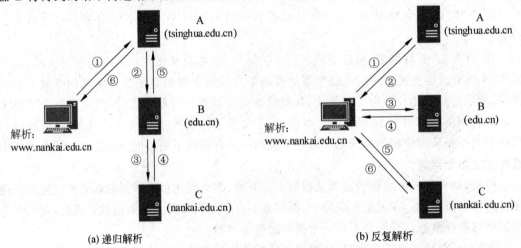

图 12-5　域名解析的两种方式

与递归解析方式不同,采用反复解析方式的解析器每次请求一个域名服务器,如果该域名服务器给不出最终的答案,那么解析器再向其他的域名服务器发出请求,如图 12-5(b)所示。尽管解析器每次请求的域名服务器可能给不出最终的域名与 IP 地址的对应关系,但是域名服务器应该给出卜次解析器请求时可以使用的域名服务器的 IP 地址(例如根域名服务器的 IP 地址)。解析器经过多次反复请求,最终就可以得到请求域名与 IP 地址的对应关系。在图 12-5(b)显示的例子中,当客户机的解析器请求本地域名服务器 A(tsinghua.edu.cn)解析 www.nankai.edu.cn 时,由于服务器 A 没有在本地找到该域名与 IP 地址的对应关系,因此它返回了一个可能知道该映射关系的域名服务器地址(服务器 B 的地址)。于是,解析器向服务器 B(edu.cn)再次发出请求。当服务器 B 返回域名服务器 C(nankai.edu.cn)可能存有 www.nankai.edu.cn 与其 IP 地址的对应关系后,解析器向域名服务器 C 发出请求。由于 www.nankai.edu.cn 域名由服务器 C 管理,因此服务器 C 直接将结果传送给客户机的解析器。

图 12-6 描述了一个简单的域名解析过程。其中,构造的域名请求报文包含有需要解析的域名及希望使用何种方式解析域名。

12.2.2 提高域名解析的效率

在大型 TCP/IP 互联网中,域名解析请求频繁发生,因此名字—IP 地址的解析效率是检验域名系统成功与否的关键。尽管 TCP/IP 互联网的域名解析可以沿域名服务器树自顶向下进行,但是严格按照自树根到树叶的搜索方法并不是最有效的。在实际的域名解析系统中,可以采用以下的解决方法来提高解析效率。

1. 解析从本地域名服务器开始

大多数域名解析都是解析本地域名,都可以在本地域名服务器中完成。因此,域名解析器如果首先向本地域名服务器发出请求,那么多数的请求都可以在本地域名服务器中直接完成,无须从根开始遍历域名服务器树。这样,域名解析既不会占用太多的网络带宽,也不会给根服务器造成太大的处理负荷,域名解析的效率得以显著提高。当然,如果本地域名服务器不能解析请求的域名,那么解析只好请其他域名服务器帮忙(通常是根服务器或本地服务器的上层服务器)。

2. 域名服务器的高速缓冲技术

在域名解析过程中,如果域名和其 IP 地址的映射没有保存在本地域名服务器中,那么,域名请求通常需要传往根服务器,进行一次自顶向下的搜索。这些请求势必增加网络负载,开销很大。在互联网中,域名服务器采用域名高速缓冲技术可极大地减少非本地名解析的开销。

所谓的高速缓冲技术就是在域名服务器中开辟一个专用内存取,存放最近解析过的域名及其相应的 IP 地址。服务器一旦收到域名请求,首先检查该域名与 IP 地址的对应关系是否存储在本地,如果是,就进行本地解析,并将解析的结果报告给解析器;否则,检查域名缓冲区,看是否最近解析过该域名。如果高速缓冲区中保存着该域名与 IP 地址的对应关系,那么,服务器就将这条信息报告给解析器;否则,本地服务器再向其他服务器发出解析请求。

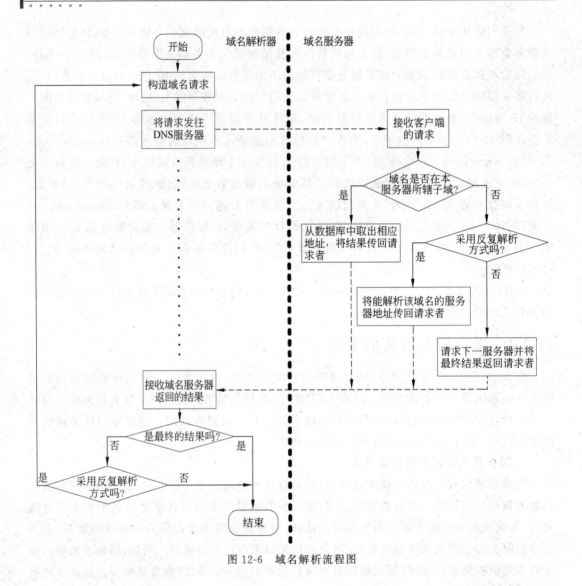

图 12-6 域名解析流程图

在使用高速缓冲技术中,一定要注意缓冲区中域名—IP 地址映射关系的有效性。因为缓冲区中的域名—IP 地址映射关系是从其他服务器得到的,如果该域名—IP 地址映射关系在保存它的服务器上已经发生变化,而本地域名服务器又未作相应的缓冲区刷新,那么,请求者得到的就是一个过时的域名—IP 地址映射关系。

为了保证缓冲区中域名—IP 地址映射关系的有效性,通常可以采用以下两种策略。

(1) 域名服务器向解析器报告缓冲信息时,需注明这是"非权威的"(nonauthoritative)的映射,并且给出获取该映射的域名服务器 IP 地址。这样,解析器如果注重域名—IP 地址映射的准确性,可以立即与此服务器联系,得到当前的映射。当然,如果解析器仅注重效率,解析器可以使用这个"非权威性"的应答并继续进行处理。

(2) 对高速缓冲区中的每一映射关系都有一个最大生存周期(TTL,time to live),它规定该映射关系在缓冲区中保留的最长时间。一旦某映射关系的 TTL 时间到,系统便将它从缓冲区中删除。需要注意的是,缓冲区中各表目对应的 TTL 不是由本地服务器决定的,而是由域名所在的管理机构决定的。换言之,响应域名请求的管理机构在其响应中附加了一个 TTL 值,指出本机构保证该表目在多长时间内保持不变。由于管理机构对自己管理的域名是否经常变动有充分的了解,它可以给那些长期不变的映射以较长的 TTL,给那些经常变动的映射以较短的 TTL,因此,服务器缓冲区中的各条目一般是正确的。

3. 主机上的高速缓冲技术

高速缓冲机制不仅用于域名服务器,在主机上也可以使用。与域名服务器的缓冲机制相同,主机将解析器获得的域名—IP 地址的对应关系也存储在一个高速缓冲区中,当解析器进行域名解析时,它首先在本地主机的高速缓冲区中进行查找,如果找不到,再将请求送往本地域名服务器。当然,主机也必须采用与服务器相同的技术保证高速缓冲区中的域名—IP 地址映射关系的有效性。

12.2.3　域名解析的完整过程

假如一个应用程序需要访问名字为 www.nankai.edu.cn 的主机,其较为完整的递归方式解析过程如图 12-7 所示。

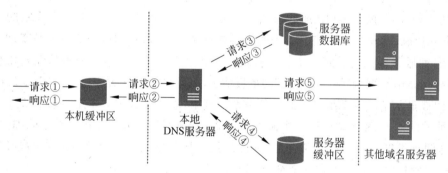

图 12-7　域名解析的完整过程

（1）域名解析器首先查询本地主机的缓冲区,查看主机是否以前解析过主机名 www.nankai.edu.cn。如果在此找到 www.nankai.edu.cn 的 IP 地址,解析器立即用该 IP 地址响应应用程序。如果主机缓冲区中没有 www.nankai.edu.cn 与其 IP 地址的映射关系,解析器将向本地域名服务器发出请求。

（2）本地域名服务器首先检查 www.nankai.edu.cn 与其 IP 地址的映射关系是否存储在它的数据库中,如果是,本地服务器将该映射关系传送给请求者,并告诉请求者这是一个"权威性"的应答;如果不是,本地服务器将查询它的高速缓冲区,检查是否在自己的高速缓冲区中存储有该映射关系。如果在高速缓冲区中发现该映射关系,本地服务器将使用该映射关系进行应答,并通知请求者这是一个"非权威性"的应答。当然,如果在本地服务器的高速缓冲区中也没有发现 www.nankai.edu.cn 与其 IP 地址的映射关系,那么只好请其他域名服务器帮忙。

（3）在其他域名服务器接收到本地服务器的请求后,继续进行域名的查找与解析工作,当发现 www.nankai.edu.cn 与其 IP 地址的对应关系时,就将该映射关系送交给提出请求的本地服务器。进而,本地服务器再使用从其他服务器得到的映射关系响应客户端。

233

12.3　域　名　数　据

在 TCP/IP 互联网中,域名与 IP 地址的对应关系通常以资源记录(resource record, RR)的形式存在,存储在域名服务器的 DNS 数据库中。

12.3.1　资源记录

在域名服务器的数据库中,域名与其 IP 地址的映射关系都被放置在资源记录中。每一条资源记录由域名、有效期(TTL)、类别(class)、类型(type)和域名的具体值(value)组成。

DNS 中的资源记录具有广泛的通用性,既可以标识主机,也可以标识邮件交换机甚至用户。为了区分不同的类型,每条资源记录都被赋予了"类型"(type)属性。这样,一个特定的名字就可能对应于域名系统的若干个条目。

例如,lab.nankai.edu.cn 可以被域名系统赋予不同的类型,这个名字既可以指南开大学实验室的一台 Web 服务器(IP 地址为 202.113.27.53),也可以指南开大学实验室的一台邮件交换机(IP 地址 202.113.27.55)。当解析器进行域名解析请求时,需要指出要查询的域名及其类型,而服务器仅仅返回一个符合查询类型的映射。在这里,如果解析器发出域名为 lab.nankai.edu.cn,类型为"邮件交换机"的解析请求,服务器将以 IP 地址 202.113.27.55 响应。

表 12-3 显示了域名系统具体的对象类型。其中,A 类型标识一个主机名与其所对应的 IPv4 地址的映射,MX 类型标识一个邮件服务器(或邮件交换机)与其所对应的 IP 地址的映射。这两种类型的应用都非常普遍,ping 应用程序经常请求一个符合 A 类型的映射,而电子邮件应用程序则经常请求一个符合 MX 类型的映射。

表 12-3　对象类型

类　型	意　义	内　　容
SOA	授权开始	标识一个资源记录集合(称为授权区段)的开始
A	主机地址	32 位二进制值 IPv4 地址
AAAA	主机地址	128 位二进制值 IPv6 地址
MX	邮件交换机	邮件服务器名及优先级
NS	域名服务器	域的授权名及服务器名
CNAME	别名	别名的规范名字
PTR	指针	对应于 IP 地址的主机名
HINFO	主机描述	ASCII 字符串,CPU 和 OS 描述
TXT	文本	ASCII 字符串,不解释

另外,域名对象还被赋予"类别""有效期"等属性。其中,"类别"标识使用该域名对象的协议类别。其中,最常用的协议类别为 IN,指出使用该对象的协议为 Internet 协议;"有效期"表明该资源记录的有效时间。如果一台 DNS 服务器或主机缓存了这条资源记录,那么在有效期到期后应该将其从缓存区中删除。

12.3.2 资源数据库

DNS 资源记录的集合形成了 DNS 资源数据库。在 DNS 服务器上,资源记录通常以文本文件的方式存储。表 12-4 给出了一个简单的资源数据库。其中,lab.nankai.edu.cn 可以作为主机名和邮件交换机名使用。在作为主机名使用时,lab.nankai.edu.cn 的 IP 地址为 202.113.27.53,在作为邮件交换机名使用时,lab.nankai.edu.cn 指向 mail.lab.nankai.edu.cn (对应 IP 地址为 202.113.27.55),且邮件交换机的优先级为 5。另外,info.lab.nankai.edu.cn 为一主机名,其对应的 IP 地址为 202.113.27.54。www.lab.nankai.edu.cn 和 ftp.lab.nankai.edu.cn 都是主机名 info.lab.nankai.edu.cn 的别名,它们与 info.lab.nankai.edu.cn 使用同样的 IP 地址。

表 12-4 资源记录示例

域 名	TTL/秒	类别	类型	值
nankai.edu.cn	86400	IN	SOA	NankaiDNS(…)
nankai.edu.cn	86400	IN	TXT	"Nankai University"
nankai.edu.cn	86400	IN	HINFO	UNIX System
lab.nankai.edu.cn	86400	IN	A	202.113.27.53
lab.nankai.edu.cn	86400	IN	MX	5 mail.lab.nankai.edu.cn
mail.lab.nankai.edu.cn	86400	IN	A	202.113.27.55
info.lab.nankai.edu.cn	86400	IN	A	202.113.27.54
www.lab.nankai.edu.cn	86400	IN	CNAME	info.lab.nankai.edu.cn
ftp.lab.nankai.edu.cn	86400	IN	CNAME	info.lab.nankai.edu.cn

12.4 实验:配置 DNS 服务器

DNS 服务器是 DNS 域名系统的重要组成部分,域名服务器的配置和维护是网络管理员的主要任务之一。

DNS 服务器软件通常需要运行在服务器版本的操作系统上(如 Windows Server、Linux Server 等),Windows 10 系统没有集成 DNS 服务软件。在 Packet Tracer 仿真环境中,服务器设备集成了 DNS 的服务功能,可以实现简单的域名服务器。为了对域名系统 DNS 有一个直观的了解,本实验在仿真环境下配置 DNS 服务器。

配置 DNS 服务器

图 12-8 为一棵假想的名字树,root 为教育机构分配了 edu 节点标识符,edu 为 A 学校和 B 学校分别分配了 a、b 两个节点标识符,a 和 b 又分别为其管理的主机分别了节点标识符。本实验要求配置 root 域名服务器、edu 域名服务器、A 学校和 B 学校的域名服务器,使其逻辑上形成一个层次化的域名解析结构。

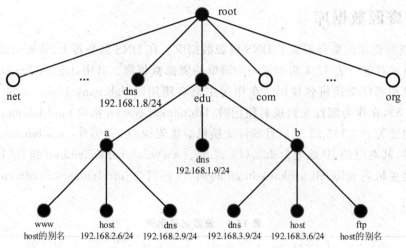

图 12-8　实心节点为本次 DNS 实验涉及的节点

12.4.1　配置域名服务器

为了完成 DNS 实验任务,首先需要构建一个实验环境,而后才能进一步配置域名服务器。

1. 构建实验拓扑

在 Packet Tracer 环境下构建一个与图 12-9 类似的 DNS 仿真实验拓扑。在图 12-9 中,A 学校和 B 学校的网络分别通过路由器接入互联网,root 域名服务器和 edu 域名服务器直接挂接在互联网上。其中,root DNS 为根域名服务器,dns.edu 为 edu 级别的域名服务器,dns.a.edu 和 dns.b.edu 分别为 A 学校和 B 学校的域名服务器。由于 DNS 服务器形成的层次结构是逻辑而不是物理上的,因此互联网部分可以通过一个局域网进行模拟。

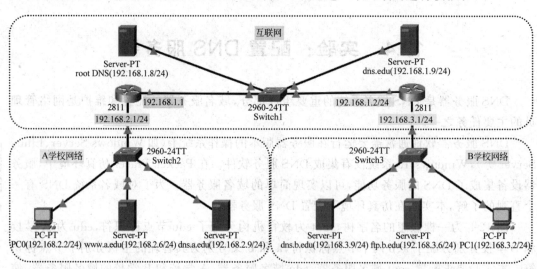

图 12-9　DNS 仿真实验拓扑

在 Packet Tracer 仿真环境下按照图 12-9 给出的 IP 地址配置路由器、服务器和 PC 的 IP 地址,同时配置路由器的路由表和主机的默认路由,保证在不使用域名的情况下,所有设备能够互相连通。

2. 配置 DNS 服务器

Packet Tracer 的 Server 服务器集成了 DNS 的服务功能,无论 root 根域名服务器、edu 域名服务器还是 A、B 两所学校的域名服务器,配置的方法和界面完全一致。

在 Packet Tracer 中单击需要配置的 DNS 服务器(如 root DNS),在弹出的界面中选择 Services 页面,然后单击左侧服务列表中的 DNS,DNS 的配置对话框将显示在屏幕上,如图 12-10 所示。

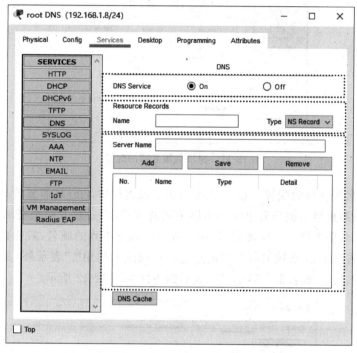

图 12-10　DNS 配置界面

如图 12-10 所示的 DNS 服务器的配置包括了 3 部分。第一部分为服务器的启动与关闭。在使用 DNS 服务时,一定要保证 DNS 服务处于启动状态。第二部分为资源记录的输入部分。该部分可以选择输入资源记录的类别。第三部分为资源记录列表,包括了已经输入的资源记录列表。

本实验需要配置 root 根域名服务器、edu 域名服务器和 A、B 两所学校的域名服务器。

(1) root 根域名服务器的配置。根域名服务器是最顶层的域名服务器。在本地服务找不到需要的域名时,通常都会向根域名服务器发出查询请求。按照图 12-8 显示的域名树,root 下面需要管理一个 edu 子域。配置一个子域需要两条资源记录,第 1 条为 NS 类型的资源记录,指出一个子域使用的域名服务器的名字;第 2 条为 A 类型的资源记录,说明该域名服务器的名字对应的 IP 地址。例如,对于 root 根域下需要管理的 edu 子域,第 1 条资源记录为 NS 类型,需要说明 edu 域使用的域名服务器的名字为 dns.edu,第 2 条资源记录为

A 类型,需要说明名字为 dns.edu 的服务器对应的 IP 地址为 192.168.1.9,如图 12-11 所示。在 Packet Tracer 中,DNS 资源记录列表不是按照输入的循序显示,而是按照名字的顺序显示。

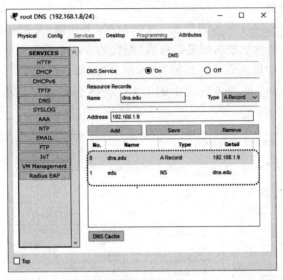

图 12-11　根域名服务器的配置

(2) edu 域名服务器的配置。在图 12-8 给出的域名树中,edu 域需要管理 a 和 b 两个子域。我们可以按照根域名服务器中添加下层子域的方法,将 a 和 b 两个子域的域名服务器添加到 edu 的域名服务器中。除此之外,由于在 edu 域查不到的域名,需要到根域名服务器查找,因此需要告知 root 根域名服务器的地址。根域除了使用“.”表示外,其他与普通的域名服务没有差别。edu 域名服务器配置完成后的界面如图 12-12 所示。

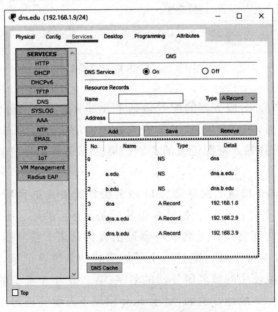

图 12-12　edu 域名服务器的配置

（3）A 校和 B 校域名服务器的配置。按照图 12-8 显示的域名树，a 域和 b 域之下不再划分子域，它们之下只有主机和别名。在添加资源记录时，主机与 IP 地址的对应关系使用 A 类型资源记录，主机的别名使用 CNAME 型资源记录。另外，如果一个域名在学校的域名服务器上查询不到，那么需要将请求转移到根域名服务器，因此，在 A 校和 B 校的域名服务器中，都需要添加 root 根域名服务器。图 12-13 显示了 A 校和 B 校配置之后的资源记录列表。

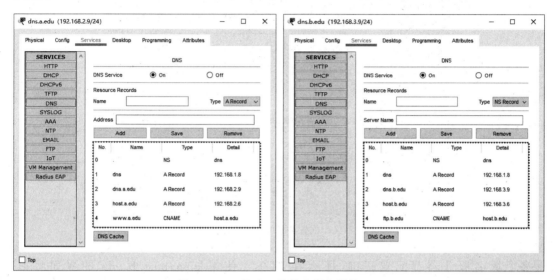

图 12-13　A 校和 B 校域名服务器的配置

12.4.2　测试配置的 DNS

测试配置的 DNS，首先需要配置测试主机，然后再看能否按照配置的服务器找到需要域名。

1. 配置测试主机

在图 12-9 中，可以将 PC0 和 PC1 作为测试主机。其中，PC0 和 PC1 分别使用各自学校的域名服务器，PC0 指向 dns.a.edu（192.168.2.9），PC1 指向 dns.b.edu（192.168.3.9）。

配置主机使用的 DNS 比较简单。单击需要配置的主机（如 PC0），在弹出的界面中选择 Desktop 页面。然后，执行 Desktop 页面中的 IPConfiguration 程序，系统将显示 IP 配置界面，如图 12-14 所示。在图 12-14 的 DNSServer 文本框中输入需要使用域名服务的 IP 地址（如 192.168.2.9），即可完成配置。

2. 利用 ping 命令测试配置的 DNS 系统

如果使用 ping 命令去 ping 一个主机名，那么 ping 命令首先去找这个主机名对应的 IP 地址，然后再进行其他的工作。因此，在完成测试主机的配置工作后，就可以利用简单的 ping 命令来测试配置的 DNS 服务器是否可以正确地工作。

例如，在 PC0 上，可以使用 ping host.a.edu 检查本地的 DNS 服务器是否能将 www.a.edu 对应的 IP 地址 192.168.0.3 返回至 PC0，也可以使用 ping host.b.edu 检查本地的 DNS 服务器中查询不到的域名是否能够通过域名服务器之间的协作，给出最终的解析结果。如

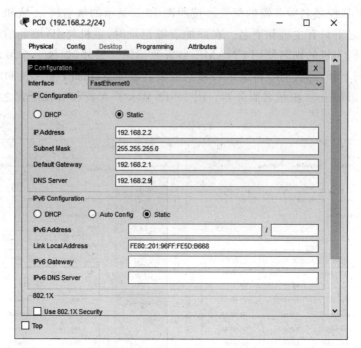

图 12-14　配置测试主机使用的 DNS

果各个域名服务器都配置正确,那么在 PC0 上使用 ping host.b.edu 的界面将如图 12-15 所示。

图 12-15　使用 ping 命令测试配置的域名服务器

3. 利用 nslookup 命令测试配置的 DNS 系统

另一种测试 DNS 服务器有效性的方法是利用 nslookup 命令。nslookup 命令是一个比较复杂的命令,最简单的命令形式为 nslookup host server,其中 host 是需要查找 IP 地址的主机名,而 server 则是查找使用的域名服务器。在使用 nslookup 过程中,server 参数可以省略。如果省略 server 参数,系统将使用默认的域名服务器。尽管 Packet Tracer 中提供的 nslookup 功能没有真实环境中的强大,但还是可以利用其测试配置的 DNS 系统。

例如,可以在 PC0 中使用 nslookup ftp.b.edu 192.168.2.9 请求配置的域名系统返回 ftp.b.edu 的 IP 地址,如图 12-16 所示。如果 nslookup 正确返回 ftp.b.edu 与其 IP 地址的映射关系,则说明域名服务器的配置正确。

图 12-16　利用 nslookup 命令测试配置的域名系统

4. 查看主机和 DNS 服务器的高速缓冲区

为了提高域名的解析效率,域名服务器一般都会采用高速缓冲区来存储查询过的资源记录。在 Packet Tracer 中,如果希望查看 DNS 服务器缓存的资源记录,那么可以通过单击需要查看的 DNS 服务器进入 DNS 服务配置界面,如图 12-10 所示。然后单击 DNS Cache 按钮,DNS 服务器的高速缓冲区中缓存的资源记录就会显示在屏幕上,如图 12-17 所示。

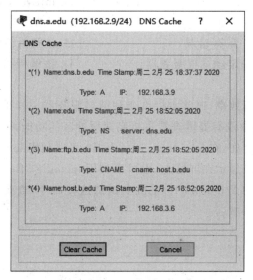

图 12-17　DNS 服务器的高速缓冲区中缓存的资源记录

在图 12-17 中,单击 Clear Cache 按钮,可以将这些缓存的资源记录从服务器的高速缓冲区中清除。

练 习 题

1. 填空题

(1) TCP/IP 互联网上的域名解析有两种方式,一种是_____,另一种是_____。

(2) 为了保证高速缓冲区中域名—IP 地址映射关系的有效性,通常可以采用两种解决办法,即_____和_____。

(3) 在资源记录中,_____类型表示主机与 IPv4 地址的映射关系。

(4) 在 Windows 10 系统中,如果希望通过域名服务器 192.168.1.60 查询主机 host.abc.edu.cn 的 IP 地址,那么需要输入的命令形式是_____。

2. 单选题

(1) 为了实现域名解析,客户机(　　　)。

    A. 必须知道根域名服务器的 IP 地址

    B. 必须知道本地域名服务器的 IP 地址

    C. 必须知道本地域名服务器的域名

    D. 知道任意一个域名服务器的 IP 地址即可

(2) 下列不符合 TCP/IP 域名系统要求的名字是(　　　)。

    A. www-abc-com   B. www.abc.cn

    C. lab.abc.cm   D. www.lab.cn

(3) 在 Internet 域名系统中,以下描述错误的是(　　　)。

    A. edu 表示教育机构   B. com 表示商业组织

    C. gov 表示网络支持中心   D. mil 表示军事部门

(4) 在域名解析时,如果解析器收到了一个"非权威性"的解析结果,那么说明(　　　)。

    A. 该解析结果一定有错误   B. 该解析结果一定可用

    C. 该解析路径一定经过根服务器   D. 该解析结果一定从缓存得到

3. 实操题

为了提高域名的解析效率,通常主机也会和域名服务器一样采用高速缓冲技术。尽管 Packet Tracer 仿真环境中没有提供查看主机高速缓冲区的功能,但是实际应用的操作系统一般都具有这种功能。例如,在 Windows 10 系统中,可以利用 ipconfig /displaydns 命令将缓冲区中缓存的资源记录显示在屏幕上,也可以利用 ipconfig /flushdns 命令清楚缓冲区中缓存的资源记录。在你的 Windows 10 主机上试试这些命令,查看一下你的主机中是否缓存了你最近访问过的一些域名。

第 13 章 电子邮件系统

本章要点

➢ TCP/IP 互联网上的电子邮件传输过程
➢ 电子邮件的地址表示
➢ SMTP 和 POP3
➢ 电子邮件报文格式

动手操作

➢ 编写简化的 SMTP 服务器
➢ 观察 SMTP 的通信过程

电子邮件服务(E-mail 服务)是互联网提供的一项重要服务,它为互联网用户之间发送和接收消息提供了一种快捷、廉价的现代化通信手段。早期的电子邮件系统只能传输西文文本信息,而今的电子邮件系统不但可以传输各种文字的文本信息,而且可以传输图像、声音、视频等多媒体信息。

与其他通信方式相比,电子邮件具有以下特点。

(1)电子邮件比人工邮件传递迅速,可达到的范围广,而且比较可靠。

(2)电子邮件与电话相比,不要求通信双方都在现场,不需要知道通信对象在网络中的具体位置。

(3)电子邮件可以实现一对多的邮件传送,可以使一位用户向多人发出通知的过程变得简单、容易。

(4)电子邮件可以将文字、图像、语音等多种类型的信息集成在一个邮件中传送,是多媒体信息传送的重要手段。

13.1 认识电子邮件系统

电子邮件系统采用客户—服务器工作模式。邮件服务器(又称邮件交换机)是邮件服务系统的核心,其作用与人工邮递系统中邮局的作用非常相似。邮件服务器一方面负责接收用户送来的邮件,并根据邮件所要发送的目的地址,将其传送到对方的邮件服务器中;另一方面则负责接收从其他邮件服务器发来的邮件,并根据收件人的不同将邮件分发到各自的电子邮箱中。

邮箱是在邮件服务器中为每个合法用户开辟的一个存储用户邮件的空间,类似人工邮递系统中的信箱。邮箱是私人的,拥有账号和密码属性,只有合法用户才能阅读邮箱中的邮件。

在电子邮件系统中,用户发送和接收邮件需要借助于装载在客户机中的电子邮件应用程序完成。电子邮件应用程序一方面负责将用户要发送的邮件送到邮件服务器,另一方面负责检查用户邮箱,读取邮件。因而电子邮件应用程序的两项最基本的功能为:①创建和发送邮件;②接收、阅读和管理邮件。

除此之外,电子邮件应用程序通常还提供通信簿管理、收件箱助理及账号管理等附加功能。

13.1.1　TCP/IP 互联网上电子邮件的传输过程

在 TCP/IP 互联网中,邮件服务器之间使用简单邮件传输协议(simple mail transfer protocol,SMTP)相互传递电子邮件。而电子邮件应用程序使用 SMTP 向邮件服务器发送邮件,使用邮局协议(post office protocol,POP)或交互式邮件存取协议(interactive mail access protocol,IMAP)从邮件服务器的邮箱中读取邮件,如图 13-1 所示。尽管 IMAP 是一种比较新的协议,但 POP 的第 3 个版本 POP3 仍然大量使用,出现了 IMAP 和 POP3 共存的局面。

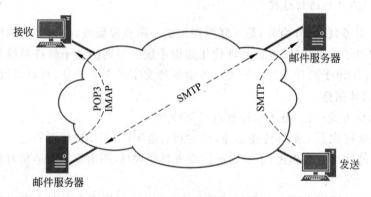

图 13-1　电子邮件系统示意图

TCP/IP 互联网上邮件的处理和传递过程如图 13-2 所示。

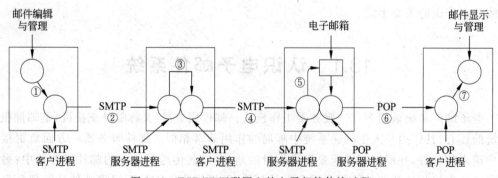

图 13-2　TCP/IP 互联网上的电子邮件传输过程

①用户需要发送电子邮件时,可以按照一定的格式起草、编辑一封邮件。在注明收件人的邮箱后提交给本机 SMTP 客户进程,由本机 SMTP 客户进程负责邮件的发送

工作。

②　本机 SMTP 客户进程与本地邮件服务器的 SMTP 服务器进程建立连接,并按照 SMTP 将邮件传递到该服务器。

③　邮件服务器检查收到邮件的收件人邮箱是否处于本服务器中,如果是,就将该邮件保存在这个邮箱中;如果不是,则将该邮件交由本地邮件服务器的 SMTP 客户进程处理。

④　本地服务器的 SMTP 客户程序直接向拥有收件人邮箱的远程邮件服务器发出请求,远程 SMTP 服务器进程响应,并按照 SMTP 传递邮件。

⑤　由于远程服务器拥有收件人的信箱,因此,邮件服务器将邮件保存在该信箱中。

⑥　当用户需要查看自己的邮件时,首先利用电子邮件应用程序的 POP 客户进程向邮件服务器的 POP 服务进程发出请求。POP 服务进程检查用户的电子信箱,并按照 POP3 协议将信箱中的邮件传递给 POP 客户进程。

⑦　POP 客户进程将收到的邮件提交给电子邮件应用程序的显示和管理模块,以便用户查看和处理。

从邮件在 TCP/IP 互联网中的传递和处理过程可以看出,利用 TCP 连接,用户发送的电子邮件可以直接由源邮件服务器传递到目的邮件服务器,因此,基于 TCP/IP 互联网的电子邮件系统具有很高的可靠性和传递效率。

13.1.2　电子邮件地址

传统的邮政系统要求发信人在信封上写清楚收件人的姓名和地址,这样,邮递员才能投递信件。互联网上的电子邮件系统也要求用户有一个电子邮件地址。TCP/IP 互联网上电子邮件地址的一般形式为:

`local-part@domain-name`

这里"@"把邮件地址分成两部分,其中,domain-name 是邮件服务器的域名,而 local-part 则表示邮件服务器上的用户邮箱名。例如,某学校的一台邮件服务器的域名为 abc. edu.cn,如果这台服务器上有一个名为 alice 的用户邮箱,那么,这个用户的电子邮件地址就是 alice@abc.edu.cn。实际上,所谓的用户邮箱,就是邮件服务器为这个用户分配的一块存储空间。

从电子邮件地址的一般形式看,只要保证邮件服务器域名在整个电子邮件系统中是唯一的,用户邮箱名在这台邮件服务器上是唯一的,就可以保证电子邮件地址在这个互联网上是唯一的。

电子邮件系统在投递电子邮件时,需要利用域名系统将电子邮件地址中的域名转换成邮件服务器的 IP 地址。一旦有了 IP 地址,电子邮件系统就知道向哪里发送邮件。当目的邮件服务器收到信件后,取出电子邮件地址中的本地部分,据此将邮件放入合适的用户邮箱。

电子邮件系统不仅支持两个用户之间的通信,而且可以利用所谓的邮寄列表向多个用户发送同一邮件。邮寄列表是一组电子邮件地址,这组电子邮件地址有一个共同的名称,称为"别名"。发给该"别名"的邮件会自动分发到它所包含的每一个电子邮件地址。

13.2　电子邮件传递协议

电子邮件系统中的邮件传递协议包括两大类。一类是电子邮件应用程序和邮件服务器发送邮件使用的 SMTP,另一类是电子邮件应用程序检索邮件服务器使用的 POP3 或 IMAP。由于 POP3 和 IMAP 使用其中之一即可,因此本节在讨论 SMTP 之后,以 POP3 为例进行介绍。

13.2.1　简单邮件传输协议

SMTP 是电子邮件系统中的一个重要协议,它负责将邮件从一个"邮局"传送给另一个"邮局"。SMTP 的最大特点就是简单和直观,它不规定邮件的接收程序如何存储邮件,也不规定邮件发送程序多长时间发送一次邮件,它只规定发送程序和接收程序之间的命令和应答。

SMTP 邮件传输采用客户—服务器模式,邮件的接收程序作为 SMTP 服务器在 TCP 的 25 端口守候,邮件的发送程序作为 SMTP 客户在发送前需要请求一条到 SMTP 服务器的连接。一旦连接建立成功,收发双发就可以传递命令、响应和邮件内容。

SMTP 中定义的命令和响应都是可读的 ASCII 字符串,表 13-1 和表 13-2 分别给出了基本的 SMTP 命令和响应。其中,SMTP 响应字符串以 3 位数字开始,后面跟有该响应的具体描述。

表 13-1　基本的 SMTP 命令

命　　令	描　　述
HELO<主机域名>	开始会话
MAIL FROM:<发送者电子邮件地址>	指出邮件发送者
RCPT TO:<接收者电子邮件地址>	指出邮件接收者
DATA	接收程序将 DATA 命令后面的数据作为邮件内容处理,直到<CR><LF>.<CR><LF>出现
RSET	中止当前的邮件处理
NOOP	无操作
QUIT	结束会话

表 13-2　基本的 SMTP 响应

命令	描　　述	命令	描　　述
220	域服务准备好	500	语法错误,命令不能识别
221	系统状态或系统帮助应答	502	命令未实现
250	请求的命令成功完成	550	邮箱不可用
354	可以发送邮件内容		

alice@abc.edu.cn 向 bob@xyz.edu.cn 发送电子邮件的 SMTP 传输过程如表 13-3 所示。从表 13-3 中可以看到,SMTP 邮件传递过程大致分成如下 3 个阶段。

(1) 连接建立阶段。在这一阶段,SMTP 客户请求与服务器的 25 端口建立一个 TCP 连接。一旦连接建立,SMTP 服务器和客户就开始相互通报自己的域名,同时确认对方的域名。

(2) 邮件传递阶段。利用 MAIL、RCPT 和 DATA 命令,SMTP 将邮件的源地址、目的地址和邮件的具体内容传递给 SMTP 服务器。SMTP 服务器进行相应的响应并接收邮件。

(3) 连接关闭阶段。SMTP 客户发送 QUIT 命令,服务器在处理命令后进行响应,随后关闭 TCP 连接。

表 13-3　SMTP 通信过程实例

发送方与接收方的交互过程	命令和响应解释	阶　段
S: 220 xyz.edu.cn C: HELO abc.edu.cn S: 250 xyz.edu.cn	"我的域名是 xyz.edu.cn" "我的域名是 abc.edu.cn" "好的,可以开始邮件传递了"	连接建立
C: MAIL FROM: <alice@abc.edu.cn> S: 250 OK C: RCPT TO: <bob@xyz.edu.cn> S: 250 OK C: DATA S: 354 Go ahead C: 邮件的具体内容…… C: …… C: <CR><LF>.<CR><LF> S: 250 OK	"邮件来自 alice@abc.edu.cn" "知道了" "邮件发往 bob@xyz.edu.cn" "知道了" "准备好接收,要发送邮件具体内容了" "没问题,可以发送" 发送方发送邮件的具体内容…… …… "发送完毕" "好的,都接收到了"	邮件传送
C: QUIT S: 221	"可以拆除连接了" "好的,马上拆除"	连接关闭

注:S 表示服务器,C 表示客户,<CR>表示回车,<LF>表示换行。

通过仔细观察表 13-3 中 SMTP 通信过程可以知道,alice 在向 bob 发送邮件时,邮件服务器并没有对发件人的身份进行认证。也就是说,无论谁利用邮件服务器发送邮件,邮件服务器都不会拒绝。SMTP 的这个缺陷为垃圾邮件的传播提供了可乘之机。为了解决这个问题,SMTP 的扩展版本增加了几条命令和响应,以便在通信开始时进行身份验证。

在 SMTP 扩展中,EHLO 是对 HELO 命令的扩展。如果服务器支持扩展,在收到 EHLO 后发送确认信息,要求客户提供用户名、密码等进行身份验证;如果服务器不支持扩展,可以响应"502 命令未实现",以便邮件客户端按照未扩展时的方法与邮件服务器进行交互。

13.2.2　邮局协议

当邮件到来后,首先存储在邮件服务器的电子邮箱中。如果用户希望查看和管理这些邮件,可以通过 POP3 协议将邮件下载到用户所在的主机。

　　POP3 是邮局协议 POP 的第 3 个主要版本,它允许用户通过 PC 动态检索邮件服务器上的邮件。但是,除了下载和删除之外,POP3 没有对邮件服务器上的邮件提供很多的管理操作。

　　POP3 本身也采用客户—服务器模式,其客户程序运行在用户的 PC 上,服务器程序运行在邮件服务器上。当用户需要下载邮件时,POP 客户首先向 POP 服务器的 TCP 守候端口 110 发送建连请求。一旦 TCP 连接建立成功,POP 客户就可以向服务器发送命令,下载和删除邮件。

　　与 SMTP 相同,POP3 的命令和响应也采用 ASCII 字符串的形式,非常直观和简单。表 13-4 列出了 POP3 常用的命令。POP3 的响应有两种基本类型,一种以“＋OK”开始,表示命令已成功执行或服务器准备就绪等;另一种以“-ERR”开始,表示错误的或不可执行的命令。在“＋OK”和“-ERR”后面一般都跟有附加信息对响应进行具体描述。如果响应信息包含多行,那么,只包含“.”的行表示响应结束。

表 13-4　常用的 POP3 命令

命　　令	描　　述
USER <用户邮箱名>	客户机希望操作的电子邮箱
PASS <口令>	用户邮箱的口令
STAT	查询报文总数和长度
LIST [<邮件编号>]	列出报文的长度
RETR <邮件编号>	请求服务器发送指定编号的邮件
DELE <邮件编号>	对指定编号的邮件作删除标记
NOOP	无操作
RSET	复位操作,清除所有删除标记
QUIT	删除具有“删除”标记的邮件,关闭连接

　　表 13-5 显示了一个名为 bob 的用户检索 POP3 邮件服务器的信息传递过程。从表中可以看到,用户检索 POP3 邮件服务器的过程可以分成如下三个阶段。

　　(1) 认证阶段。由于邮件服务器中的邮箱具有一定权限,只有有权用户才能访问,因此,在 TCP 连接建立之后,通信的双方随即进入认证阶段。客户程序利用 USER 和 PASS 命令将邮箱名和密码传送给服务器,服务器据此判断该用户的合法性,并给出相应的应答。一旦用户通过服务器的验证,系统就进入了事务处理阶段。

　　(2) 事务处理阶段。在事务处理阶段,POP3 客户可以利用 STAT、LIST、RETR、DELE 等命令检索和管理自己的邮箱,服务器在完成客户请求的任务后返回响应的命令。不过需要注意,服务器在处理 DELE 命令请求时并未将邮件真正删除,只是给邮件作了一个特定的删除标记。

　　(3) 更新阶段。当客户发送 QUIT 命令时,系统进入更新阶段。POP3 服务器将作过删除标记的所有邮件从系统中全部真正删除,然后 TCP 关闭连接。

表 13-5　POP3 通信过程实例

发送方与接收方的交互过程	命令和响应解释	阶　段
S：+OK POP3 mail server ready C：USER bob S：+OK bob is welcome here C：PASS ****** S：+OK bob's maildrop has 2 messages （320 octets）	"我是 POP3 服务器，可以开始了" "我的邮箱名是 bob"。 "欢迎到这里检索你的邮箱" "我的密码是******" "你邮箱中有两封邮件，320 字节"	认证阶段
C：STAT S：+OK 2 320 C：LIST S：+OK 2 messages S：1 120 S：2 200 S：. C：RETR 1 S：+OK 120 octets S：第 1 封邮件内容…… S：. C：DELE 1 S：+OK message 1 deleted C：RETR 2 S：+OK 200 octets S：第 2 封邮件内容…… S：. C：DELE 2 S：+OK message 2 deleted	"邮箱中信件总数和总长度是多少？" "2 封信件，320 字节" "请列出每个信件的长度" "总共 2 封信件" "第 1 封信件为 120 字节" "第 2 封 200 字节" "结束了" "请发送第 1 封信件给我" "该信件 120 字节" 第 1 封信件的具体内容…… "发完了" "删除第 1 封信件" "好的，已为第 1 封信件做了删除标记" "请给我发送第 2 封信件" "该信件 200 字节" 第 2 封信件的具体内容…… "发完了" "删除第 2 封信件" "好的，已为第 2 封信件做了删除标记"	事务处理 阶段
C：QUIT S：+ OK POP3 mail server signing off （maildrop empty）	"可以拆除连接了" "已经将作过删除标记的邮件全部删除"	更新阶段

注：S 表示服务器，C 表示客户。

13.3　电子邮件的报文格式

SMTP 和 POP3 协议都是有关电子邮件在主机之间的传递协议，那么，电子邮件系统对电子邮件的报文有什么要求吗？

与普通的邮政信件一样，电子邮件本身也有自己固定的格式。RFC822 和多用途因特网邮件扩展协议（multipurpose Internet mail extensions，MIME）对电子邮件的报文格式做出了具体规定。

13.3.1　RFC822

RFC822 将电子邮件报文分成两部分，一部分为邮件头，另一部分为邮件体，两者之间使用空行分隔。邮件头是一些控制信息,如发信人的电子邮件地址、收信人的电子邮件地址、发送日期等。邮件体是用户发送的邮件内容,RFC822 只规定它是 ASCII 字符串。

邮件头有多行组成,每行由一个特定的字符串开始,后面跟有对该字符串的说明,中间用“:”隔开。例如,From:alice@abc.edu.cn 表示电子邮件发件人的电子邮件信箱是 alice@abc.edu.cn,而 To:bob@xyz.edu.cn 则表示电子邮件收件人的电子邮件信箱是 bob@.edu.cn。

在邮件头中,有些行是由发信人在撰写电子邮件过程中加入的(如以 From、To、Subject 等开头的行),有些则是在邮件转发过程中机器自动加入的(如以 Received、Date 开始的行)。图 13-3 显示了一个完整的接收邮件,其中,Received 和 Date 是机器在转发邮件的过程中加入的,From、To 和 Subject 是由发信人在撰写邮件过程中添加的。

```
Received: (qmail 36260 invoked from network); 28 Mar 2002 12:40:41 +0800
Received: from unknown (HELO xyz.edu.cn) (202.113..180.83)
          by abc.edu.cn with SMTP; 28 Mar 2002 12:40:41 +0800
Received: from teacher([202.113.27.53]) by (AIMC 2.9.5.2)
          with SMTP id jm223ca2fdd2; Thr, 28 Mar 2002 12:41:39 +0800
Date: Thu, 28 Mar 2002 12:41:58 +0800
From: alice@abc.edu.cn
To: bob@xyz.edu.cn
Subject: Hello                                              邮件头
X-mailer: FoxMail 4.0 beta 2 [cn]

Hi Bob,
Nice to get your message.
…                                                          邮件体
Alice
```

图 13-3   收件人收到的邮件事例

RFC822 对邮件的最大限制是邮件体为 7 位 ASCII 文本,而且 SMTP 中又规定传输邮件时将 8 位字节的高位清 0,这样电子邮件就不能包括多国文字(如中文)和多媒体信息。所以,RFC822 邮件格式急需扩充,于是提出了 MIME 协议。

13.3.2   多用途 Internet 邮件扩展协议

为了使电子邮件能够传输多媒体等二进制信息,MIME 对 RFC822 进行了扩充。MIME 协议继承了 RFC822 的基本邮件头和邮件体模式,但在此基础上增加了一些邮件头字段,并要求对邮件体进行编码,将 8 位的二进制信息变换成 7 位的 ASCII 文本。

主要增加的邮件头字段包括以下内容。

(1) MIME-Version:表明该邮件遵循 MIME 标准的版本号。目前的主要标准为 1.0。

(2) Content-Type:说明邮件体包含的数据类型。MIME 定义了 7 种邮件体类型和一系列的子类型,这 7 种类型为 text(文本)、message(报文)、image(图像)、audio(音频)、video
(视频)、application(应用)和 multipart(多部分)。

(3) Content-Transfer-Encoding:指出邮件体的数据编码类型。由于电子邮件需要传
输多媒体等二进制信息,因此,必须定义一种机制把二进制数据编码成 7 位 ASCII 文本。
MIME 推荐的编码方式包括带引见符的可打印编码(quoted-printable)和基数 64 编码
(base64)。

图 13-4 给出了一个使用 MIME 格式的电子邮件。其中"MIME-Version:1.0"表示使用
的为 MIME 的 1.0 版本,"Content-Type:image/bmp"表示邮件体的内容为 bmp 图像,而
"Content-Transfer-Encoding:base64"则表示邮件体按照 base64 方案编码。

```
Received: (qmail 36260 invoked from network); 28 Mar 2002 12:40:41 +0800
Received: from unknown (HELO xyz.edu.cn) (202.113..180.83)
  by abc.edu.cn with SMTP; 28 Mar 2002 12:40:41 +0800
Received: from teacher([202.113.27.53]) by (AIMC 2.9.5.2)
        with SMTP id jm223ca2fdd2; Thr, 28 Mar 2002 12:41:39 +0800
Date: Thu, 28 Mar 2002 12:41:58 +0800
From: alice@abc.edu.cn
To: bob@xyz.edu.cn
Subject: Nice Picture
X-mailer: FoxMail 4.0 beta 2 [cn]
```

```
MIME-Version:1.0
Content-Type:image/bmp
Content-Transfer-Encoding:base64          MIME增加的邮件头字段
```

9j/4AAQSkZJRgABAQEASABIAAD/4QAYRXhpZgAASUkqAAgAAAAAAAAAAAAP/sABFEdWNreQAB
AAQAAAA8AAD/4QMZWE1QADovL25zLmFkb2JlLmNvbS94YXAvMS4wLwA8P3hwYWNrZXQgYmVnaW49
Iu+7vyIgaWQ9Ilc1TTBNcENlaGlIenJlU3pOVGN6a2M5ZCI/PiA8eDp4bXBtZXRhIHhtbG5zOng9
ImFkb2JlOm5zOm1ldGEvIiB4Om5tcHRrPSJBZG9iZSBYTVAgQ29yZSA1LjMtMTYzAxMSA2Ni4xNDU2
…   base64编码后的邮件体
```

图 13-4　使用 MIME 格式的电子邮件

## 13.4　实验:编写简化的邮件服务器

为了更好地理解 SMTP 中信息的交互过程,本实验首先利用 Python 编写一个简化的
SMTP 服务器。然后,利用邮件客户端程序与编写的简化 SMTP 服务器进行通信,观察
SMTP 的信息交换过程。

由于 SMTP 使用 TCP 进行信息传递,因此本节首先讨论 Python 中有关流式 socket 的
```

使用方法,而后介绍简化 SMTP 服务器的编写过程。

13.4.1 Python 中的 TCP 编程

前面介绍了 Python 的 UDP 编程。在 Python 中,TCP 编程与 UDP 编程既有相似之处,也有不同之处。由于 TCP 是一种面向连接的、可靠的协议,因此其编程过程稍显复杂。

1. 基本 TCP 编程接口

在 Python 中,socket 模块提供了基本的 TCP 编程接口。其中,涉及流式 socket 的主要方法有以下几个。

(1) socket(family, type):创建一个 socket 对象。其中,family 表示使用的协议,type 表示 socket 类型。在创建 IPv4 数据报式 scoket 时,family 应设置为 socket.AF_INET,type 应设置为 SOCK_STREAM。在默认情况下,创建的 socket 就是 IPv4 的流式 socket。

(2) bind(address):为 socket 绑定 IP 地址和端口。address 地址形式为"(host,port)"二元组。编写客户端程序时,bind()可以省略不用。这时,系统为该 socket 绑定本地可用的 IP 地址和随机选择的端口号。

(3) connect(address):向地址为 address 的服务器发出连接请求。该方式仅在编写客户程序时使用。

(4) listen(backlog):监听客户发来的连接请求。其中,backlog 表示连接请求队列的大小。该方法仅在编写服务器程序时使用。

(5) accept():在客户的连接请求到来时,接受一个连接。该方法仅在编写服务器程序时使用,其返回值是一个"(conn, address)"二元组。conn 是为这次建立的连接新分配的 socket 对象,之后该连接的数据收发都通过该 socket 进行;address 是这条连接的另一端地址。

(6) sendall(bytes):向 socket 发送 bytes 指定的字节序列。由于 sendall()方法是在已经建立的连接上进行发送,因此不需要像数据报式 socket 那样指定对方的地址。

(7) recv(bufsize):从 socket 接收数据。其中,bufsize 指定最大接收的字节数。该方法的返回值为接收到的字节序列。

(8) close( ):关闭 socket。在编程中也可以充分利用 with 语句的特性,使用完后进行自动关闭。

利用 socket 模块提供的上述方法,既可以编写客户程序,也可以编写服务器程序。需要注意,TCP 客户程序与服务器程序的编写过程有很大不同,如图 13-5 所示。

1) TCP 客户程序的编写

TCP 客户程序的编写比较简单,过程如下。

(1) 利用 socket()创建一个 socket 对象。

(2) 利用 bind()绑定客户端使用的 IP 地址和端口号。如果省略该步,系统会自动为 socket 绑定本机的 IP 地址和随机选择的端口号。

(3) 利用 connect()方法向服务器发起连接请求,等待服务器确认。

(4) 当服务器的连接确认返回后,客户端就可以利用 sendall()和 recv()从这个 socket 上发送和接收数据。

(5) 数据收发工作结束后,利用 close()方法关闭 socket 对象。

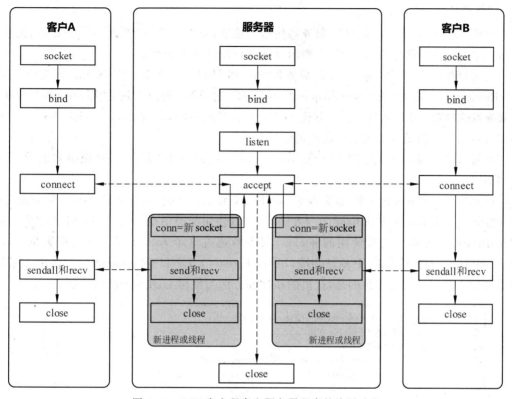

图 13-5　TCP 客户程序和服务器程序的编写过程

2）TCP 服务器程序的编写

TCP 服务器程序的编写比较复杂,过程如下。

（1）利用 socket()创建一个主 socket 对象。

（2）利用 bind()绑定服务器使用的 IP 地址和端口号。由于客户需要利用服务器的 IP 地址和端口号与服务器建立连接,因此该步骤在编写服务器时不可省略。

（3）执行 listen()方法,开始监听客户发来的连接请求。

（4）执行 accept()方法。当客户的连接请求到来时,accept()再创建一个新的 socket,并利用这个新 socket 与客户进行通信。在编程时,通常需要创建一个新线程（或进程）处理本次连接客户的请求,以便主线程（或进程）再次运行 accept()方法,处理其他客户的连接请求。

（5）在新 socket 上利用 sendall()和 recv()等方法与客户进行数据交换,并在数据交换完成后利用 close()关闭这个 socket。

（6）在服务器程序退出时,利用 close()方法关闭程序开始时创建的主 socket 对象。

2. 网络服务器架构中的 TCP 编程

socketserver 模块提供的网络服务器编程架构也支持 TCP 服务器的编程。其中,TCPServer 类是针对 TCP 服务器编程设计的,它的使用方法与 UDPServer 非常类似。

TCPServer 类的具体定义为:

```
Class socketserver.TCPServer(server_address, RequestHandlerClass, bind_and_
```

activate)

其中,server_address 是 TCP 服务器使用的地址,该地址是一个"(host,port)"二元组;
bind_and_activate 默认值为 TRUE,表示自动进行地址绑定和激活。

与 UDPServer 类似,编写 TCP 服务器时也需要编写一个请求处理类。该类应该是
BaseRequestHandler 类(或 StreamRequestHandler 类)的子类。通过重载类中的 handle()方法,
将服务器的收发工作嵌入其中。在创建 TCPServer 类对象时,通过 RequestHandlerClass 类
参数将自己编写的请求处理类传递给创建的对象。

如果自己编写的请求处理类继承 BaseRequestHandler 类,那么 TCP 服务器的编写过
程如下。

(1) 编写一个请求处理类,该类继承 BaseRequestHandler 类,同时重载其中的 handle()方
法,如图 13-6 所示。在重载 handle( )方法时,可以使用父类中提供的一些属性和方法。其
中 self.request 为这个连接使用的 socket,服务器通过这个 socket 与客户交换数据;self.
client_address 为客户端的 IP 地址和端口号;self.recv()方法和 self.sendall()方法用于接收
数据和发送数据。需要注意的是,这里的属性和方法与使用 UDPServer 时不同。

```
1    class MyTCPHandler(socketserver.BaseRequestHandler):
2        #重写基类中的 handle 方法
3        def handle(self):
4            #收发数据使用的 socket 存储在 self.request 中
5            self.sock=self.request
6            ...
7            #接收数据
8            self.recv_data=self.sock.recv(1024)
9            ...
10           #发送数据
11           self.sock.sendall(self.send_data)
12           ...
```

图 13-6　继承 BaseRequestHandler 类的请求处理类

(2) 创建一个 TCPServer 对象,并通过向其传递 TCP 服务器使用的地址和请求处理类
对其进行初始化,如图 13-7 所示。

```
1    #创建 TCP 服务器,为该服务器绑定的 IP 地址为 host,端口号为 port
2    server=socketserver.TCPServer((host,int(port)),MyTCPHandler)
```

图 13-7　创建 socketserver.TCPServer 对象

(3) 利用 TCPServer 类的 serve_forever()方法进行多次循环处理,并在使用完毕后利
用 server_close()方法进行关闭。通常,可以利用 with 语句的功能,在使用完后进行自动关
闭,如图 13-8 所示。

```
1    #创建 TCP 服务器,为该服务器绑定的 IP 地址为 host,端口号为 port
2    with socketserver.TCPServer((host,int(port)),MyTCPHandler) as server:
3        #循环进行收发处理,并在不用时自动关闭
4        server.serve_forever()
```

图 13-8　循环处理收发请求

除了继承 BaseRequestHandler 类之外，编写的请求处理类也可以继承 StreamRequestHandler 类。StreamRequestHandler 类本身也是 BaserequestHandler 类的子类，是对 BaserequestHandler 类的进一步封装。StreamRequestHandler 提供了 self.rfile 和 self.wfile 两个属性。利用这两个属性，可以像对待磁盘文件的读写一样对待 sockct 的收发。例如可用利用 self.rfile.readline() 接收数据，利用 self.wfile.write() 发送数据等，如图 13-9 所示。

```
1    class MyTCPHandler(socketserver.StreamRequestHandler)：
2        ♯重写基类中的 handle 函数
3        def handle(self)：
4            ♯利用 self.rfile.readline()读取一行接收到的数据
5            self.recv_data＝self.rfile.readline()
6            …
7            ♯利用 self.wfile.write()发送数据
8            self.wfile.write(self.send_data)
9            …
```

图 13-9　继承 StreamRequestHandler 类的数据收发类

3. 网络服务器架构中的多线程处理

到目前为止，利用 TCPServer 类编写的服务器不能同时处理多用户的并发请求。也就是说，服务器在处理一个用户的请求时，其他用户的请求需要等待。为了使 TCP 能够同时处理多用户的并发请求，通常需要使用多线程（或多进程）的处理模式。

在 Python 提供的网络服务器架构中，ThreadingMixIn 是一个负责多线程处理的混合类。将 ThreadingMixIn 和 TCPServer 结合，就可以编写出能够同时处理多用户并发请求的网络应用服务器。

为了在网络服务器中使用多线程，需要定义一个新类，该类除了结合 ThreadingMixIn 混合类和 TCPServer 类外，不需要做其他工作。

编写多线程 TCP 服务器的主要过程如图 13-10 所示。

```
1    ♯定义收发处理类,继承 BaseRequestHandler(或 StreamRequestHandler)
2    class MyTCPHandler(socketserver.StreamRequestHandler)：
3        …
4
5    ♯定义具有多线程功能的 TCPServer 类
6    class myThreadTCPServer(ThreadingMixIn, TCPServer)：
7        pass
8
9    ♯创建 TCP 服务器,为该服务器绑定的 IP 地址为 host,端口号为 port
10   with myThreadTCPServer((host,int(port)), MyTCPHandler) as server：
11       ♯循环进行收发处理,并在不用时自动关闭
12       server.serve_forever()
```

图 13-10　编写多线程 TCP 服务器的主要步骤

（1）定义一个请求处理类，该类需要继承 BaseRequestHandler（或 StreamRequestHandler）类，并重载其中的 handle() 方法。

（2）定义一个具有多线程功能的 TCPServer 类（如 myThreadTCPServer 类），该类需

255

要结合 ThreadingMixIn 混合类和 TCPServer 类。

（3）创建和初始化一个 myThreadTCPServer 对象，并调用 serve_forever()方法循环运行。

编写简化
的 SMTP
服务器

13.4.2　编写简化的 SMTP 服务器

为了观察 SMTP 客户与服务器的交互过程，本实验编写一个简化的 SMTP 服务器。该服务器不需要存储邮件，也不需要转发邮件，甚至可以不作错误处理。它仅仅使用合适的字符串响应 SMTP 客户的请求，并将请求和响应的交互过程，以及收到电子邮件的内容显示到屏幕上。

简化 SMTP 服务器需要处理的请求命令包括 HELO、MAIL FROM、RCPT TO、DATA 和 QUIT。对于客户发来的其他命令，简化 SMTP 服务器统一采用"502 Command not implemented"进行回应。

1. 程序编写指导

利用网络服务器架构编写的简化 SMTP 服务器，程序结构大致如图 13-11 所示。

```
1    #import socketserver
2
3    #SMTPHandler 类基于 socketserver.BaseRequestHandler。在此类中，需要重写
4    #基类中的 handle 成员函数，处理一个连接的接收发送等工作
5    class SMTPHandler(socketserver.StreamRequestHandler):
6        #重写基类中的 handle 函数
7        def handle(self):
8            #self.client_adderss 是远程客户端的地址
9            #利用 self.rfile.readline()读取对方发来的数据
10           #利用 self.wfile.write()向对方发送数据
11
12           #本类主要完成读取对方发送的数据，根据读取的数据内容向对方发送合适的
13           #回应字符串。同时显示接收的内容和回送的字符串
14           ...
15
16   #SMTPServer 类基于 socketserver.ThreadingMixIn 和 socketserver.TCPserver。
17   #其中，ThreadingMixIn 的主要功能是进行多线程的处理
18   class SMTPServer(socketserver.ThreadingMixIn, socketserver.TCPServer):
19       pass
20
21   #主程序
22   if __name__ == "__main__":
23       #输入 SMTP 服务器使用的 IP 地址、端口号等
24       ...
25       #创建 SMTP 服务器，为该服务器绑定的 IP 地址为 host,端口号为 port
26       with SMTPServer((host,int(port)), SMTPHandler) as server:
27           #激活并运行 SMTP 服务器
28           server.serve_forever()
```

图 13-11　简化 SMTP 服务器的程序结构

在图 13-11 中，第 1 行引入了 socketserver 模块。第 3～14 行定义了一个 SMTPHandler 类。该类继承了 StreamRequestHandler 类，重载了其中的 handle()方法。简化 SMTP 服务器的收发、显示等处理工作全部在该类中完成。这里，可以利用 self.rfile.readline()读取

对方发来的字节序列数据,可以利用 self.wfile.write( )向对方发送回应字节序列。第 16～19 行,定义了一个 SMTPServer 类,该类继承了 ThreadingMixIn 和 TCPserver,可以提供多线程的处理功能。第 21～28 行为主程序,主要创建和初始化了一个 SMTPServer 对象,同时将该对象激活并运行。

2. 测试编写的程序并观察 SMTP 客户和服务器的交互过程

为了测试编写的程序和观察 SMTP 客户与服务器的交互过程,需要运行自己编写程序和一个邮件客户端软件。这两个软件可以在一台主机中运行,也可以在联网的不同主机中运行。

首先,在主机上运行自己编制的简化 SMTP 服务器。程序的运行界面应该与图 13-12 类似[①]。

```
请输入 SMTP 服务器使用的 IP 地址或域名:192.168.3.160
请输入 SMTP 服务器使用的端口号:25
SMTP 服务器启动,准备接收客户端邮件>>>>>>
--------------------------------------------------------------------------
[连接建立,准备接收新邮件]
```

图 13-12　简化 SMTP 服务的初始运行界面

然后运行邮件客户端软件。邮件客户端软件有很多,常见的包括"邮件"、Foxmail 等。其中,"邮件"是 Windows 10 系统集成的邮件客户端软件。这里以"邮件"为例,介绍如何验证简化 SMTP 服务器的正确性,如何观察邮件服务器和客户机的交互过程。

(1)下载和安装"邮件"客户端。Windows 10 系统通常会自动安装"邮件"客户端。如果没有安装,可以在 Windows 10 界面下部的搜索栏搜索关键词"邮件",然后在搜索结果中选中邮件应用█并运行。

(2)添加账户。如果第一次运行邮件应用程序,那么系统首先要求添加账户;如果不是第一次运行,可以在进入程序主界面后单击设置按钮█,在出现的设置界面中再单击"账户管理",即可对账户进行添加和删除操作,如图 13-13 所示。在添加账户对话框中选择"高级设置",如图 13-14(a)所示,在随后出现的界面中再选择"Internet 电子邮件",系统进入"Internet 电子邮件账户"添加界面,如图 13-14(b)所示。添加 Internet 电子邮件账户需要配置很多条目,在配置时需要注意:①由于编写的邮件服务器只关心 SMTP 的基本交互过程,既不对客户进行认证也不判别邮箱是否存在,因此"电子邮件地址""用户名""密码""账户名""使用此名称发送你的邮件""传入电子邮件服务器""账户类型"可以随意填写,只要输入的字符串符合邮件和 IP 地址规则即可。②"传出(SMTP)电子邮件服务器"项一定要填写运行简化 SMTP 服务器的主机 IP 地址。邮件应用程序通过该 IP 地址与编写的简化SMTP 服务器建立 TCP 连接。③"传出服务器要求进行身份验证""需要用于传出电子邮件的 SSL"一定不能选中。如果选中这两项,那么邮件应用程序不会尝试使用非验证、非加密的方式发送电子邮件。配置完成所有项目后,单击图 13-14(b)中的"登录"按钮,即可完成添加账户的工作。

(3)撰写邮件。在邮件应用程序主界面中单击新邮件按钮█,在右部出现的邮件编辑界面中撰写一封邮件,如图 13-15 所示。

---

① 　按照你编写程序输入和输出信息的不同,程序的运行界面可能稍有不同。

图 13-13　通过设置按钮进入账户管理界面

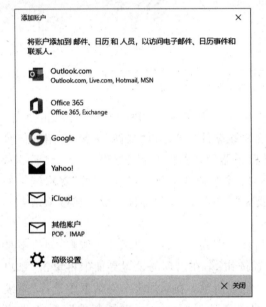

(a) 添加账户对话框

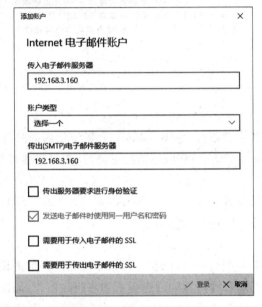

(b) 添加Internet电子邮件账户对话框

图 13-14　"添加账户"对话框

图 13-15　撰写和编辑新邮件

（4）单击图 13-15 中的发送按钮▷，邮件应用程序将开始与编写的简化 SMTP 服务器进行交互。如果第一次使用添加的账户发送邮件，那么邮件应用程序首先会尝试使用加密的、认证的安全方式发送邮件。在安全方式尝试失败之后，邮件应用程序才会尝试使用基本的方式发送邮件。由于编写的简化 SMTP 服务器只提供基本的 SMTP 功能，因此在邮件应用程序尝试安全方式时会收到无法识别的字符。当安全方式尝试失败之后，邮件应用程序利用基本方式发送邮件时，编写的简化 SMTP 应该可以正常工作。在第一次发送邮件尝试结束后，邮件应用程序会记住第一次的尝试结果。再次利用该账户发送邮件时，邮件应用程序将直接使用第一次尝试成功的方式发送邮件。在与邮件应用程序交互时，简化 SMTP 服务器的界面应该与图 13-16 类似。

```
请输入 SMTP 服务器使用的 IP 地址或域名：192.168.3.160
请输入 SMTP 服务器使用的端口号：25
SMTP 服务器启动，准备接收客户端邮件＞＞＞＞＞＞
-----------------------------------------------------------------------
［连接建立，准备接收新邮件］
S：220 192.168.3.160
C：EHLO DESKTOP-TEST
S：502 Command not implemented
C：HELO DESKTOP-TEST
S：250 OK 192.168.3.160
C：MAIL FROM：<alice@abc.edu.cn>
S：250 Sender OK
C：RCPT TO：<bob@xyz.edu.cn>
S：250 Receiver OK
C：DATA
［开始接收邮件内容］
S：354 Go ahead. End with <CRLF>.<CRLF>
C：Date：Tue，11 Feb 2020 20：31：14 ＋0800
C：From："alice@abc.edu.cn" <alice@abc.edu.cn>
C：To：bob <bob@xyz.edu.cn>
C：
C：…
C：
C：SGVsbG8gQm9iLA0KVGhpcyBpcyBhIGhlbGxvIG1lc3NhZ2UgZnJvbSBCb2INCg0K
C：IEJlc3QgcmVnYXJkcywNCiBBbGljZQ0KDQo=
C：
C：…
C：
C：
［完成邮件内容接收］
S：250 Message accepted for delivery
C：QUIT
S：221 Quit，Goodbye!
［本次邮件接收完成］
-----------------------------------------------------------------------
```

图 13-16　简化 SMTP 服务的接收邮件后的界面

（5）如果邮件应用程序发送邮件失败，或者边界的简化 SMTP 服务器没有收到邮件，说明编写的程序或邮件应用程序设置有问题，需要认真检查和修改，直到完全正确。

在简化 SMTP 服务器能够正确接收和显示信息后，仔细观察 SMTP 客户机与服务器的交互过程,你会对 SMTP 及电子邮件的通信过程有更深入的理解。

练 习 题

1. 填空题

(1) 在 TCP/IP 互联网中,电子邮件客户端程序向邮件服务器发送邮件使用_____协议,电子邮件客户端程序查看邮件服务器中自己的邮箱使用_____或_____协议,邮件服务器之间相互传递邮件使用_____协议。

(2) SMTP 服务器通常在_____的_____端口守候,而 POP3 服务器通常在_____的_____端口守候。

(3) 在 SMTP 中,MAIL FROM 命令的含义是_____。

(4) 在流式 socket 编程中,经常会用到一个 bind()函数(或方法)。该函数(或方法)的意义是_____。

2. 单选题

(1) 电子邮件系统的核心是( )。

    A. 电子邮箱   B. 邮件服务器

    C. 邮件地址   D. 邮件客户机软件

(2) 某用户在域名为 mail.abc.edu.cn 的邮件服务器上申请了一个电子邮箱,邮箱名为 wang,那么该用户的电子邮件地址是( )。

    A. mail.abc.edu.cn@wang   B. wang％mail.abc.edu.cn

    C. mail.abc.edu.cn％wang   D. wang@mail.abc.edu.cn

(3) 在 POP3 认证阶段可以使用的命令是( )。

    A. STAT   B. PASS

    C. LIST   D. RETR

(4) 关于 SMTP 和 POP3 中的响应,正确的是( )。

    A. SMTP 的响应以 3 位数字开始,POP3 的响应以"＋"或"－"开始

    B. SMTP 的响应以"＋"或"－"开始,POP3 的响应以 3 位数字开始

    C. SMTP 和 POP3 的响应都以"＋"或"－"开始

    D. SMTP 和 POP3 的响应都以 3 位数字开始

3. 实操题

(1) Windows 10 集成的邮件应用程序发送的邮件通常都采用了 quoted-printable 编码或 base64 编码。利用编写的简化 SMTP 服务器捕获邮件应用程序发送的编码数据,而后从 Internet 中查找一个在线解码工具,使用解码工具对其捕获的数据进行解码,试一试能否还原出原始的内容。

(2) 参照本章给出的简化 SMTP 服务器程序,编写一个简化的 POP3 服务器程序。利用这个简化的 POP3 服务器程序和邮件客户端(如 Windows 10 集成的邮件应用程序)通信,观察 POP3 客户与服务器的命令交互过程。

第 14 章　Web 服 务

本章要点

➤ Web 系统中信息的传输模式
➤ Web 服务器和 Web 浏览器的主要功能
➤ URL 地址表示法
➤ 超文本传输协议 HTTP
➤ 超文本标记语言 HTML

动手操作

➤ 配置 Web 服务器

Web 服务也称 WWW(world wide web)服务,是目前 TCP/IP 互联网上最方便和最受欢迎的信息服务类型。它的影响力已远远超出了专业技术的范畴,并且已经进入了社会生活的诸多领域。Web 服务的出现是 TCP/IP 互联网发展中一个革命性的里程碑。

14.1　Web 的基本概念

Web 是 TCP/IP 互联网上一个完全分布的信息系统,最早由欧洲核物理研究中心的 Tim-Berners Lee 主持开发,其目的是为研究中心分布在世界各地的科学家提供一个共享信息的平台。当第一个图形界面的 Web 浏览器 Mosaic 在美国国家超级计算应用中心 NCSA 诞生后,Web 系统逐渐成为 TCP/IP 互联网上不可或缺的服务系统。

14.1.1　Web 服务系统

Web 服务采用客户机/服务器工作模式。它以超文本标记语言(hyper text markup language,HTML)与超文本传输协议(hypertext transfer protocol,HTTP)为基础,为用户提供界面一致的信息浏览系统。在 Web 服务系统中,信息资源以页面(也称网页或 Web 页面)的形式存储在服务器(通常称为 Web 站点或网站)中,这些页面采用超文本方式对信息进行组织,通过链接将一页信息接到另一页信息,这些相互链接的页面信息既可放置在同一主机上,也可放置在不同的主机上。页面到页面的链接信息由统一资源定位符(uniform resource locators,URL)维持,用户通过客户端应用程序(即浏览器)向 Web 服务器发出请求,服务器根据客户端的请求内容将保存在服务器中的某个页面返回给客户端,浏览器接收到页面后对其进行解释,最终将图、文、声并茂的画面呈现给用户。Web 服务工作模式如图 14-1 所示。

图 14-1　Web 服务流程

与其他服务相比,Web 服务具有其鲜明的特点。它具有高度的集成性,能将各种类型的信息(如文本、图像、声音、动画、视频等)与服务(如 FTP 等)紧密连接在一起,提供生动的图形用户界面。Web 不仅为人们提供了查找和共享信息的简便方法,还为人们提供了动态多媒体交互的最佳手段。总的来说,Web 服务具有以下主要特点。

- 以超文本方式组织网络多媒体信息。
- 用户可以在整个互联网范围内任意查找、检索、浏览及添加信息。
- 提供生动直观、易于使用、统一的图形用户界面。
- 服务器之间可以互相链接。
- 可访问图像、声音、影像和文本信息。

14.1.2　Web 服务器

Web 服务器可以分布在互联网的各个位置,每个 Web 服务器都保存着可以被 Web 客户共享的信息。Web 服务器上的信息通常以 Web 页面的方式进行组织。页面一般都是超文本文档,也就是说,除了普通文本外,它还包含指向其他页面的指针(通常称这个指针为超链接)。利用 Web 页面上的超链接,可以将 Web 服务器上的一个页面与互联网上其他服务器的任意页面进行关联,使用户在检索一个页面时,可以方便地查看其相关页面。图 14-2 显示了 Web 服务器上存储的超文本 Web 页面,这些页面可以在同一台服务器上,也可以分布在互联网上不同的服务器中,但它们通过超链接进行关联,用户一旦检索到财务页面,就可以顺着财务页面这根"藤",摸到销售、制造、产品这三个"瓜"。

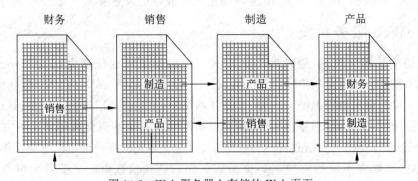

图 14-2　Web 服务器上存储的 Web 页面

超链接不但可以将一个 Web 页面与另一个 Web 页面相互关联,而且可以将一个 Web 页面与图形图像、音频、视频等多媒体信息进行关联,形成所为的超媒体信息。例如,一个介绍老虎的页面,不但可以通过超链接与虎的文字描述页面关联,也可以通过超链接与虎的音频和视频文件相关联。这样,用户就可以通过文字、声音和视频对虎有一个全面的了解,如图 14-3 所示。

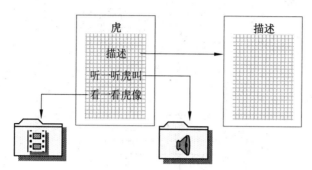

图 14-3　页面通过超链接与音频和视频相关链

Web 服务器不但需要保存大量的 Web 页面,而且需要接收和处理浏览器的请求,实现 HTTP 服务器功能,如图 14-4 所示。通常,Web 服务器通常在 TCP 的 80 端口侦听来自 Web 浏览器的连接请求。当 Web 服务器接收到浏览器对某一页面的请求信息时,服务器搜索该页面,并将该页面返回给浏览器。

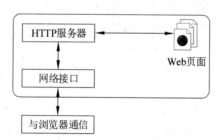

图 14-4　Web 服务器的主要组成部分

14.1.3　Web 浏览器

Web 的客户程序称为 Web 浏览器(browser),它是用来浏览服务器中 Web 页面的软件。

在 Web 服务系统中,Web 浏览器负责接收用户的请求(例如,用户的键盘输入或鼠标输入),并利用 HTTP 将用户的请求传送给 Web 服务器。在服务器请求的页面送回到浏览器后,浏览器再将页面进行解释,显示在用户的屏幕上。

从浏览器的结构上讲,浏览器由一个控制单元和一系列的客户单元、解释单元组成,如图 14-5 所示。控制单元是浏览器的中心,它协调和管理客户单元和解释单元。控制单元接收用户的键盘或鼠标输入,并调用其他单元完成用户的指令。例如,用户输入了一个请求某一 Web 页面的命令或单击了一个超链接,控制单元接收并分析这个命令,然后调用 HTML 客户单元并由客户单元向 Web 服务器发出请求,当服务器返回用户指定的页面后,控制单元再调用 HTML 解释器解释该页面,并将解释后的结果通过显示驱动程序显示在用户的屏幕上,如图 14-5 所示。

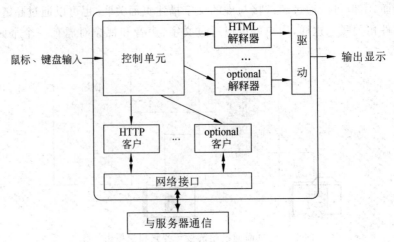

图 14-5　Web 浏览器的主要组成部分

通常,利用 Web 浏览器,用户不仅可以浏览 Web 服务器上的 Web 页面,而且可以访问互联网中其他服务器和资源(例如 FTP 服务器等)。当用户访问这些服务器和资源时,控制单元将调用其他的客户和解释单元,完成其资源的请求和解释工作。

浏览器软件应具备的主要功能包括以下方面。

(1) 指定请求的页面。指定请求的页面可以通过键盘输入,也可以单击页面中的超链接。当显示浏览的界面时,浏览器通常以加亮或加下画线方式显示带有超链接的文字内容,用户可以单击这段文字请求另一个页面。当然,图像或图标也可以带有超链接,用户也可以通过单击来指定下一个页面。

(2) 历史(history)与书签(bookmark)功能。当用户使用 history 命令时,用户能得到最后访问过的一些页面。实际上,history 命令只记录一个用户最新访问过的页面地址列表。bookmark 命令能够提供更多的网页地址的记录。当用户将一个网页地址加入书签表中时,只要用户不将它移出或更换,它将一直被保留在书签中。

(3) 选择起始页。起始页是你打开窗口后第一个在屏幕中出现的页面。用户可以自行设置和修改起始页,也可以随时将起始页恢复到默认状态(default)。

(4) 保存与打印页面。一般的浏览器软件都提供了将页面作为一个文件保存到用户计算机中的功能。用户可以将一个页面保存为一个磁盘文件,而不是将该网页显示在屏幕上。当这个文件存入磁盘后,用户可以正常打开文件的方式显示页面。另外,用户也可以根据需要,打印当前网页。

(5) 缓存功能。目前的 Web 浏览器通常都具有缓存功能,它将近期访问过的 Web 页面存放在本地磁盘。当用户通过键盘或鼠标请求一个页面时,浏览器首先从本地缓冲区中进行查找,只要缓冲区中保存了该页面而且该页面没有过期,浏览器就不再请求远程的 Web 服务器。当然,浏览器需要一定的机制保证缓存区中页面的有效性。一旦发现过期的页面,立即将其删除,以免造成缓冲区中的页面与远程服务器中的页面不一致。

14.1.4　页面地址 URL

互联网中存在众多的 Web 服务器,而每台 Web 服务器中又包含很多页面,那么用户如何指明要请求和获得的页面呢？这就要求助于统一资源定位符(uniform resource locators, URL)了。利用 URL,用户可以指定要访问什么协议类型的服务器,互联网上的哪台服务器,以及服务器中的哪个文件。URL 一般由三部分组成:协议类型、主机名和路径及文件名。例如,某学校 Web 服务器中一个页面的 URL 为:

http://abc.edu.cn/student/network.html

协议类型　主机名　　路径及文件名

其中"http:"指明要访问的服务器为 Web 服务器;abc.edu.cn 指明要访问的服务器的主机名,主机名可以是该主机的 IP 地址,也可以是该主机的域名;/student/network.html 指明要访问页面的路径及文件名。

实际上,URL 是一种较为通用的网络资源定位方法。除了指定"http:"访问 Web 服务器之外,URL 还可以通过指定其他协议类型访问其他类型的服务器。例如,可以通过指定"ftp:"访问 FTP 文件服务器,可以通过指定"file:"访问本地主机文件系统中的文件。

在 Web 服务系统中,可以使用忽略路径及文件名的 URL 指定 Web 服务器上的默认页面。例如,如果浏览器请求的页面为 http://abc.edu.cn/,那么,服务器将使用它的默认页面(文件名通常为 index.html 或 default.html 等)进行响应。

14.2　Web 系统的传输协议

超文本传输协议 HTTP 是 Web 客户机与 Web 服务器之间的传输协议。它建立在 TCP 基础上,是一种无状态的传输协议。所谓无状态是指 HTTP 服务器不记录 HTTP 客户端的状态信息,它为客户所做的工作马上就会"忘记"。即使客户端进行了连续两次相同的请求,服务器需要对这两个请求逐一应答,不会因为这两个请求相同且连续而尝试忽略其中一个。

由于下层使用 TCP,因此 HTTP 不必考虑 HTTP 请求或应答数据的丢失问题。在默认情况下,HTTP 服务器使用 TCP 的 80 端口等待客户端连接请求的到来。

14.2.1　HTTP 信息交互过程

HTTP 支持两种形式的信息交互过程,一种为非持久连接(nonpersistent),一种为持久连接(persistent)。

1. 非持久连接

不论早期的 HTTP 版本还是当前的 HTTP 版本,它们都支持非持久连接方式。在采用非持久连接方式时,每个 TCP 连接只传送一个请求报文和一个响应报文。如果一个 Web 页面包含多个对象(例如,页面上含有多个图像链接),那么需要为每个对象建立一个新的 TCP 连接。例如某一 Web 浏览器需要访问的页面为 http://abc.edu.cn/network.html。除包含文字信息外,页面 network.html 中还包含 10 幅图像信息,那么在采用非持久连接方式时,HTTP 服务器和 HTTP 客户机的交互过程如下。

(1) HTTP 客户机向 HTTP 服务器 abc.edu.cn 的 80 端口请求一个 TCP 连接;

（2）HTTP 服务器对连接请求进行确认，TCP 连接建立过程完成；

（3）HTTP 客户机发出页面请求报文（如 GET /network.html）；

（4）HTTP 服务器 abc.edu.cn 以 network.html 页面的具体内容进行响应；

（5）HTTP 服务器通知下层的 TCP 关闭该 TCP 连接；

（6）HTTP 客户机将收到的页面 network.html 交由 Web 浏览器进行显示；

（7）对于 network.html 页面上的 10 个图像对象，浏览器重复上面步骤（1）～（6），为每个图像对象建立一个新的 TCP 连接，从服务器获得对象信息并进行显示。

2. 持久连接

非持久连接方式需要为每个请求的对象建立和维护一个新的 TCP 连接，因此 TCP 连接需要不断地建立和关闭。这样不但增加了 Web 服务器的负担，而且每次 TCP 的建立和关闭也增加了请求单元的响应时间。因此，新版本的 HTTP 增加了持久连接方式。目前，持久连接方式是多数服务器和浏览器的默认支持方式。

在持久连接方式下，服务器在发送响应信息后保持该 TCP 连接，在相同的客户机和服务器之间的后续请求和响应报文可以通过已建立的该 TCP 连接进行传送。这样，一个完整的 Web 页面，不论其包含着多少对象单元都可以通过一个 TCP 连接进行传送，不用为每个对象建立一个新 TCP 连接。有时候，一台客户机可以利用单一的 TCP 连接将多个 Web 页面从一台服务器下载下来。如果一个 TCP 连接在一定时间间隔内没有被使用，那么 HTTP 服务器就通知 TCP 软件关闭该连接。当然，客户机也可能主动发出关闭 TCP 连接的请求，这时，服务器也会通知 TCP 软件关闭连接。

14.2.2 HTTP 报文格式

为了保证 Web 客户机与 Web 服务器之间通信不会产生二义性，HTTP 精确定义了请求报文和响应报文的格式。HTTP 请求报文包括一个请求行和若干个报头行，有时还可能带有报文体。报文头和报文体以空行分隔。请求行包括请求方法、被请求的文档，以及 HTTP 版本。图 14-6 是一个简单的检索请求报文。请求报文的第一行是请求行，在请求行中指明方法为 GET（检索报文），请求页面的路径及文件名为/network.html，使用的 HTTP 的版本号为 1.1。报头 HOST 指出请求页面所在的主机 IP 地址 192.168.0.66，而 User-Agent 则显示了用户使用 Web 浏览器的类型。

```
GET/network.html HTTP/1.1
HOST：192.168.0.66
User-Agent：Mozilla/4.0 (Compatible；MSIE5.01；Windows NT 5.0)
...
...
```

图 14-6 检索请求报文

HTTP 应答报文包括一个状态行和若干个报头行，并可能在空行后带有报文体。其中，状态行包括 HTTP 版本、状态码、原因等内容。图 14-7 是一个简单的 Web 服务器应答报文。报文的第一行是状态行，其中 200 是状态码。状态码由三位数字组成，2××表示成功，4××表示客户方出错，5××表示服务器方出错。报头 Server 指出 HTTP 服务器软件

是什么，而 Content-Type 和 Content-Length 分别指出文档的数据类型和长度。从
<HTML>开始是报文体，它是服务器响应的文档。

```
IITTP/1.1 200 OK
Server：Microsoft-IIS/5.0
Content-Type：text/html
Content-Length：1086

<HTML>
…
…
</HTML>
```

图 14-7　应答报文

14.3　Web 系统的页面表示方式

　　Web 服务器中所存储的页面是一种结构化的文档，采用超文本标记语言 HTML 书写
而成。一个文档如果想通过 Web 浏览器来显示，就必须符合 HTML 的标准。HTML 是
Web 世界的共同语言。

　　HTML 是 Web 上用于创建超文本链接的基本语言，可以定义格式化的文本、色彩、图
像与超文本链接等，主要用于 Web 页面的创建与制作。由于 HTML 编写制作的简易性，它
对促进 Web 的迅速发展起到了重要作用。HTML 作为 Web 的核心技术在互联网中得到
了广泛应用。

　　按照标准的 HTML 规范，不同厂商开发的 Web 浏览器、Web 编辑器与 Web 转换器等
各类软件可以按照同一标准对页面进行处理，这样用户就可以自由地在 Web 世界中漫游。

　　HTML 是一个简单的标记语言，它主要用来描述 Web 文档的结构。用 HTML 描述的
文档由两种成分组成，一种是 HTML 标记(tag)，另一种是普通文本。HTML 标记封装在
"<"和">"之中，不区分大小写字母。大部分标记是成对出现的，如<HEAD>及
</HEAD>是一对标记，分别称为开始标记和结束标记，这对标记将它所影响的文本夹在
了中间。也有一些标记是单个出现的，称为元素标记，如<IMG>是图像元素的开始标记，
但它无结束标记。

　　许多标记附有必需的或可选的属性(attribute)，它可以提供进一步的信息以便于浏览
器的解释。属性的形式为"属性名＝属性值"，多个属性之间可以用空格分开。例如<IMG
src＝"http://abc.edu.cn/lan.jpg" alt＝"LAN Image">中，IMG 为标记，src 和 alt 是属
性名。

1. 基本结构标记

　　HTML 中的基本结构标记包括<HTML>、</HTML>、<HEAD>、</HEAD>、
<TITLE>、</TITLE>、<BODY>和</BODY>。

　　通常，一个 HTML 文档以<HTML>开始，以</HTML>结束。夹在<HEAD>和

</HEAD>之间的信息为文档的头部信息,而夹在<BODY>和</BODY>之间的信息为文档的主体信息。在头部信息中,夹在<TITLE>和</TITLE>之间的信息形成了文档的标题。

一个文档的标题信息一般显示在浏览器的标题栏中,而文档的主体信息显示在浏览器的主窗口中。图 14-8 给出了一个简单的 HTML 文档以及浏览器对它的解释结果。从中可以看到源 HTML 文档标题和主体信息在浏览器中的显示位置。

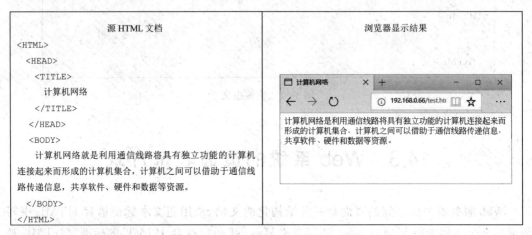

图 14-8 HTML 的基本结构标记事例

2. 段落标记

HTML 中最基本的元素是段落,段落可以用<P>表示,浏览器将段落的内容从左到右,从上到下显示。

3. 图像标记

如果希望在文档中嵌入图像,可以使用<IMG>标记。例如,如果希望将主机 192.168.0.66 上的图像 network.png 嵌入页面中,可以使用<IMG src="http://192.168.0.66/network.png">。其中属性 src 是必需的,它的值说明图像的具体位置。图 14-9 给出了一个嵌入图像的 Web 页面。从图中可以看到,HTML 并没有将真正的图像数据插入页面文档中,而仅仅嵌入图像的具体存放位置和名字。浏览器在解释该文档过程中,必须首先从 src 指定的位置获得该图像,然后才可能将它显示在屏幕上。

4. 超链接标记

超链接标记是 HTML 中非常有特色的一个标记,它能将一个文档与其他文档进行关联,形成所谓的超文本。超链接标记的基本语法是:

<A HREF="URL 或文件名">文本字符串</A>

其中,属性 HREF 指定相关联文档的具体位置,而文本字符串是该超链接在浏览器窗口中显示的文字。在图 14-10 中,我们增加了三个超链接标记,这三个超链接分别指向 192.168.0.66 服务器上的 lan.html、man.html 和 wan.html 文档。浏览器通常以下画线(或高亮度)方式显示带有超链接的文本(如局域网、城域网和广域网)。当用户在浏览器窗口中单击这些带有超链接的文本时,浏览器就去检索并显示这些超链接指定的文档。

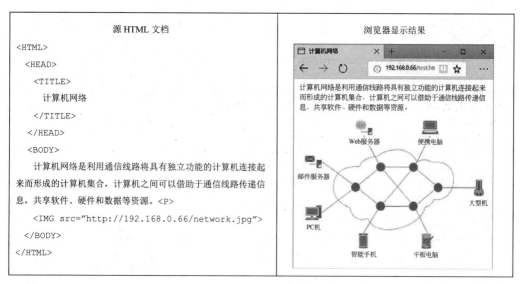

图 14-9　HTML 中图像标记的使用

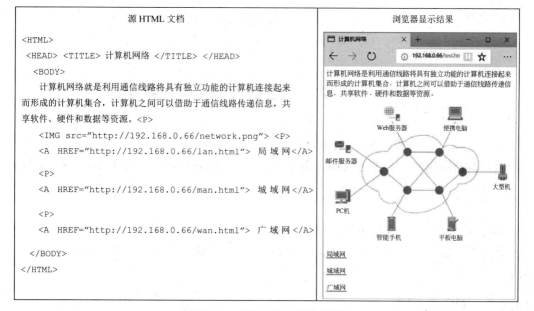

图 14-10　文字形式的超链接标记

不但可以使用文字作为超链接,也可以使用图像作为超链接。使用图像作为超链接的形式为:

```
<A HREF="URL 或文件名"><IMG src="图像文件名"></A>
```

浏览器通常为带有超链接的图像加有彩色边框。用户单击这些图像,浏览器就会去抓取并显示这些超链接指定的文档,如图 14-11 所示。

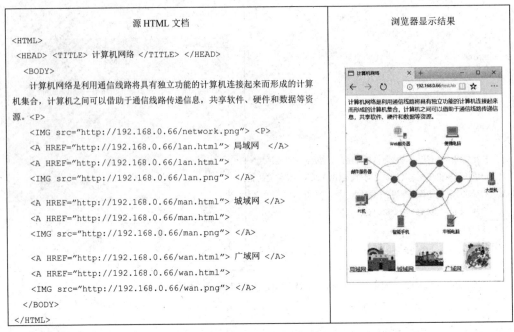

图 14-11　图像形式的超链接标记

14.4　实验：配置 Web 服务器

目前,市场上流行很多 Web 服务器软件。这些软件有的功能齐全,有的小巧简单,用户可以根据自己应用的特点进行选择。在这些 Web 服务器软件中,运行于 Windows 操作系统上的 Internet information server(IIS)和运行于 Linux 上的 Apache Web server 最为常用。

Web 网站通常运行在服务器上(如 Windows server、Linux server 或 UNIX server),但微型计算机中也可以运行 Web 服务,只不过有些功能受限。本实验将在 Windows 10 操作系统下,对 IIS 进行配置。

14.4.1　IIS 的安装

尽管 Windows 10 内置了 IIS,但是作为个人使用的终端操作系统,Windows 10 不会自动安装 IIS。

为了在 Windows 10 中安装 IIS,可以按如下步骤依次操作。①单击屏幕左下角的"开始"图标⊞,在出现的屏幕上单击"设置"按钮⚙;②当设置对话框出现时,单击其中的"应用"按钮☰;③在应用程序设置界面,单击右侧的"程序和功能";④当出现程序和功能对话框后,单击左侧的"启用和关闭 Windows 功能"按钮,系统将进入"启用和关闭 Windows 功能"对话框,如图 14-12 所示。通过选中需要的服务,可以在系统加载相应的功能。

在图 14-12 中选中"万维网服务",系统会自动选择一些常用的功能模块。利用这些模

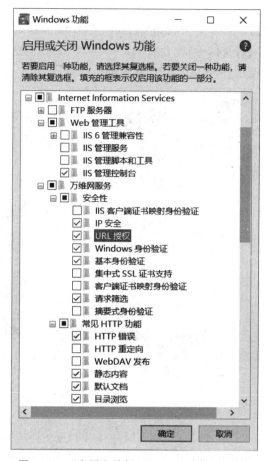

图 14-12　"启用和关闭 Windows 功能"对话框

块,可以创建一个简单的 Web 网站。本次实验请按照图 14-12 选择功能模块,并在完成后
单击"确认"按钮,系统将开始安装选定的服务及功能模块。

14.4.2　IIS 的配置

IIS 的配置比较繁杂,本小节主要介绍 IIS 管理控制台的使用方法、网站的启动与停止、
IP 和端口号绑定、物理路径和默认文档设置、虚拟目录和应用程序的创建、地址限制和身份
验证的配置、新建网站等内容。

1. IIS 管理控制台

管理 IIS 服务需要在 IIS 管理控制器中进行。在安装 IIS 服务之后,单击屏幕左下角的
⊞,然后在弹出的列表中启动 IIS 管理器。

IIS 管理器的界面整体上分成了三部分,如图 14-13 所示。界面的左部是目录树,列出
了可以管理的网站和网站下的目录;中部可以通过界面下方的按钮选择"功能视图"或"内容
视图"。在单击目录树的某一项后,如果选择的是"功能视图",那么中部显示的是这一级
别下可配置的功能模块。如果选择的是"内容视图",那么中部显示的这一基本下目录包
含的内容;界面的右部是具体的配置项。这些配置项会随左部、中部选择内容的不同而

不同。

例如,在图 14-13 中如果选择默认网站 Default Web Site,那么该网站可以配置的功能(如 IP 地址和域名限制、默认文档等)就会在中部的"功能视图"中显示。同时,可以配置的具体项目(如绑定、启动、停止等)也会出现在界面的右部。

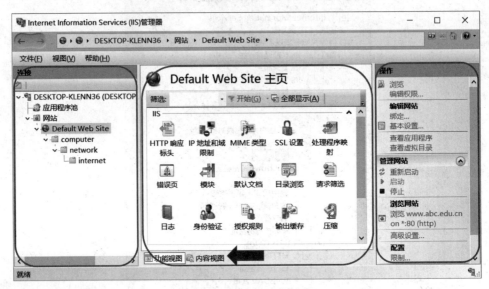

图 14-13   IIS 管理控制台

2. 网站的启动与停止

如果一个网站当前为"停止"状态,那么可以在左部的目录区选中该网站(如图 14-13 中的 Default Web Site),然后单击右部的"启动"按钮,以开始该网站的服务;如果一个网站当前为"启动"状态,那么可以在左部的目录区域选中该网站,然后单击右部的"停止"按钮,以停止该网站的服务。另外,运行中的网站也可以重新启动,这时只要单击右部的"重新启动"按钮即可。

3. 地址绑定

网站建立时已经绑定了 IP 地址和端口号。如果之后希望修改,那么可以按照如下步骤进行。

(1) 在图 14-13 所示的左部目录树中选中该网站(如 Default Web Site),然后在界面右部单击"绑定"按钮。

(2) 在"网站绑定"对话框出现后,如图 14-14 所示,既可以修改原有的绑定,也可以添加新的绑定。要修改原有的绑定,可以选中需要修改的绑定条目,并单击"编辑"按钮。在"编辑网站绑定"对话框,修改网站使用的 IP 地址、TCP 端口号和域名,如图 14-15 所示。如果绑定的 IP 地址为"全部未分配",那么该网站绑定的地址为本机所有可用的 IP 地址。

(3) 要添加新的绑定,可以在图 14-14 所示的对话框中单击"添加"按钮。在"添加网站绑定"对话框,可以指定网站使用的 IP 地址、TCP 端口号和域名,如图 14-16 所示。在添加新绑定时,IP 地址、端口号、主机名 3 个参数中至少应该有一个参数与原有的绑定不同,否则新的绑定就没有意义。

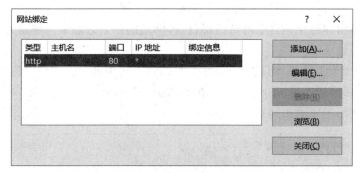

图 14-14　"网站绑定"对话框

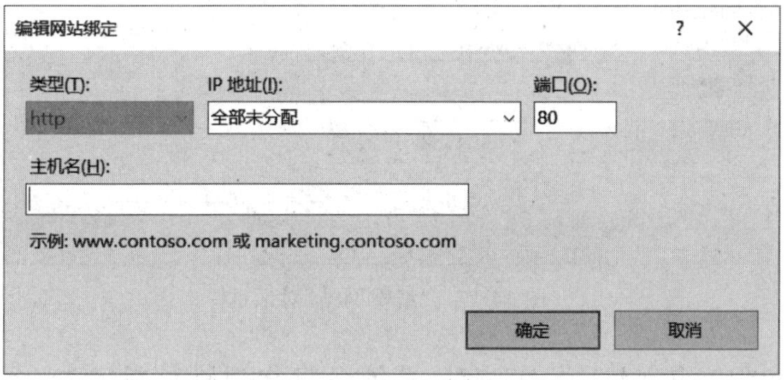

图 14-15　"编辑网站绑定"对话框

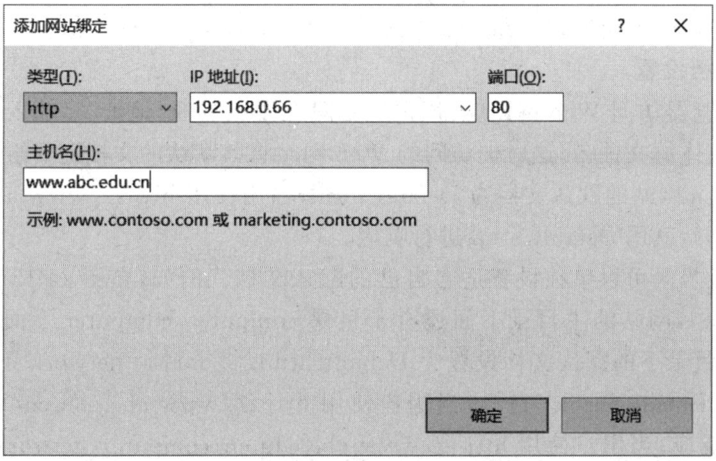

图 14-16　"添加网站绑定"对话框

4. 基本设置

基本设置包括了网站使用的应用程序池设置和网站的起始物理路径设置。

一个应用程序池是一个或多个应用程序工作进程的集合。因为不同的应用程序池相互隔离,所以一个应用程序池中的应用进程出现问题,不会影响到其他应用程序池中的应用进程。IIS 可以将多个网站放入一个应用程序池中,以节省资源;也可以将不同的网站放入不同的应用池中,以避免一个网站出现问题,影响另一个网站。

网站的起始物理路径相当于网站的根目录,网站的根目录通常与磁盘的根目录不同,位于一个磁盘的子目录下。

为了设置网络的这些基本设置,可以在左部的目录树中选中需要设置的网站,如图 14-13 所示,然后在右部区域单击"基本设置"。在如图 14-17 所示的"编辑网站"对话框中,可以修改网站使用的应用程序池和网站的物理路径。

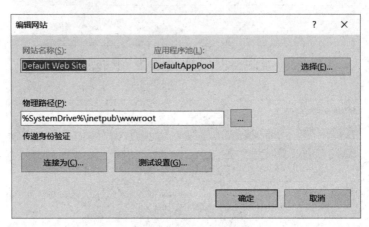

图 14-17 "编辑网站"对话框

在 Windows 10 中创建 IIS 网站时,系统会将物理路径指定为％SystemDrive％\inetpub\wwwroot,即系统盘的\inetpub\wwwroot。在修改物理路径时,一定要注意物理路径对应的磁盘目录的用户使用权限。如果访问该网站的用户(如匿名用户)没有使用该目录的相应权限,访问时就会出现问题。

5. 默认文档设置

在通过浏览器访问 Web 网站时,用户通常只在浏览器的"地址"栏输入 Web 网站的地址,而不指定具体的文件名,这时被访问的 Web 网站将其默认的文档返回给浏览器。例如,www.abc.edu.cn 网站的默认文档为 Default.html,当用使用 http://www.abc.edu.cn/访问这个网站时,网站就用 Default.html 进行响应。

IIS 的每级目录可以单独设置适合自己的默认文档。例如,在图 14-13 显示的 Default Web Site 网站中,网站的主目录下面还有子目录 computer,computer 下面还有 network。我们可以将主目录下的默认文档设置为 Default.html,将子目录 network 下的默认文档设置为 Network Default.html。这样,当用户使用 http://www.abc.edu.cn/访问时,网站用 Default.html 响应;当用户使用 http://www.abc.edu.cn/computer/network/访问时,网站就用 Network Default.html 网页响应。

为了简化设置,IIS 允许子目录继承父目录设置的默认文档。也就是说,父目录使用什么样的默认文档,子目录就是用什么样的默认文档。

在同一级目录下,可以指定多个默认文档。网站在响应用户的请求时,按照顺序查找应该使用的默认文档。例如,可以指定主目录的默认文档为 Default.html 和 index.html。当用户使用 http://www.abc.edu.cn/访问时,网站首先搜索 Default.html。如果 Default.html 存在,就用该文档响应;否则,再去搜索 index.html。

在 IIS 中,用户可以指定是否启用默认文档、增加和删除默认文档、改变默认文档的匹配顺序等。为了完成这项工作,首先需要在图 14-13 显示界面的左部目录树中选择需要设置的目录(如 Default Web Site 下的 computer 目录),然后在中部区域的"功能视图"中单击"默认文档",则相应的配置界面将显示出来,如图 14-18 所示。

图 14-18　"默认文档"配置界面

在图 14-18 显示的界面中,可以利用界面右部的"禁用"和"启用"按钮禁用和启动默认文档,利用"添加"按钮添加一个新的默认文档。当选中功能区域的一个默认文档时,可以利用"删除"按钮将其删除,也可以利用"上移""下移"按钮改变默认文档的搜索顺序。如果希望该目录继承父目录的默认文档,那么直接单击"恢复为父项"即可。

6. 创建虚拟目录和应用程序

网站通常按照多级目录的方式进行组织。如果用户需要访问的文档,存储位置比较深,那么需要给出的 URL 就会比较繁长。假如用户需要访问 www.abc.edu.cn 网站中位于 computer/network/internet 下的 rfc.html 文档,那么用户需要输入的 URL 为 http://www.abc.edu.cn/computer/network/internet/rfc.html。为了简化用户输入,在 IIS 中可以使用虚拟目录。

所谓的虚拟目录,就是指向物理目录路径的指针,用一个逻辑目录代替繁长的物理目录路径。在图 14-13 中右击界面左部的 Default Web Site,在弹出的菜单中选择"添加虚拟目录",系统将显示"添加虚拟目录"对话框(见图 14-19)。

在图 14-19 中输入别名(如 vinternet)和对应的物理路径(如 C:\inetpub\wwwroot\computer\network\internet),单击"确定"按钮,系统将在 Default Web Site 之下建立一个虚拟目录 vinternet,如图 14-20 所示。以后,用户可以使用 http://abc.edu.cn/vinternet/rfc.html 代替 http://www.abc.edu.cn/computer/network/internet/rfc.html。

虚拟目录既可以在主目录中添加,也可以在各级子目录中添加。例如,可以在 computer 中添加一个 vint 虚拟目录,使其指向物理路径 C:\inetpub\wwwroot\computer\network\internet。这样,用户访问网站可以使用 URL 为 http://www.abc.edu.cn/

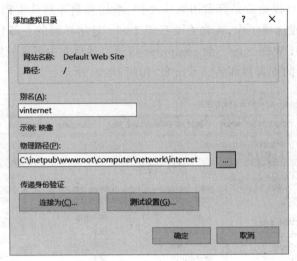

图 14-19 "添加虚拟目录"对话框

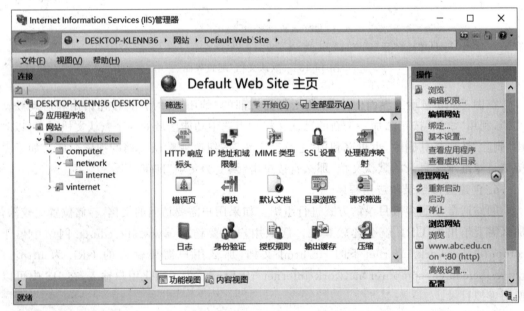

图 14-20 添加虚拟目录后的 IIS 管理器

computer/vint/rfc.html。

　　网站中除了使用虚拟目录,也可以使用应用程序。虚拟目录和应用程序比较类似,不过应用程序可以选择使用其他的应用程序池。

　　7. 用户身份验证

　　为了保证网站内容不被非授权用户使用,IIS 提供了用户身份验证功能。IIS 的用户身份认证有多种方式,其中包括了匿名身份验证、基本身份验证、Windows 身份验证、摘要身份验证等。在 Windows 10 实验环境下,并不是所有的身份验证都可以使用。

　　(1) 匿名身份验证。用户访问网站时无须提供账号和密码,网站用一个特殊的账号为用户打开资源。在 IIS 建立的网站,默认允许匿名访问。

(2)基本身份验证。用户在访问网站时要求向网站提供有效的账号和密码。该方式是 HTTP 规范中定义的标准方式,主流浏览器都应该支持。在该方式中,用户提供的账号和密码通过明文(未加密方式)传递给 Web 服务器,因此存在一定的安全隐患。

(3)Windows 身份验证。该验证方式是 Windows 系统特有的方式,利用加密的办法传输用户提供的账号和密码,比基本验证安全。由于不适用于非 Windows 系统,因此不适合在 Internet 等大型互联网环境下应用。

(4)摘要身份验证。摘要身份验证利用 Windows 域控制器进行验证,提供了很高的安全性。使用这种方式,要求网站加入一个 Windows 域控制器。由于实验使用的主机系统通常都不会加入域,因此不能使用这种验证方式。

如果要改变网站的身份验证方式,可以在图 14-13 的左部目录树中选中需要配置的网站(如 Default Web Site 网站),然后双击中部功能视图中的"身份验证"图标,"身份验证"界面将出现的屏幕上,如图 14-21 所示。图 14-21 中部的功能视图中,列出了已经安装的认证模块。如果需要的认证方式没有列出,那么需要按照安装 IIS 时的方法,选中需要认证的模块并进行安装。

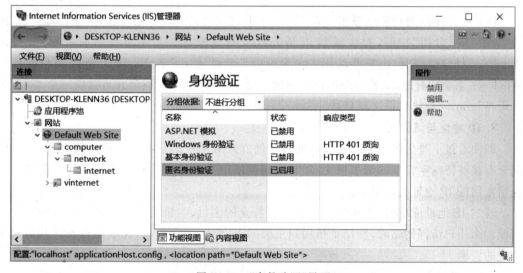

图 14-21　"身份验证"界面

(1)匿名身份验证配置。在图 14-21 中,选中"匿名身份验证"条目,通过右侧的"禁用"或"启用"按钮,允许或禁止匿名访问。除此之外,匿名身份验证通常不需要进行其他配置。在 IIS 安装时,系统为匿名验证方式建立了一个特殊的账号 IUSR。用户通过匿名方式访问网站时,网站就使用这个特殊的账号访问磁盘系统。如果希望使用自己创建的账号作为匿名账号,那么可以单击图 14-21 右侧的"编辑"按钮进行修改。修改匿名账号一定要注意账号的使用权限,否则会造成拒绝用户访问等问题。

(2)基本身份验证设置。在图 14-21 中,选中"基本身份验证"条目,通过右侧的"禁用"或"启用"按钮,允许或禁止基本身份验证。在使用基本身份验证时,一定要将禁用匿名身份进行验证,否则基本身份验证就形同虚设。另外,在使用基本身份验证时,需要在运行网站的主机上为用户创建用户账号。创建账号可以通过依次单击"开始"→"Windows 管理工具"→"计算机管理"进入计算机管理界面,而后选中"本地用户和组"之下的"用户"。右击"用户",在弹出的菜单中选择"新用户"命令,可以创建一个新账号,如图 14-22 所示。

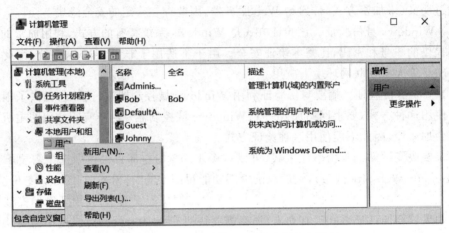

图 14-22　在"计算机管理"界面中添加新账号

（3）Windows 身份验证设置。在图 14-21 中,选中"Windows 身份验证"条目,通过右侧的"禁用"或"启用"按钮,允许或禁止 Windows 身份验证。与基本身份验证相同,使用 Windows 身份验证时,也需要禁用匿名身份验证和创建用户账号。Windows 身份验证是 Windows 系统特有的,如果一个单位的内网全部采用 Windows 系统并进行统一管理,那么采用 Windows 身份验证比较合适。

8. IP 地址与域限制

即使通过了身份认证,IIS 还可以通过其他方式对用户的访问请求进行限制。例如,限制含有某些特殊字符串的请求报文、限制访问网站中具有特殊后缀名的文件等。本节主机介绍常用的 IP 地址与域限制。

通过 IP 地址或域名,Web 网站可以限定特定的主机、主机组或整个网络访问网站中的资源。当用户访问网站时,网站审核用户主机的 IP 地址或域名,以决定是否允许其访问网站中的资源。

IIS 可以对不同级别的目录进行不同的 IP 地址或域限制。例如,在图 14-13 显示的例子中,可以限制 192.168.1.50 的用户访问网站的 computer 目录,但允许该用户访问 computer 目录下的 network 目录。

按照如下方法,可以为 Web 网站中的目录设置 IP 地址和域名限制规则。

（1）在图 14-13 左部的目录树中选中需要进行 IP 地址和域名限制的网站目录（如 computer 目录）,然后在中部的功能视图中双击"IP 地址和域限制"图标,系统的界面将如图 14-23 所示。

（2）单击图 14-23 右部的"编辑功能设置"按钮,配置基本的 IP 地址和域名限制方式,如图 14-24 所示。对于和设定规则不匹配的 IP 地址或域名,如果允许访问,那么需要将"未指定的客户端访问权"选定为允许;如果不允许访问,那么需要选定为"拒绝"。在仅限制少数用户访问该网站时,选择"允许"比较合适;否则,选择"拒绝"比较方便。如果希望通过域名

图 14-23　"IP 地址和域限制"界面

限制某些用户访问,需要选中图 14-24 中的"启用域名限制"。需要特别注意,在通过域名限制用户的访问时,IIS 需要进行域名反向解析,由于域名反向解析耗时较长,因此不建议使用域名对用户进行限制。

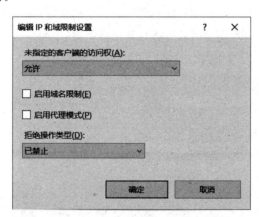

图 14-24　"编辑 IP 和域限制设置"对话框

　　(3) 单击图 14-23 右部的"添加允许条目"和"添加拒绝条目",可以添加允许哪个(或哪些)IP 地址通过。例如,如果不允许 IP 地址为 192.168.1.50 的用户访问,那么可以单击"添加拒绝条目",在出现的"添加拒绝限制规则"对话框中输入 192.168.1.50 即可,如图 14-25 所示。如果在上一步选中了"启用域名限制"选项,那么图 14-25 中还会出现输入域名选项。

　　(4) 子目录通常会继承父目录的 IP 地址和域限制规则。例如,为 computer 目录配置的规则,会自动出现在它的子目录 network 和 internet 中。如果 network 与 computer 的限制规则不同,需要在 network 中将父目录配置的规则删除,重新进行配置。另外,通过单击图 14-23 中右部的"恢复为父项"按钮,可以将本目录的配置删除,恢复为父目录配置的规则。

图 14-25　"添加拒绝限制规则"对话框

9. 新建 Web 网站

IIS 安装后,系统为用户建立了一个默认的网站 Default Web Site。实际上,一台主机上可以运行多个 Web 网站。如果用户希望添加新的 Web 网站,可以按如下步骤完成。

(1) 在图 14-13 所示的 IIS 管理器的左部目录树中选中"网站"项,可以在右部的"操作"中看到"添加网站"按钮。单击"添加网站"按钮,系统将显示"添加网站"对话框,如图 14-26 所示。

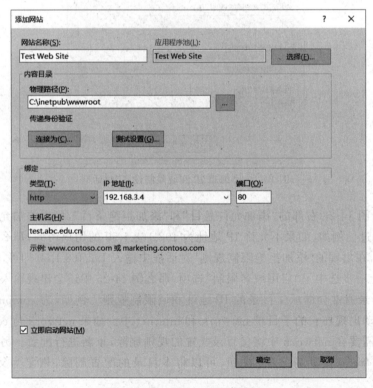

图 14-26　"添加网站"对话框

（2）在图 14-26 所示的"添加网站"对话框中，输入网站的名称、指定网站使用的应用程序池和物理路径。新建网站可以加入原有的应用程序池，也可以自己新建一个。网站绑定的 IP 地址、端口和主机名 3 个参数中，至少应该有一个与原有的网站绑定不同。如果两个网站绑定的 IP 地址、端口号和域名完全相同，那么同一时刻只能运行一个网站。在完成这些配置后，单击"确定"按钮，系统将创建一个新的网站（如 Test Web Site），如图 14-27 所示。

图 14-27　添加 Test Web Site 网站后的 IIS 管理器界面

（3）完成新网站的创建之后，可以按照前面介绍的内容对其进行配置，如修改网站的默认文档、创建虚拟目录、修改身份验证方式等。

14.4.3　测试配置的 Web 服务器

在学习 IIS 基本使用方法之后，可以对配置的 Web 站点进行测试。测试可以采用如图 14-28 所示的网络结构。这里，Web 客户机中运行浏览器程序（如 Edge、Chrome），Web 服务器中运行 IIS 服务程序，同时假设 Web 服务器的 IP 地址为 192.168.0.66。

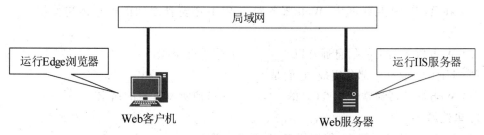

图 14-28　测试 Web 服务器使用的网络结构图

（1）为了便于验证 Web 网站的配置情况，需要编制一些 Web 页面，并将这些页面存入 Web 网站目录下。例如，可以将图 14-29 所示的 Web 页面存入默认 Web 网站的主目录下（默认目录为\inetpub\wwwroot），同时将其命名为 test.html。我们也可以利用本章介绍的其他 HTML 标记,编制更加复杂、美观的 Web 页面放入 Web 网站中。

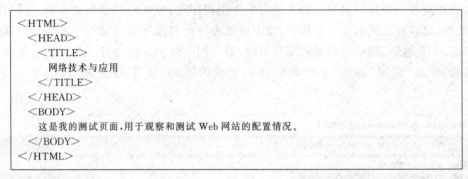

```
<HTML>
  <HEAD>
    <TITLE>
      网络技术与应用
    </TITLE>
  </HEAD>
  <BODY>
    这是我的测试页面,用于观察和测试 Web 网站的配置情况。
  </BODY>
</HTML>
```

图 14-29　测试用 Web 页面

(2) 在 Web 客户机中运行浏览器(如 Edge)。在 Edge 地址栏中输入配置网站的 URL 资源定位符(如 http://192.168.0.66/test.html),观察能否看到希望的页面内容,如图 14-30 所示。

图 14-30　使用 Edge 浏览器测试 Web 网站的配置情况

(3) 改变 IIS 的配置,利用 Edge 浏览器查看站点相关的页面,查看得到的结果是否和你想象的一致。

练 习 题

1. 填空题

(1) 在 TCP/IP 互联网中,Web 服务器与 Web 浏览器之间的信息传递使用_____协议。

(2) Web 服务器上的信息通常以_____方式进行组织。

(3) URL 一般有三部分组成,它们是_____、_____和_____。

(4) Web 服务器通常使用 TCP 的_____端口侦听浏览器的请求。

2. 单选题

(1) 在 Web 服务系统中,编制的 Web 页面应符合(　　)。

　　A. HTML 规范　　　B. RFC822 规范　　　C. MIME 规范　　　D. HTTP 规范

(2) 下列 URL 的表达方式正确的是(　　)。

　　A. http://netlab.abc.edu.cn/project.html

　　B. http://www.abc.edu.cn\network\project.html

C. http:\\www.abc.edu.cn\network\project.html

D. http:/www.abc.edu.cn/project.html

（3）HTTP 支持的连接形式有两种,它们是（　　）。

A. 持久连接与非持久连接　　　　　　B. 递归连接与非递归连接

C. 重复连接与非重复连接　　　　　　D. 响应连接与非响应连接

（4）在 HTML 中,段落标记为（　　）。

A. <P>　　　　　B. <\n>·　　　　　C. <\r>　　　　　D. <0A0D>

3. 实操题

一台主机可以拥有多个 IP 地址,而一个 IP 地址又可以与多个域名相对应。在 IIS 中建立的 Web 网站可以和这些 IP 或域名进行绑定,以便用户在 URL 中通过指定不同的 IP 或域名访问不同的网站。例如网站 1 与 192.168.0.1(或 w1.school.edu.cn)进行绑定,网站 2 与 192.168.0.2(或 w2.school.edu.cn)进行绑定。这样,用户通过 http://192.168.0.1/(或 http://w1.school.edu.cn/)就可以访问网站 1,通过 http://192.168.0.2/(或 http://w2.school.edu.cn/)就可以访问网站 2。将你的主机配置成多 IP 或多域名的主机,在 IIS 中建立两个新的 Web 网站,然后对这两个新网站进行配置,看一看是否能够通过指定不同的 IP 或不同的域名访问不同的网站。

第15章 网络安全

本章要点

➤ 网络提供的安全服务
➤ 网络攻击的主要方式
➤ 数据加密与数字签名
➤ 包过滤、防火墙和 SSL

动手操作

➤ 配置包过滤防火墙

自古以来，人们就非常重视信息安全问题。安全在军事上表现得尤为突出。战争期间，交战双方的作战计划、作战部署、作战命令、作战行动等都是军事机密，所以必须采用安全通信方式进行信息传递。与此同时，交战双方又千方百计地窃取、收集和破译对方的情报，以使战事向有利于自己的方向发展。人类的商业活动和社会活动充满了竞争，有竞争就有情报，有竞争就有机密。

计算机网络的广泛使用，在使资源和信息的共享更加方便的同时，也使信息安全的管理变得更加困难。计算机网络需要保护传输中的敏感信息，需要区分信息的合法用户和非法用户，需要鉴别信息的可信性和完整性。在使用网络各种服务的同时，有些人可能无意地非法访问并修改了某些敏感信息，致使网络服务中断；也有些人出于各种目的有意地窃取机密信息，破坏网络的正常工作。所有这些活动都是对网络正常运行的威胁。网络安全主要研究计算机网络的安全技术和安全机制，以确保网络免受各种威胁和攻击，做到正常而有序地工作。

15.1 网络安全的基本概念

网络安全是网络的一个薄弱环节，一直没有受到足够的重视。人们在当初设计 TCP/IP 互联网时并没有考虑安全性问题，直到电子商务等网络应用逐步发展之后，安全才受到越来越多的关注。安全是一个很广泛的题目，国际标准化组织 ISO 于 1974 年提出开放式系统互联参考模型之后，又在 1989 年提出了网络安全体系结构（security architecture，SA）。

15.1.1 网络提供的安全服务

对于一个安全的网络，它应该为用户提供如下安全服务。

（1）身份认证（authentication）。验证某个通信参与者的身份与其所申明的一致，确保该通信参与者不是冒名顶替。身份认证服务是其他安全服务(如授权、访问控制和审计)的前提。

（2）访问控制(access control)。保证网络资源不被未经授权的用户访问和使用(如非法地读取、写入、删除、执行文件等)。访问控制和身份认证通常是紧密结合在一起的,在一个用户被授予访问某些资源的权限前,必须首先通过身份认证。

（3）数据保密(data confidentiality)。防治信息被未授权用户获知。

（4）数据完整(data integrity)。确保收到的信息在传递的过程中没有被修改、插入、删除等。

（5）不可否认(non-repudiation)。防止通信参与者事后否认参与通信。不可否认,既要防止数据的发送者否认曾经发送过数据,又要防止数据的接收者否认曾经收到数据。

尽管网络提供商在网络安全方面做了大量的工作,但每一个网络的安全服务都不是十全十美的,利用安全缺陷对网落实施攻击是黑客(网络攻击者的代名词)常常使用的方法。

15.1.2　网络攻击

网络攻击可以从攻击者对信息流的干预方式进行讨论。在正常情况下,信息应该从信源平滑地到达信宿,中间不应出现任何异常情况,如图 15-1(a)所示。但是,网络攻击者可以采用以下几种方式对网络上的信息流进行干预,以威胁网络的安全。

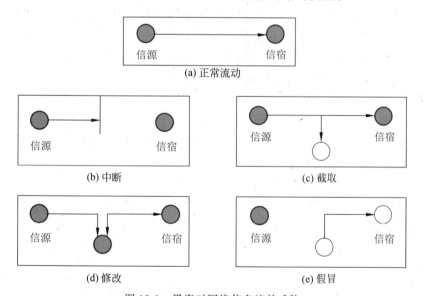

图 15-1　黑客对网络信息流的威胁

（1）中断(interruption)。攻击者破坏网络系统的资源,使之变成无效的或无用的,如图 15-1(b)所示。割断通信线路、瘫痪文件系统、破坏计算机硬件等都属于中断攻击。

（2）截取(interception)。攻击者非法访问网络系统的资源,如图 15-1(c)所示。窃听网络中传递的数据、非法复制网络的文件和程序等都属于截取攻击。

（3）修改(modification)。攻击者不但非法访问网络系统的资源,而且修改网络中的资源,如图 15-1(d)所示。修改一个正在网络中传输的报文内容、篡改数据文件中的值等都属于修改攻击。

(4) 假冒(fabricaiton)。攻击者假冒合法用户的身份,将伪造的信息非法插入网络,如图 15-1(e)所示。在网络中非法插入伪造的报文、在网络数据库中非法添加伪造的记录等都属于假冒攻击。

另外,对网络进行的攻击又可以分为被动攻击和主动攻击。

所谓被动攻击是在网络上进行监听,截取网络上传输的重要敏感信息。在类似共享式以太网这样的网络上,监听非常容易,因为信息本来就在共享信道上进行广播。攻击者只要把监听设备连接到网络上,并将网卡设置成接收所有帧的混杂模式,网络上传输的所有信息就会变成攻击者的囊中之物。通过分析这些数据,攻击者可能会得到他所希望的信息,进而为下一次攻击做好准备。因此,被动攻击常常是主动攻击的前奏。例如,如果攻击者通过分析监听的数据获得了用户的账号和口令,那么,他就可以利用该账号和口令假冒该用户,堂而皇之地登录到网络,做他希望做的任何事情。

被动攻击很难被发现,因此防止被动攻击的主要方法是加密传输的信息流。利用加密机制将口令等敏感信息转换成密文传输,即使这些信息被监听,攻击者也不知道这些密文的具体意义。

主动攻击包括中断、修改、假冒等攻击方式,是攻击者利用网络本身的缺陷对网络实施的攻击。在有些情况下,主动攻击又以被动攻击获取的信息为基础。常见的主动攻击有 IP 欺骗、服务拒绝,等等。

所谓 IP 欺骗是指攻击者在 IP 层假冒一个合法的主机。IP 欺骗原理本身很简单,攻击者只要用伪造的 IP 源地址生成 IP 数据报,就可以进行 IP 欺骗。IP 欺骗的通常目的是伪装成远程主机的合法访问者,进而访问远程主机的资源。但是,在有些时候,IP 欺骗又和其他攻击方法结合使用,用于隐瞒自己主机的真实 IP 地址。

拒绝服务攻击是一种中断方式的攻击,它针对某个特定目标发送大量的或异常的信息流,消耗目标主机的大量处理时间和资源,使其无法提供正常的服务甚至瘫痪。著名的 SYN flooding 就属于拒绝服务攻击。当然,服务拒绝的攻击者往往也采用 IP 欺骗隐瞒自己的真实地址。

尽管被动攻击难以检测,但使用加密等安全技术能够阻止它们的成功实施。与此同时,要完全杜绝和防范主动攻击相当困难。目前,对付主动攻击的主要措施是及时地检测出它们,并迅速修复它们所造成的破坏和影响。由于网络入侵检测具有威慑力量,因此对于防范黑客的入侵是有帮助的。

15.2 数据加密和数字签名

在网络的安全机制中,数据加密、身份认证、数字签名等都是以密码学为基础的。

15.2.1 数据加密

随着计算机技术和网络技术的发展,网络监视和网络窃听已不再是一件复杂的事情。黑客可以轻而易举地获取在网络中传输的数据信息。如果不希望黑客看到传递的信息,就需要使用加密技术对传输的数据信息进行加密处理。在网络传输过程中,如果传输的是经加密处理后的数据信息,那么,即使黑客窃取了报文,由于不知道相应的解密方法和密钥,也无法将密文(加密后生成的数据信息)还原成明文(未经加密的数据信息),从而保证了信息在传输过程中的安全。

最简单的加密方法是替代法。所谓替代法就是将需要传输的数据信息使用另一种固定的数据进行代替。例如,数字字符 0、1、2、3、4、5、6、7、8、9 分别使用 h、i、j、k、l、m、n、o、p、q 代替,这样,如果要传输的信息为 9628,那么加密后生成的密文和在信道上实际传输的就是 qnjp。

从理论上讲,加密技术可以分为加密密钥和加密算法两部分。加密密钥是在加密和解密过程中使用的一串数字,而加密算法则是作用于密钥和明文的一个数学函数。密文是明文和密钥相结合,然后经过加密算法运算的结果。在同一种加密算法下,密钥的位数越长,存在的密钥数越多,破译者破译越困难,安全性越好。为了大规模生产和充分利用高效的代码,加密和解密算法通常是公开的。

目前,常用的加密技术主要有两种:常规密钥加密技术和公开密钥加密技术。

1. 常规密钥加密技术

常规密钥加密技术也称为对称密钥加密(symmetric cryptography)技术。在这种技术中,加密方和解密方除必须保证使用同一种加密解密算法外,还需要共享同一个密钥。例如,在图 15-2 中,如果 A 加密使用了密钥 K,那么 B 解密也需要使用相同的密钥 K,否则,解密就会失败。

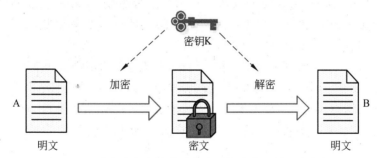

图 15-2　常规密钥加密方法加密和解密使用同一个密钥

数据加密标准(data encryption standard,DES)和高级加密标准(advanced encryption standard,AES)是最常用的两种常规密钥加密方法。DES 应用较早,由 IBM 公司研制,并被国际标准化组织 ISO 认定为数据加密的国际标准。DES 技术采用 64 位密钥长度,其中8 位用于奇偶校验,剩余的 56 位可以被用户使用。AES 是 DES 之后使用较多的常规密钥加密算法之一。AES 可以使用 128 位、192 位和 256 位的密钥长度对数据进行加密,因此,密文的安全性比 DES 更强。美国国家标准与技术研究所 NIST 的研究表明,如果破解56 位密钥的 DES 需要 1 秒,那么破解 128 位密钥的 AES 则大约需要 149 万亿年。

因为加密和解密使用同一个密钥,所以如果第三方获取该密钥就会造成失密,密钥的传递必须通过安全的通道进行。

常规密钥加密技术并非坚不可"破",入侵者用一台运算能力足够强大的计算机,凭借其"野蛮力量",对密钥逐个尝试就可以破译密文。但是破译是需要时间的,只要破译的时间超过密文的有效期,加密就是有效的。

2. 公开密钥加密技术

公开密钥加密也称为非对称密钥加密(asymmetric cryptography)。公开密钥加密技术使用两个不同的密钥,一个用来加密信息,称为公钥(public key);另一个用来解密信息,称为私钥(private key),如图 15-3 所示。公钥和私钥是数学相关的,它们成对出现,但却不能由公钥计算出私钥,也不能由私钥计算出公钥。由于信息用某用户的公钥加密后所得到的数据只能用该用户的私钥才能解密,因此用户可以将自己的公钥像自己的姓名、电话、E-mail 地址一样公开。如果其他用户希望与该用户通信,就可以使用该用户公开的公钥进行加密,这样,只有拥有私钥的用户自己才能解开此密文。当然,用户的私钥不能透露给自己不信任的任何人。在公钥加密系统中,公钥是可以向其他用户公开的,私钥是需要自己秘密保存的,这样的设计可以大为简化密钥的管理。

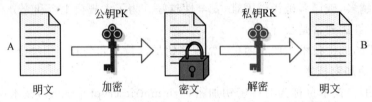

图 15-3　公开密钥加密方法加密和解密使用不同的密钥

最著名的公开密钥加密算法是 RSA(RSA 是发明者 Rivest、Shamir 和 Adleman 名字首字母的组合)。RSA 是一个可以支持变长密钥的公开密钥加密算法,在它所生成的一对相关密钥中,一个用于加密,另一个用于解密。由于 DES 的计算效率要比 RSA 快 100~1000倍,因此 RSA 比较适合于加密数据块长度较小的报文。

公开密钥加密技术与常规密钥加密技术相比,其优势在于不需要共享通用的密钥,用于解密的私钥不需要发往任何地方,公钥在传递和发布过程中即使被截获,由于没有与其匹配的私钥,截获的公钥对入侵者也就没有什么太大的意义。公钥可以通过公共网络进行传递和分发。公开密钥加密技术的主要缺点是加密算法复杂,加密与解密速度比较慢,被加密的数据块长度不宜太大。

3. 常规密钥加密技术和公开密钥加密技术的结合

常规密钥加密技术运算效率高,但密钥不易传递;公开密钥加密技术密钥传递简单,但运算效率低。两种技术结合既克服了常规密钥加密技术中密钥分发困难和公开密钥加密技术中加密所需时间较长的缺点,又能够充分利用常规密钥加密技术的高效性和公开密钥加密技术的灵活性,保证信息在传输过程中的安全性。

这种结合技术首先使用常规密钥加密技术对要发送的数据信息进行加密,然后利用公开密钥加密算法对常规密钥加密技术中使用的对称密钥(通常称为会话密钥)进行加密。其具体的实现方法和步骤如图 15-4 所示。

(1) 在需要发送信息时,发送方首先生成一个会话密钥;

(2) 利用生成的会话密钥和常规密钥加密算法对要发送的信息加密;

(3) 发送方利用接收方提供的公钥对生成的会话密钥进行加密;

(4) 发送方把加密后的密文通过网络传送给接收方;

(5) 接收方使用公开密钥加密算法,利用自己的私钥将加密的会话密钥还原成明文;

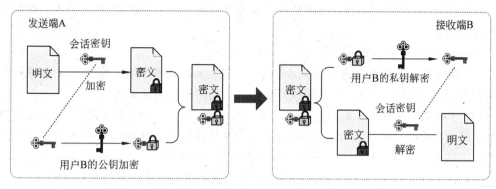

图 15-4　密秘密钥加密技术和公开密钥加密技术结合使用

（6）接收方利用还原出的会话密钥,使用常规密钥解密算法解密被发送方加密的信息,还原出的明文即是发送方要发送的数据信息。

从以上步骤可以看出,信息在处理过程中使用了两层加密体制。在内层,利用常规密钥加密技术,每次传送信息都可以重新生成新的会话密钥,保证信息的安全性;在外层,利用公开密钥加密技术加密会话密钥,保证会话密钥传递的安全性。常规密钥加密技术和公开密钥加密技术同时使用可以保证信息的高效处理和安全传输。

15.2.2　数字签名

签名是保证文件或资料真实性的一种方法。在计算机网络中,通常使用数字签名技术模拟文件或资料中的亲笔签名。数字签名技术可以保证信息的完整性、真实性和不可否认性。

进行数字签名最常用的技术是公开密钥加密技术（如 RSA）。假设某一用户 A 使用私钥加密了一条信息,如果其他人可以利用用户 A 的公钥对其解密,那么就说明该信息是完整的（即信息没有被传递过程中的其他人修改过）,同时,由于只有用户 A 才能发出这样的消息,因此,可以确保该信息是由 A 发出的,并且 A 对所发的信息不能否认。

由于公钥是公开的,任何人都可以获得,因此使用私钥加密信息的目的不是保证信息的机密性,而是保证信息的完整性、真实性和不可否认性。在使用私钥对信息进行加密处理时,一般也不称为加密,而是称为签名。

然而,公钥加密算法通常比较复杂,加密速度也很慢,不适合处理大数据块信息。能不能将一个大数据块映射到一个小信息块,然后对这个小信息块签名呢? 这就是消息摘要（message digest）技术的初始想法。

1. 消息摘要

在数字签名中,为了解决公钥加密算法不适于处理大数据块的问题,一般需要将一个大数据块映射到一个小信息块,形成所谓的消息摘要。通过对消息摘要的签名来保证整个信息的完整性、真实性和不可否认性。这个签名过程与现时生活中的亲笔签名非常类似。我们知道,现时生活中对文档或证件的亲笔签名常常出现在文档或证件的关键部分,而我们从大信息块中计算出的消息摘要就是该信息块的关键部分。

消息摘要可以利用单向散列函数（one-way Hash function）对要签名的数据进行运算生

成。需要注意,单向散列函数对数据块进行运算并不是一种加密机制,它仅能提取数据块的某些关键信息。

单向散列函数具有如下主要特性。

(1) 单向散列函数能处理任意大小的信息,其生成的消息摘要数据块长度总是具有固定的大小,而且对同一个源数据反复执行该函数得到的消息摘要相同。

(2) 单向散列函数生成的消息摘要是不可预见的,产生的消息摘要的大小与原始数据信息块的大小没有任何联系,消息摘要看起来与原始数据也没有明显关系,而且原始数据信息的一个微小变化都会对新产生的消息摘要产生很大的影响。

(3) 它具有不可逆性,没有办法通过生成的消息摘要重新生成原始数据信息。

由于单向散列函数具有以上特性,接收方在收到发送方的数据后,可以重新计算原始数据的消息摘要,并将该消息摘要与发送方发送来的消息摘要进行比较,如果相同,就说明该原始数据在传输过程中没有被篡改或变化。当然,必须对消息摘要进行签名,否则消息摘要也有可能被攻击者修改。

最广泛使用的消息摘要算法是 MD5 算法和 SHA-1 算法。MD5 是由 Rivest 设计的,它可以将一个任意长度的输入数据进行数学处理,产生一个 128 位的消息摘要。SHA-1 是由美国国家标准与技术研究所 NIST 认证的一种安全单向散列函数,它最初的基本版本能将任意长度的输入数据映射成一个 160 位的消息摘要。在随后的修订版本中,SHA-1 产生的消息摘要长度分别增加到 256 位、384 位和 512 位。

2. 完整的数字签名过程

数字签名的具体实现过程如图 15-5 所示。

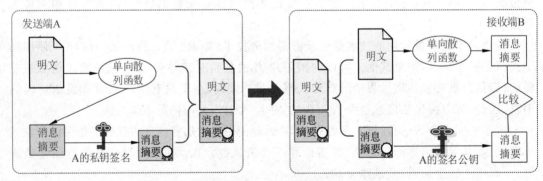

图 15-5　数字签名

(1) 发送方使用单向散列函数对要发送的信息运算,生成消息摘要;

(2) 发送方使用自己的私钥,利用公开密钥加密算法对生成的消息摘要进行数字签名;

(3) 发送方通过网络将信息本身和已进行数字签名的消息摘要发送给接收方;

(4) 接收方使用与发送方相同的单向散列函数对收到的信息本身进行操作,重新生成消息摘要;

(5) 接收方使用发送方的公钥,利用公开密钥加密算法解密接收的消息摘要;

(6) 通过解密的消息摘要与重新生成的信息摘要进行比较,判别接收信息的完整性和真实性。

15.2.3 数据加密和数字签名的区别

尽管数字签名技术通常采用公开密钥加密算法实现,但是,数字签名的作用与通常意义上的数据加密的作用是不相同的。对在网络中传输的数据信息进行加密是为了保证数据信息传输的安全。即使黑客截获了该密文信息,由于没有相应的密钥,也就无法理解信息的内容。而数字签名则不同,数字签名是为了证实某一信息确实由某一人发出,并且没有被网络中的其他人修改过,它对网络中是否有人看到该信息则不加关心。数据加密使用接收者的公钥对数据进行运算,而数字签名则使用发送者自己的私钥对数据进行运算。数字签名和数据加密的区别如图 15-6 所示。

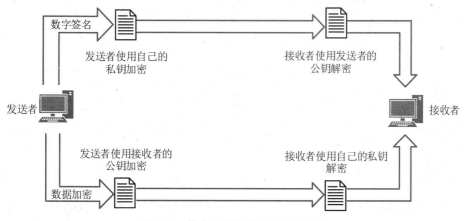

图 15-6 数字签名与数据加密的区别

15.2.4 密钥的分发

无论使用常规密钥加密技术还是使用公开密钥加密技术,密钥的分发都需要采取一定的技术措施才能保证信息的安全。其中,常规密钥的分发通常采用密钥分发中心(key distribution center,KDC)进行,而公开密钥的分发通常采用数字证书(digital certificate)技术。

1. 密钥分发中心

在使用常规密钥加密方法时,加密方和解密方需要共享一个秘密密钥,该密钥不能透露给第三方。因此,如果 N 个用户之间相互进行加密通信,那么每个用户需要保存的密钥数为 $N-1$,系统中需要保存的密钥总数为 $N \times (N-1)$,如图 15-7 所示。

在小规模加密系统中,系统需要保存的密钥数量相对较少,密钥的发布和传递可以采取物理方法进行(例如,要求用户 B、C 和 D 到用户 A 所在的机房用 U 盘复制各自的密钥等)。但是在大规模加密系统中(如相互之间需要进行加密通信的用户数量达到 10 万),不但系统中需要保存的密钥数量巨大(10 万用户的系统需要保存的密钥总数大约为 100 亿个),而且通过物理方式发布和传递密钥也不现实。

为了解决大量用户之间共享密钥的问题,网络中通常采用密钥分发中心 KDC 分发密钥,如图 15-8 所示。KDC 是一个安全系统中所有用户应该信任的权威中心,在使用 KDC 分发密钥时,用户需要首先到 KDC 注册并获得一个与 KDC 进行加密通信的密钥。该密钥

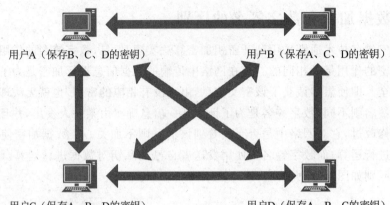

图 15-7　采用常规密钥加密技术时用户需要保存的密钥数

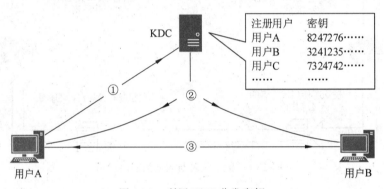

图 15-8　利用 KDC 分发密钥

被称为永久密钥,用于 KDC 向注册用户分发会话密钥。换言之,KDC 保存了与其所有用户之间进行加密通信的密钥,并使用该密钥分发会话密钥。

当用户在 KDC 注册后,用户之间进行加密通信的过程如下(假设用户 A 需要向用户 B 发送加密信息)。

(1)用户 A 向 KDC 发送请求信息,希望 KDC 批准自己与用户 B 进行通信。该请求信息可以使用用户 A 与 KDC 之间共享的密钥进行加密。

(2)KDC 接收并解密用户 A 的请求信息。如果 KDC 确认用户 A 和 B 为自己的注册用户并且允许用户 A 和 B 之间进行加密通信,那么 KDC 随机生成 A 和 B 之间加密使用的会话密钥,然后将该会话密钥使用自己与用户 A 和用户 B 共享的密钥分别进行加密,再传递给用户 A 和用户 B。

(3)用户 A 和用户 B 接收 KDC 发送的信息,然后使用自己与 KDC 之间共享的密钥还原会话密钥。一旦得到会话密钥,用户 A 和用户 B 之间的加密通信就可以顺利开始。

KDC 为用户 A 和 B 生成的会话密钥只在一次通信过程中有效。当用户 A 和 B 的一次通信结束,他们将抛弃这次通话过程中使用的会话密钥。如果用户 A 和 B 需要再次通信,那么需要请求 KDC 重新生成新的会话密钥。

2. 数字证书

在使用公开密钥加密方法时,由于公钥不需要保密,因此可以像邮件地址一样公布在

Web 网站、报纸、BBS 等媒体上。当用户 A 需要向用户 B 发送加密信息时,他可以从这些公开媒体上找到用户 B 的公钥。在有些情况下,用户 A 可以向用户 B 发送公钥查询报文,要求用户 B 使用自己的公钥进行应答。但是这些方式并不安全,有时会受到假冒攻击。例如,对手 C 可以将自己的公钥以用户 B 的名义发布在公共媒体上,当用户 A 获得并使用了这个假冒 B 的公钥后,A 传递给 B 的"加密"信息就会失密于对手 C。即使 A 采用查询方式要求 B 回送自己的公钥,对手 C 也可能截获 B 的应答报文,将 B 的公钥替换成对手自己的公钥。

　　为了解决这种问题,公钥的分发通常采用数字证书方式进行。数字证书包括了用户的名称、用户拥有的公钥以及公钥的有效期等信息。为了证明用户对一个公钥的拥有,数字证书需要由可信任的第三方签名,如图 15-9 所示。该可信任的第三方是用户公钥的管理机构,通常被叫作安全认证中心(certification authority,CA)。

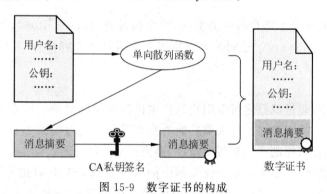

图 15-9　数字证书的构成

　　在使用数字证书的系统中,用户的数字证书是由他们共同信任的 CA 中心签发的。同时,CA 中心的公钥是周知的(即所有用户都可以安全地获得 CA 中心的公钥)。当用户 A 需要向用户 B 传送加密信息时,他可以通过多种渠道获得用户 B 的数字证书(如通过 BBS 等公众媒体等)。如果该证书能够通过 CA 中心公钥的签名认证,就能够说明该证书的信息(特别是证书中的公钥信息)是完整的,没有被恶意修改过,用户 A 可以放心使用。

15.3　保证网络安全的几种具体措施

　　网络的任何一部分都可能存在安全隐患,针对每一种安全隐患需要采取具体措施加以防范。在互联网上,目前最常用的安全技术包括防火墙技术、入侵检测技术、病毒防护技术、垃圾邮件处理技术、VPN 技术、IPsec 技术、安全套接层技术等。这些技术从不同的层面和角度对网络进行安全防护。本节主要对防火墙技术及安全套接层技术进行简单介绍。

15.3.1　防火墙

　　防火墙(firewall)的概念起源于中世纪的城堡防卫系统。那时,人们在城堡的周围挖一条护城河以保护城堡的安全。每个进入城堡的人都要经过一个吊桥,接受城门守卫的检查。在网络中,人们借鉴了这种思想,设计了一种网络安全防护系统,即防火墙系统。

293

防火墙将网络分成内部网络和外部网络两部分,如图 15-10 所示,并认为内部网络是安全的和可信赖的,而外部网络则是不太安全和不太可信的。防火墙检查和检测所有进出内部网的信息流,防止未经授权的通信进出被保护的内部网络。

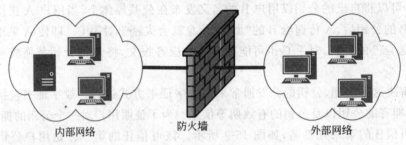

图 15-10 防火墙

防火墙采用的技术主要有两种类型,一种为包过滤(packet filter),另一种为应用网关(application-level gateway)。这两种类型的防火墙相互补充和协作,能够为内部网络提供较为安全的访问控制。

1. 包过滤

在网络系统中,包过滤技术可以阻止某些主机随意访问另外一些主机。包过滤功能可以在路由器中实现,具有包过滤防火墙功能的路由器叫作包过滤路由器。网络管理员可以配置包过滤路由器,以控制哪些包可以通过,哪些包不可以通过。

包过滤的主要工作是检查每个包头部中的有关字段(如 IP 数据报的源地址、目的地址、源端口、目的端口等),并根据网络管理员指定的过滤策略允许或阻止带有这些字段的数据包通过,如图 15-11 所示。例如,如果不希望 IP 地址为 202.113.28.66 的主机访问202.113.27.00 网络,就可以让包过滤路由器检测并抛弃源 IP 地址为 202.113.28.66 的 IP 数据报。如果 IP 地址为 202.113.27.56 的主机不希望接受 IP 地址为 202.113.28.89 主机的访问,可以让包过滤路由器检测并抛弃源 IP 地址为 202.113.28.89 且目的 IP 地址为 202.113.27.56 的 IP 数据报。

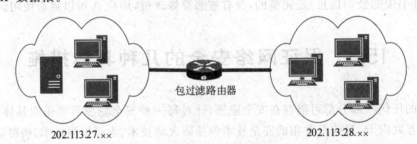

图 15-11 包过滤路由器

除了对源地址和目的地址进行过滤外,包过滤器通常还能检查出数据包所传递的是哪一种服务。这样,网络管理员就可以指定包含哪些服务的数据包可以通过,包含哪些服务的数据包不可以通过。例如,包过滤路由器可以过滤掉所有传递 Web 服务的数据包,而仅仅使包含电子邮件服务的数据包通过。

包过滤防火墙只对数据包首部的信息进行监测,转发速度相对较快。但是,由于其过滤规则编写复杂烦琐,因此不但网络管理员工作繁重,而且很容易引入安全漏洞。

2. 应用网关

应用网关也叫应用代理,通常运行在内部网络的某些具有访问外部互联网权限的专用服务器上,为内部网络用户访问外部网络的一些特定服务(或为外部网络用户访问内部网络的一些特定服务)提供转接或控制。

图 15-12 显示了一个提供 Web 服务的应用网关。图中内部网络中的 Web 服务器可以向外部互联网授权用户提供 Web 服务,但外部互联网用户的请求并不能直接到达该 Web 服务器,而需要经过 Web 应用网关的中转。外部互联网用户访问内部 Web 服务器的过程可以归纳如下。

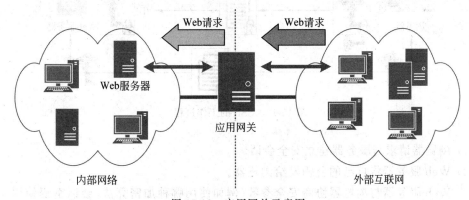

图 15-12　应用网关示意图

(1)外部互联网用户与应用网关建立 TCP 连接,同时向应用网关发送使用 Web 服务的请求。

(2)应用网关对收到的请求进行认证,如果允许该外部互联网用户访问内部 Web 服务器,那么转向步骤(3);否则拒绝该请求后返回。

(3)应用网关作为客户端与内部的 Web 服务器建立 TCP 连接,将外部互联网用户的请求转发至内部 Web 服务器。

(4)内部 Web 服务器对外部互联网用户的请求进行响应,将响应信息发往应用网关。

(5)应用网关向外部互联网用户转发内部 Web 服务器的响应。

(6)随后应用网关将中转外部互联网用户与内部 Web 服务器之间的信息,直到传输完毕。

从工作原理上看,应用网关将一个完整的通信分成了两部分。应用网关在中间监控和中转信息。由于外部互联网用户的通信对象始终为应用网关,因此应用网关隐藏了内部网络提供服务的基本情况。

与包过滤防火墙相比,由于应用网关能够解读和分析经过的所有应用层信息,因此鉴别其是否属于授权用户也比包过滤防火墙更为方便直接。但是由于数据包需要解析到应用层,因此应用网关的数据处理速度比包过滤防火墙慢很多。

15.3.2　安全套接层协议

安全套接层(SSL)协议是目前应用最广泛的安全传输协议之一。它作为 Web 安全性解决方案由 Netscape 公司于 1995 年提出,之后被 IETF 标准化为 TLS 协议写入 RFC 标准文档。现在,SSL 已经被众多的网络产品提供商所采纳。

SSL 利用公开密钥加密技术和常规密钥加密技术,在传输层提供安全的数据传递通道。SSL 的简单工作过程如图 15-13 所示。其中各个步骤的作用解释如下。

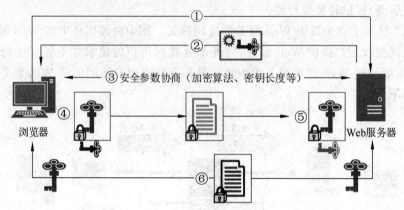

图 15-13　SSL 的工作过程

（1）浏览器请求与服务器建立安全会话。

（2）Web 服务器将自己的公钥发给浏览器。

（3）Web 服务器与浏览器协商安全参数(例如使用哪种加密算法,会话密钥使用 40 位还是 128 位等)。

（4）浏览器产生会话使用的会话密钥,并用 Web 服务器的公钥加密传给 Web 服务器。

（5）Web 服务器用自己的私钥解密会话密钥。

（6）Web 服务器和浏览器用会话密钥加密和解密,实现加密传输。

配置包过
滤防火墙

15.4　实验：利用路由器实现简单的包过滤防火墙

路由器通常都带有一定的防火墙功能。在 Cisco 路由器中,可以使用访问控制列表(access control list,ACL)实现简单的数据包过滤。

实际上,第 10 章的 NAT 实验部分已经使用了 Cisco 的标准访问控制列表,用于定义 NAT 内部网络使用的 IP 地址范围。本节将利用访问控制列表,实现一个简单的数据包过滤防火墙。

15.4.1　访问控制列表

访问控制列表 ACL 是应用在网络设备接口上的规则列表,这些规则列表用于告诉网络设备哪些数据包可以通过,哪些数据包需要拒绝。ACL 可应用于网络接口的入站方向(检查从该接口接收的所有数据包)或出站方向(检查从该接口发出的所有数据包)。一个 ACL 可以包含多条规则,网络设备通常采用优先匹配原则。也就是说,当出站(或入站)的数据包到来时,网络设备按照次序依次对 ACL 列表中的规则进行匹配。一旦匹配成功,网络设备立即执行匹配规则中指定的动作,不再进行后续规则的匹配。如果所有规则都没有匹配成功,不同厂家生产的网络设备会有不同的默认处理方式。Cisco 生产的网络设备采用默认丢弃的方式,即如果所有规则都没有匹配成功,Cisco 网络设备默认将丢弃该数据包。ACL 中的规则 一般按照加入的先后顺序进行排序,先加入的在前,后加入的在后。

在 Cisco 网络设备中,常用的访问控制列表有两种:一种是标准 ACL,另一种是扩展 ACL。

1. 标准 ACL

标准 ACL 是最简单的一种 ACL,它利用 IP 数据报中的源 IP 地址对过往的数据包进行控制。标准 ACL 规则的添加采用的命令为:

```
access-list ListNum {permit|deny} SrcIPAddr SrcWildMask①
```

其中,ListNum 为 ACL 的列表号,取值范围为 1~99。相同 ListNum 的规则属于同一个 ACL,其先后顺序按照加入的先后顺序定。在匹配成功后,网络设备采取的动作有两种:一种是允许通过(permit),另一种是丢弃(deny)。SrcIPAddr 和 SrcWildMask 分别表示源起始 IP 地址和通配符,用于定义 IP 地址的范围。在指定一台特定的主机时,可以使用 host 关键词;如果要表示任意的主机,可以使用 any 代替。表 15-1 给出了标准 ACL 列表的几个典型示例。

表 15-1 标准 ACL 示例

命 令	含 义
access-list 16 permit 192.168.1.0 0.0.0.255	在标号为 16 的 ACL 中添加一条规则,该条规则允许源 IP 地址为 192.168.1.×× 的数据报通过
access-list 16 deny host 192.168.2.5	在标号为 16 的 ACL 中添加一条规则,该条规则丢弃源 IP 地址为 192.168.2.5 的数据报
access-list 16 permit any	在标号为 16 的 ACL 中添加一条规则,该条规则允许任意的 IP 数据报通过

2. 扩展 ACL

扩展 ACL 是对标准 ACL 的扩充,可以按照源 IP 地址、目的 IP 地址、源端口、目的端口等条件进行 ACL 规则定义。添加扩展 ACL 规则的一般命令形式为:

```
access-list ListNum {permit|deny} Protocol SrcIPAddr SrcPort DesIPAddr DesPort②
```

该命令由 ListNum、{permit | deny}、Protocol、SrcIPAddr、SrcPort、DesIPAddr 和 DesPort 七部分组成,它们的含义分别说明如下。

(1) ListNum:ACL 列表号,取值范围为 101~199。拥有相同 ListNum 的规则属于同一个 ACL,其先后顺序按照加入的先后顺序定。

(2) {permit|deny}:匹配成功后,网络设备采取的动作。其中,permit 为允许通过,deny 为丢弃。

---

① 本书仅给出 Cisco 标准 ACL 命令的常用格式,完整格式请参见 Cisco 的相关文档。
② 本书仅给出 Cisco 扩展 ACL 命令的常用格式,完整格式请参见 Cisco 的相关文档。

（3）Protocol：指定该条规则适用的协议类型。协议类型可以是 ip、icmp、tcp、udp 等。

（4）SrcIPAddr：指定源 IP 地址范围。如果为连续的多个 IP 地址，那么可以采用"起始 IP 地址　通配符"的方式进行定义；如果只有一个 IP 地址，那么可以采用"host IP 地址"的方式定义；如果要表示任意的主机，那么可以使用 any 进行代替。

（5）SrcPort：指定源 TCP 或 UDP 端口范围。端口范围可以使用"操作符　端口号"的方式。其中，"eq 端口号"用于指定一个具体端口，"gt 端口号"指定大于某个数值的所有端口，"lt 端口号"指定小于某个数值的所有端口。

（6）DesIPAddr：指定目的 IP 地址范围。指定的方式与 SrcIPAddr 相同。

（7）DesPort：指定目的 TCP 或 UDP 端口范围。指定的方式与 SrcPort 相同。

表 15-2 给出了扩展 ACL 列表的几个典型示例。

表 15-2　扩展 ACL 示例

命　　令	含　　义
access-list 106 deny udp 192.168.1.0 0.0.0.255 host 192.168.2.5 gt 1023	在标号为 106 的 ACL 列表中添加一条规则，该条规则丢弃所有源 IP 地址为 192.168.1.××，目的 IP 地址为 192.168.2.5，UDP 端口号大于 1023 的数据包
access-list 106 permit tcp any 192.168.1.0 0.0. 0.255 any eq www	在标号为 106 的 ACL 列表中添加一条规则，该条规则允许目的 IP 地址为 192.168.1.××，TCP 端口号为 80 的数据包通过。常用的端口号可以使用规定的字符串代替，例如 www 代表 Web 服务的 80 端口，smtp 代表邮件服务的 25 端口等
access-list 106 deny tcp any any eq 23	在标号为 106 的 ACL 列表中添加一条规则，该条规则丢弃所有目的 TCP 端口号为 23 的数据包

3. 绑定访问控制列表至端口

一个 ACL 列表的规则添加完成后，需要通知网络设备在哪个接口的哪个方向上应用该规则。要完成这项任务，在端口配置方式下使用 ip access-group ListNum {in|out} 即可。其中，ListNum 为需要绑定的 ACL，in 表示在这个接口的入站方向应用该 ACL，out 表示在这个接口的出站方向应用该 ACL。

4. 删除访问控制列表

删除 ACL 可以使用 no access-list ListNum 命令。需要注意，应用该命令后将删除指定的整个 ACL，不能指定删除 ACL 中的某条特定规则。

15.4.2　访问控制列表实验过程

访问控制列表实验包括标准访问控制列表实验和扩展访问列表实验两个实验。

1. 标准访问控制列表实验

本实验利用一个标准 ACL，将一个路由器配置为允许某个网络中的主机访问另一个网络。其实验步骤如下。

（1）启动 Packet Tracer 仿真软件，将路由器、交换机、主机等设备拖入工作区，然后按照如图 15-14 所示拓扑结构进行设备之间的连接。

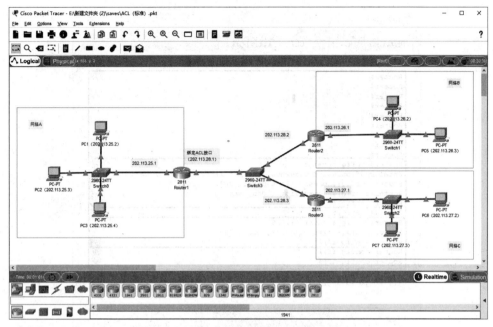

图 15-14　标准 ACL 实验使用的网络拓扑

（2）按照图 15-14 给出的 IP 地址配置主机、路由器的 IP 地址，然后配置路由器 Router1 和 Router2 的路由表，使网络 A、网络 B 和网络 C 中的主机能够相互访问。

（3）本实验的实现目标是网络 A 允许网络 B 中的主机访问，但不允许其他网络（例如网络 C）中的主机访问。为了实现这种功能，可以在 Router1 的 Fa0/1 接口（绑定 IP 地址 202.11328.1 的接口）上绑定一个标准 ACL 列表，对进入 Fa0/1 接口的数据包进行检查和过滤，如图 15-15 所示。该图给出的配置命令由两部分组成。第一部分，在路由器的全局配置模式下建立了一个标号为 6 的标准 ACL 列表。该列表包含两条规则，access-list 6 permit 202.113.26.0 0.0.0.255 允许网络 B 中的主机发送的数据包通过，其后的 access-list 6 deny any 拒绝所有其他网络发送的数据包。注意，由于 Cisco 的 ACL 默认情况下拒绝所有的数据包，因此，access-list 6 deny 这条规则也可以省略。第二部分，进入 Fa0/1 接口配置模式，利用 ip access-group 6 in 将 6 号 ACL 列表绑定在 Fa0/1 的入站上。

（4）在完成以上步骤后，可以利用网络 B 中的主机去 ping 网络 A 中的主机，检查 Router1 是否阻止了网络 B 中的主机。同时，可以利用网络 C 中的主机去 ping 网络 A 中的主机，检查 Router1 是否阻止了网络 C 中的主机。另外，还可以与没有绑定 ACL 列表时进行对比，理解标准 ACL 的功能和作用。

2. 扩展访问控制列表实验

本实验利用一个扩展 ACL，将一个路由器配置为拒绝某个网络中的某台主机访问另一个网络中的 Web 服务器。其实验步骤如下。

（1）与标准 ACL 实验类似，我们启动 Packet Tracer 仿真软件，将路由器、交换机、主机等设备拖入工作区，然后按照如图 15-16 所示拓扑结构进行设备之间的连接。与图 15-14 不同，图 15-16 的网络 A 中配备了一台服务器，扮演本实验中的 Web 服务器。配置主机、路由器的 IP 地址，配置路由器 Router1 和 Router2 的路由表，使网络 A、网络 B 和网络 C 中的

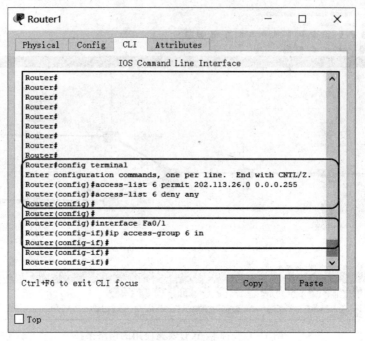

图 15-15　在 Router1 中设置标准 ACL

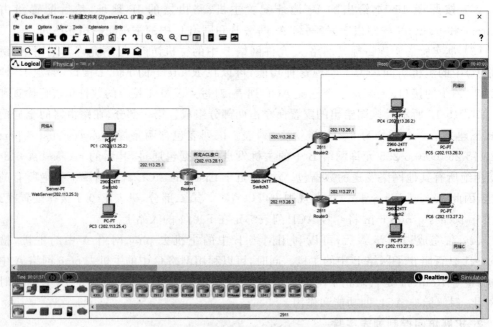

图 15-16　扩展 ACL 实验使用的网络拓扑

主机能够相互访问。

（2）单击网络 A 区域的 WebServer 图标,选择 Services 标签,可以看到这台服务器提供的所有服务,如图 15-17 所示。Packet Tracer 提供的 Web 服务默认给出了几个简单的页面。如果愿意,可以对这些页面进行修改。保证图 15-17 中 HTTP 服务处于 On 状态,利用网络 B 和网络 C 主机的 Web 浏览器浏览 WebServer 服务器上的网页,确保在配置扩展

ACL 列表前浏览成功。

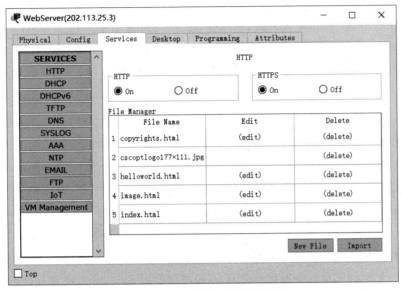

图 15-17　配置服务器提供的服务

（3）本实验的目标是通过添加扩展 ACL 列表，除 PC4（IP 地址为 202.113.26.2）外，允许其他主机浏览 WebServer 服务器的 Web 页面。为了实现这种功能，需要在 Router1 的 Fa0/1 接口上绑定一个扩展 ACL 列表，对进入 Fa0/1 接口的数据包进行检查和过滤，如图 15-18 所示。与配置标准 ACL 类似，图 15-18 给出的配置命令也由两部分组成。第一部分，在路由器的全局配置模式下建立了一个标号为 106 的扩展 ACL 列表。该列表包含两条规则，access-list 106 deny tcp host 202.113.26.2 host 202.113.25.3 eq www 含义为抛弃源 IP 地址为 202.113.26.2、目的地址为 202.113.25.3、目的端口号为 80 的 TCP 数据包。其后

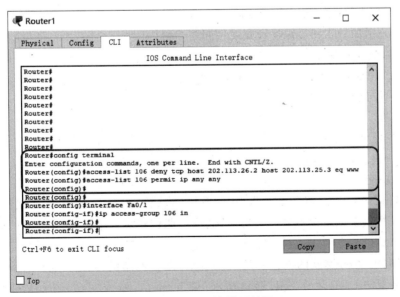

图 15-18　在 Router1 中设置扩展 ACL

的 access-list 106 permit ip any any 允许所有其他数据包通过。注意,由于 Cisco 的 ACL 默认情况下拒绝所有的数据包,因此,access-list 106 permit ip any any 这条规则不可省略。第二部分,进入 Fa0/1 接口配置模式,利用 ip access-group 106 in 将 6 号 ACL 列表绑定在 Fa0/1 的入站上。

(4) 在完成以上步骤后,可以利用网络 A、B、C 中的主机去浏览 Web 服务器上的网页,测试是否达到了配置的目标。

练 习 题

1. 填空题

(1) 网络为用户提供的安全服务应包括_____、_____、_____、_____和_____。

(2) 黑客对信息流的干预方式可以分为_____、_____、_____和_____。

(3) 有一种网络安全设备通常部署于内部网络的出入口,用于检查和检测所有进出内部网的信息流。这种设备叫作_____。

(4) 在使用公钥的签名系统中,验证签名需要使用_____。

2. 单选题

(1) 以下属于公钥加密算法的是(   )。

    A. DES   B. SED   C. RSA   D. RAS

(2) 以下属于常规密钥加密算法的是(   )。

    A. DES   B. SED   C. RSA   D. RAS

(3) 以下属于被动攻击的是(   )。

    A. 拒绝服务   B. 监听   C. IP 欺骗   D. SYN Flooding

(4) 关于加密技术的描述中,正确的是(   )。

    A. 公钥加密方和公钥解密方使用同一个密钥

    B. 常规密钥加密算法通常比公开密钥加密算法快

    C. 公钥通常采用 KDC 中心进行发布

    D. 不同系统中的会话密钥的长度都是一样的

3. 实操题

IIS 集成了 SSL 功能。配置 SSL 大致需要如下几步:①创建证书申请;②把证书申请送交 CA 中心进行签名认证;③通过完成证书申请将签名后的证书导入 IIS;④配置 Web 网站的 SSL 功能。

尽管 Windows 10 没有集成 CA 中心使用的软件,但是为了方便测试配置的网站,Windows 10 提供了创建自签名证书功能,这项功能创建完证书后无须提交 CA 中心,自己进行签名。

在前面完成 Web 网站的创建和配置实验后,配置网站的 SSL 功能。在浏览器端利用 https 协议类型的 URL 启动 SSL 通信请求(如 https://www.abc.edu.cn),查看你配置的 SSL 是否可以正常工作。

第 16 章　接入互联网

本章要点

➤ 电话网的主要特点及接入方法

➤ ADSL 的主要特点及接入方法

➤ HFC 的主要特点及接入方法

➤ PPPoE 与接入控制

动手操作

➤ PPPoE 服务器的配置和应用

网络接入技术(特别是宽带网络接入技术)是目前互联网研究和应用的热点,它的主要研究内容是如何将远程的计算机或计算机网络以合适的性能价格比接入互联网。由于网络接入通常需要借助于某些广域网完成,因此在接入之前,必须认真考虑接入性能、接入效率、接入费用等诸多问题。

16.1　常用的接入技术

将计算机或计算机网络接入互联网的方法很多,数字数据网(digital data network, DDN)、异步传输模式(asynchronous transfer mode,ATM)、帧中继(frame relay,FR)、公用电话网(public switch telephone network,PSTN)、综合业务数字网(integrated services digital network,ISDN)、非对称数字线路(asymmetric digital subscriber line,ADSL)、混合光纤同轴电缆(hybrid fiber coaxial,HFC),以及无线局域网、蜂窝无线网(4G/5G 网)等都可以作为接入互联网的手段。但是,这些网络通常都是经营性的网络,由电信或其他部门建设,用户必须支付一定的费用才可使用。因此,对于不同的网络用户和不同的网络应用,选择合适的接入方式非常关键。DDN 网速度快但费用昂贵,而公用电话网费用低廉但速度却受到限制。选择哪种接入手段主要取决于以下几个因素。

- 用户对网络接入速度的要求。
- 接入计算机或计算机网络与互联网之间的距离。
- 接入后网间的通信量。
- 用户希望运行的应用类型。
- 用户所能承受的接入费用和代价。

下面简单介绍几种常用的网络接入方法。

16.1.1 借助电话网接入

电话网是人们日常生活中最常用的通信网络,电话已普及家家户户,因此,用户借助电话网接入互联网是(特别是单机用户)最简单的一种办法。除了需要加入调制解调器(modem)以外,用户端、电话局端,以及互联网端基本上不需要增加额外的设备。

通过电话线路连接到互联网的示意图如图 16-1 所示。用户的主机和互联网中的远程访问服务器(remote access server,RAS)均通过调制解调器与电话网相连。用户在访问互联网时,通过拨号方式与互联网的 RAS 建立连接,借助 RAS 访问整个互联网。

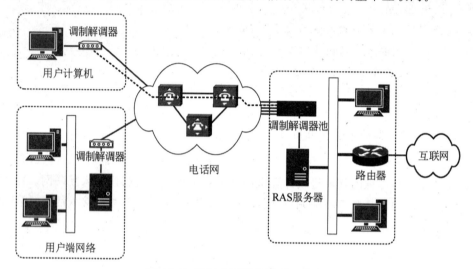

图 16-1　通过电话网连接到互联网

电话线路是为传输音频信号而建设的,计算机输出的数字信号不能直接在普通的电话线路上进行传输。调制解调器在通信的一端负责将计算机输出的数字信号转换成普通电话线路能够传输的声音信号,在另一端将从电话线路上接收的声音信号转换成计算机能够处理的数字信号。

一条电话线在一个时刻只能支持一个用户接入,如果要支持多个用户同时接入,互联网端则必须提供多条电话线路。例如,如果一个互联网希望能够支持 100 个用户同时与之建立连接,则必须提供 100 条电话线路。连接 100 条电话线就需要 100 台调制解调器。为了管理方便,通常在支持多个用户同时接入的互联网端使用一种叫作调制解调器池的设备,将多个调制解调器装入一个机架式的箱子中,进行统一管理和配置。

用户端的设备可以是一台主机直接通过调制解调器与电话网连接;也可以是一个局域网利用代理服务器,通过调制解调器与电话网连接。但是由于电话线路所能支持的传输速率有限,一般比较适合于单机连接。

电话拨号线路的传输速率较低,最高可以达到 56kbps,因而电话拨号线路比较适合于小型单位和个人使用。除了电话拨号线路的速率限制外,它的另一个特点就是需要通过拨号建立连接,网络速度很慢。同时,由于技术等多方面因素的影响,在大量信息的传输过程中拨号连接有时会断开,因而,不适合利用电话拨号线路提供诸如电子邮件、Web 发布等信息服务。

16.1.2　利用 ADSL 接入

由于电话网的数据传输速率很低,利用电话网接入互联网已经不能适应传输大量多媒体信息的要求。因此,人们开始寻求其他的接入方法以解决大容量的信息传输问题,非对称数字用户线路 ADSL 的成功应用就是其中之一。

ADSL 使用比较复杂的调制解调技术,在普通的电话线路进行高速的数据传输。在数据的传输方向上,ADSL 分为上行和下行两个通道。下行通道的数据传输速率远远大于上行通道的数据传输速率,这就是所谓的"非对称"性。而 ADSL 的"非对称"特性正好符合人们下载信息量大而上载信息量小的特点。

但是,ADSL 的数据传输速率是和线路的长度成反比的。传输距离越长,信号衰减越大,越不适合高速传输。所以,ADSL 应用一般控制在 5 千米的半径范围内(5 千米也是一般电话局的服务半径)。随着 ADSL 的技术演进,ADSL 的传输速度也在不断提高。早期的 ADSL 可以提供上行 1.5Mbps 及下行 8Mbps 的传输速率。ADSL Lite 可以提供上行 512kbps 及下行 1.5Mbps 的传输速率(ADSL Lite 可以看成 ADSL 的简化版,可以降低 ADSL 的部署难度)。较新的 ADSL2 的传输速率可以达到上行 3.5Mbps 及下行 12Mbps。而 ADSL2+的传输速率可以达到上行 3.5Mbps 及下行 24Mbps。

在数据传输之前,ADSL 需要使用它的传输单元(ADSL transmission unit,ATU)将计算机使用的数字信号转换和调制为适合于电话线路传输的模拟信号。因此,ATU 也被称为 ADSL 调制解调器。与传统的调制解调器不同,ADSL 调制解调器不是将数字信号转换为语音信号(4kHz 以下),而是调制在稍高的频段上(25kHz~1.1MHz)。ADSL 信号既不会也不可能穿越电话交换机,它只是充分利用了公用电话网提供的用户到电话局的线路。

利用 ADSL 进行网络接入的示意图如图 16-2 所示。整个 ADSL 系统由用户端、电话线路和电话局端 3 部分组成。其中,电话线路可以利用现有的电话网资源,不需要做任何变动。

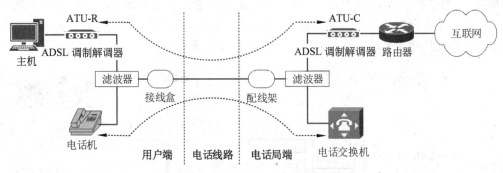

图 16-2　ADSL 接入网络的示意图

为了提供 ADSL 接入服务,电话局需要增加相应的 ADSL 处理设备,其最主要的为局端 ADSL 调制解调器。由于电话局需要为多个用户同时提供服务,因此,局端放置了大量的局端 ADSL 调制解调器。局端 ADSL 调制解调器也称为 ATU-C(transmission unit-central,ADSL),它们通常被放入机架中,以便于管理和配置。

用户端由 ADSL 调制解调器和滤波器组成,用户端 ADSL 调制解调器负责将数字信号转换成 ADSL 信号。

从图 16-2 中可以看到,用户端和电话局端都接入一个滤波器。滤波器的主要功能是分离音频信号和 ADSL 信号。这样,在一条电话线上可以同时提供电话和 ADSL 高速数据业务,两者互不干涉。

由于 ADSL 传输速率高,而且无须拨号,全天候连通,因此,ADSL 不仅适用于将单台计算机接入互联网,而且可以将一个局域网接入互联网。实际上,市场上销售的大多数 ADSL 调制解调器不但具有调制解调的功能,而且具有网桥和路由器的功能。ADSL 调制解调器的网桥和路由器功能使单机接入和局域网接入都变得非常容易。

ADSL 可以满足影视点播、网上游戏、远程教育、远程医疗诊断等多媒体网络应用的需要,而且数据信号和电话信号可以同时传输,互不影响。与其他竞争技术相比,ADSL 所需要的电话线资源分布广泛,具有使用费用低廉、无须重新布线和建设周期短的特点,尤其适合家庭和中小型企业的互联网接入需求。

16.1.3 使用 HFC 接入

除了电话网之外,另一种被广泛使用和迅速发展的网络是有线电视网(cable TV 或 CATV)。传统的有线电视网使用同轴电缆作为其传输介质,传输质量和传输带宽比电话网使用的两对铜线高出很多。目前,大部分的有线电视网都经过了改造和升级,信号首先通过光纤传输到光纤节点(fiber node),再通过同轴电缆传输到有线电视网用户,这就是所谓的混合光纤/同轴电缆网 HFC。利用 HFC,网络的覆盖面积可以扩大到整个大中型城市,信号的传输质量可以大幅度提高。

但是,HFC 的主要目的是传播电视信号,信号的传输是单向。单向的信息传输显然不适合于互联网的接入,必须将 HFC 改造成双向信息传输网络(例如,将同轴电缆上使用的单向放大器更换为双向放大器等),才能使 HFC 成为真正的接入网络。

图 16-3 显示了一个简单的 HFC 网络结构示意图。其中头端(head end)设备将传入的各种信号(如电视信号、互联网信号等)进行多路复用,然后把它们转换成光信号导入光纤电缆。因为一个方向上的信号需要一根光纤传输,所以,从头端到光纤节点(fiber node)的双向传输需要使用两根光纤完成。光纤节点将光信号转换成适合于在同轴电缆上传输的射频

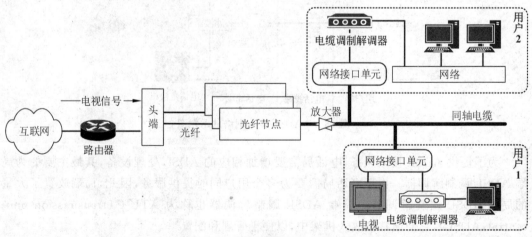

图 16-3　HFC 网络结构示意图

信号,然后在同轴电缆上传输。

为了扩展同轴电缆的覆盖范围,HFC 使用双向放大器对传输的信号进行放大。网络接口单元(network interface unit,NIU)是服务提供网络和用户网络的分界点,NIU 以内的设施由 HFC 网络的提供者负责管理和建设,而 NIU 以外的设施则由用户自己购买和使用。

HFC 传输的信号分为上行信号(upstream signal)和下行信号(downstream signal)。从头端向用户方向传输的信号为下行信号,从用户向头端方向传输的信号为上行信号。在中国,上行信号一般处于 5~65MHz 的频带范围,而下行信号则利用 550~750MHz 的频带进行传输,中间的 66~549MHz 保留给原有的有线电视传输影像使用。HFC 传输的信号分为上行信号(downstream signal)和下行信号(upstream signal)。

线缆调制解调器(cable modem)是 HFC 中非常重要的一个设备,它的主要任务是将从主机接收到的信号调制成同轴电缆中传输的上行信号。同时,线缆调制解调器监听下行信号,并将收到的下行信号转换成主机可以识别的信号。

尽管在同一条同轴电缆中传输,但由于频带范围不同,上行信号和下行信号的传输通道各自独立,逻辑上好像在两条线路上传输。HFC 的传输模型如图 16-4 所示。HFC 网中的每一个线缆调制解调器(如图 16-4 中的线缆调制解调器 A、B 和 C)共享相同的上行通道和下行通道。它们在相同的上行信道上发送信息,在相同的下行信道接收信息。当一个线缆调制解调器(如线缆调制解调器 A)向上行信道发送一个信息后,该信息首先被传送到头端设备。头端设备对收到的信息进行处理,在将信息转发到外部路由器和互联网的同时,还将该信息转发到下行信道。这样,不但外部的路由器和互联网能够接收到线缆调制解调器 A 发送的信息,HFC 网上的其他线缆调制解调器(如线缆调制解调器 B 和线缆调制解调器 C)都能在下行信道上接收到该信息。

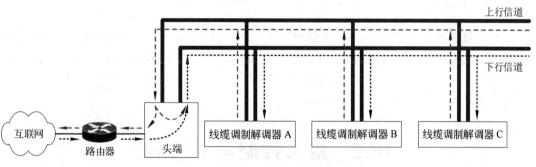

图 16-4　HFC 传输模型

与 ADSL 相似,HFC 也采用非对称的数据传输速率。一般的上行传输速率在 10Mbps 左右,而下行传输速率可达 42Mbps。由于 HFC 的接入速率较高,因此,可以将一台主机或一个局域网接入互联网。而大部分线缆调制解调器不但具有调制解调的功能,而且具有网桥和路由器的功能,因此,对用户而言,无论是单机接入还是局域网接入都非常简单。

利用 HFC 接入互联网不但速率高,而且接入主机可以全天 24 小时在线,所以,既可以利用接入主机方便地访问远程互联网上的信息,也可以利用接入主机提供 Web、电子邮件等各种信息服务。但需要注意,HFC 采用共享式的传输方式,所有线缆调制解调器的发送和接收使用同一个上行信道和下行信道,因此,HFC 网上的用户越多,每个用户的实际可以使用的带宽就越窄。例如,如果 HFC 提供的带宽为 42Mbps,如果一个用户使用,那么他可以独享这 42Mbps 的带宽;如果 100 个用户同时使用,那么每个用户平均可以利用的带宽则仅有 420kbps。

16.1.4 通过数据通信线路接入

数据通信网是专门为数据信息传输建设的网络,如果需要传输性能更好、传输质量更高的接入方式,可以考虑数据线路接入。

数据通信网的种类很多,DDN、ATM、帧中继等网络都属于数据通信网。这些数据通信网由电信部门建设和管理,用户可以租用,如图 16-5 所示。目前,大部分路由器都可以配备和加载各种接口模块(如 DDN 网接口模块、ATM 网接口模块、帧中继网接口模块等),通过配备有相应接口模块的路由器,用户的局域网和远程互联网就可以与数据通信网相连,并通过数据网交换信息。

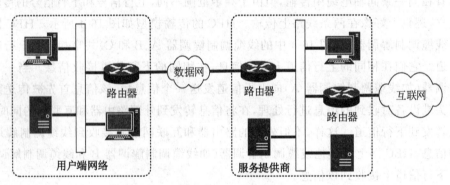

图 16-5　通过数据通信网接入互联网

利用数据通信线路接入,用户端的规模既可以小到一台微机,也可以大到一个企业网或校园网。但是由于用户所租用的数据通信网线路的带宽通常较宽,而租用和通信费用十分昂贵,因此,如果只连接一台微型计算机则显得大材小用。因而在这种接入形式中,用户端通常为一定规模的局域网。

16.2　接入控制与 PPPoE

与使用家庭内部或单位内部的局域网不同,网络接入服务提供商通常需要对接入的用户进行控制,有时还需要按照一定的计费标准对用户的使用量进行计费。

对于点到点的通信链路,由于一条链路就代表一个用户,因此接入控制系统通过控制一条链路的接入即可控制一个用户的接入。同样,控制系统通过计量一条链路的连接时间和使用流量也能够计量一个用户的使用量。点到点链路上运行的链路层协议一般为 PPP (point-to-point protocol)。与以太网协议相同,PPP 能将链路一端网络层传来的数据报(如 IP 数据报)进行封装,然后传递给另一端。在正式封装和传递网络层数据报之前,PPP 需要对链路层使用的参数、网络层使用的参数进行协商,同时还可以使用认证协议对链路两端的实体进行认证。

在借助电话网接入互联网应用中,用户拨号之后在用户和 RAS 之间形成了一条点到点的链路,如图 16-1 所示。用户和 RAS 之间链路层采用的协议也多为 PPP。由于 RAS 设备能够识别每条接入的点到点链路,因此网络接入服务提供商可以通过 RAS 方便地对远程接入用户进行控制和计费。

但是,以太网是一种多点到多点的通信信道,网络本身并不提供用户信息。如果希望对局域网上的用户进行接入控制,那么需要增加新的网络协议。PPPoE(PPP over ethernet)是一种以太网上使用的"点到点"协议,它以 PPP 为基础,通过为每个以太网用户建立一条点到点的会话连接,从而简化网络接入服务提供商的接入控制。

在采用 PPPoE 技术时,网络服务提供商不但能通过同一个接入设备连接远程的多个用户主机,而且能提供类似点到点链路的接入控制和计费功能。由于其实现和维护成本低,因此在网络服务接入领域得到了广泛应用。

16.2.1　PPPoE

制定 PPPoE 的主要目的是希望在以太网上为每个用户建立一条类似于点到点的通信链路,以方便对以太网用户进行控制。为此,整个 PPPoE 分成了发现(discovery)和 PPP 会话(PPP session)两个阶段。其中发现阶段在以太网用户与 PPPoE 服务器之间建立一条点到点的会话连接,PPP 会话阶段利用这些点到点的会话连接传送 PPP 数据。

1. 发现阶段

发现阶段的主要任务是为以太网用户分配会话 ID,以便逻辑上建立一条到达 PPPoE 服务器的点到点会话连接。一个网络中通常可以安装多台 PPPoE 服务器,当用户在发现多个 PPPoE 服务器可用时,可以选择并使用其中的一个。

图 16-6 显示了一个具有两个 PPPoE 服务器的网络示意图。当用户 A 希望开始一个 PPPoE 会话时,用户 A 与 PPPoE 服务器的信息交换过程如下。

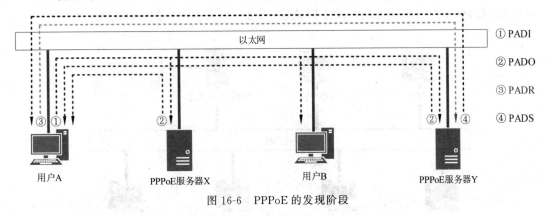

图 16-6　PPPoE 的发现阶段

(1) 主机广播 PADI 数据包。为了发现网络中存在的 PPPoE 服务器,用户 A 的主机广播一个 PADI(PPPoE active discovery initiation)数据包。该数据包含有用户 A 希望得到的 PPPoE 服务并希望 PPPoE 服务器进行应答。

(2) PPPoE 服务器回送 PADO 数据包。由于用户 A 主机发送 PADI 数据包以广播方式发送,因此 PPPoE 服务器 X 和 Y 都能收到该信息。如果服务器 X 和服务器 Y 都能提供 PADI 数据包中要求的服务,那么它们分别使用 PADO(PPPoE active discovery offer)数据包对用户 A 进行响应。

(3) 主机发送 PADR 数据包。在收到一个或多个 PPPoE 响应的 PADO 数据包后,主机可以从中选择一个使用(例如用户 A 可以选择使用 PPPoE 服务器 Y)。然后,主机向选择的 PPPoE 服务器以单播方式发送 PADR(PPPoE active discovery request)数据包,要求该服务器为其分配会话 ID。

(4) PPPoE 服务器回送 PADS 数据包。当接收到用户 A 的主机发送的 PADR 数据包后,PPPoE 服务器为用户 A 创建一个会话 ID,然后使用 PADS(PPPoE active discovery session-confirmation)数据包将该会话 ID 传递给用户 A。一旦用户 A 收到 PADS 数据包并解析出会话 ID,用户 A 和 PPPoE 服务器之间就能够建立一条点到点会话连接。

2. PPP 会话阶段

在用户获得 PPPoE 服务器为自己分配的会话 ID 后,PPPoE 进入 PPP 会话阶段。用户与 PPPoE 服务器之间的"点到点"会话连接链路是通过主机的 MAC 地址和会话 ID 标识的,因此 PPP 会话阶段传输的数据包中必须包含该会话 ID,以便主机和 PPPoE 服务器识别一个 PPPoE 数据属于哪个用户。在整个 PPP 会话阶段中,用户主机与 PPPoE 服务器之间传递的数据包中会话 ID 必须保持不变,而且该会话 ID 必须是发现阶段 PPPoE 服务器为其分配的会话 ID。

16.2.2 PPPoE 的应用

目前,绝大多数的局域网接入和 ADSL 接入都采用了 PPPoE 方式。图 16-7 显示了一个利用 PPPoE 对以太网用户进行上网控制的示意图。如果以太网用户希望访问互联网,那么他们必须进行"虚拟"拨号与 PPPoE 服务器建立点到点会话连接。只有用户请求通过验证,那么 PPPoE 服务器才允许该会话连接的存在。一台 PPPoE 服务器可以对多个用户的接入进行控制,不但可以统计用户的上网流量,而且可以限制用户的上网时间。

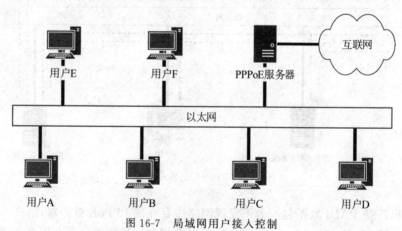

图 16-7 局域网用户接入控制

ADSL 接入是目前家庭用户最常用的接入方式之一。图 16-8 显示了一个采用 PPPoE 方式对 ADSL 用户接入进行控制的示意图。在用户一端,主机通过以太网接口连接本地的

ADSL 调制解调器；在网络接入提供商一端，ADSL 调制解调器、PPPoE 服务器等设备接入了一个以太网。ADSL 调制解调器具有网桥功能，能够完成以太网帧和 ADSL 线路信号的转换。用户发送的以太网帧经本地 ADSL 调制解调器转换后在 ADSL 线路上传输，局端 ADSL 调制解调器接收这些数据并将其还原成以太网帧。因此，从逻辑上看，图 16-8 显示的接入方式与图 16-7 类似，ADSL 线路仅仅起到了扩展距离的作用。用户主机上的数据帧可以到达局端的以太网，局端以太网上的数据帧可以到达用户的主机。

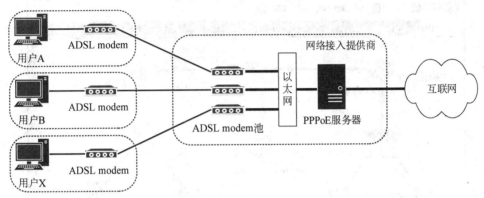

图 16-8　ADSL 用户接入控制

当 ADSL 用户希望访问互联网时，他们首先使用"虚拟"拨号方式与局端的 PPPoE 服务器建立点到点的会话连接。一旦通过身份认证，用户就可以顺利访问互联网。PPPoE 服务器可以对这些用户的上网时间和上网流量等进行控制。

16.3　实验：在路由器上配置 PPPoE 服务器

PPPoE 服务器的配置

企业或组织通常会通过路由器连入 Internet。因此，在路由器中配置 PPPoE 服务器，实现对内部用户的访问控制，部署起来更加容易。运行较新操作系统版本的 Cisco 路由器通常都支持 PPPoE 功能。本实验在 Packet Tracer 仿真环境下，利用 Cisco 路由器实现 PPPoE 的服务功能。

16.3.1　PPPoE 接入服务器的配置

在 Cisco 路由器上实现 PPPoE 服务器，其配置内容包括认证方式配置、IP 地址池配置、端口和虚拟模板配置、接口配置等。其实验过程如下。

1. 网络拓扑和基本配置

启动 Packet Tracer，按照图 16-9 连接网络。在图 16-9 中，PC0 和 PC1 作为内部网络的主机，通过 PPPoE 接入服务器 Router0 连入互联网。服务器 AAAServer 为认证服务器，用于认证接入用户的身份。路由器 Router1、服务器 WebServer 和主机 PC3 模拟外部网络，以便测试使用。按照图中标识的 IP 地址配置 PPPoE 接入服务器 Router0、路由器 Router1 和 AAAServer、WebServer、PC2 的 IP 地址，然后配置 PPPoE 接入服务器和路由器 Router1 的路由表，保证所连接的设备能够互通。本实验将 192.168.1.0 网段留给接入主机使用，因此在配置路由器 Router1 时一定要增加达到 192.168.1.0 网段的路由。请注意,因为 PPPoE 接入服务器会在 PC0 和 PC1 接入时自动为它们分配 IP 地址,所以在此可不对 PC0 和 PC1 的 IP 地址进行配置。

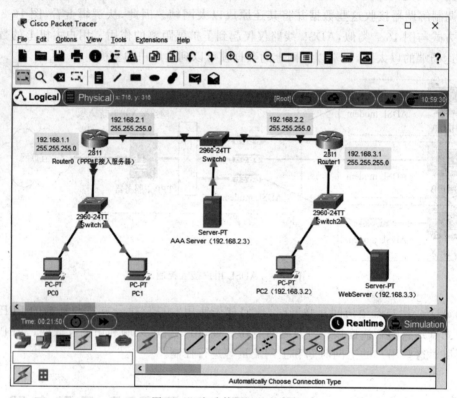

图 16-9 实验使用的拓扑结构

2. 配置认证方法

为了对接入用户进行认证,接入用户的账户既可以由接入路由器管理,也可以由独立的认证服务器管理。在接入用户较少时,可以直接在路由器上利用 username 命令为接入用户建立账号和密码。在接入用户较多时,通常采用独立服务器的认证方式。本实验采用 AAA(authentication、authorization and accounting,认证、授权和计费)服务器对接入用户进行身份验证。

在 Cisco 路由器中,aaa 命令是在全局配置模式下使用的命令,用于认证、授权和计费服务的相关设置。在本实验中,启动认证服务和选择认证方式的命令如图 16-10 所示。

```
Router(config) # aaa new-model
Router(config) # aaa authentication ppp myPPPoE group radius
```

图 16-10 启动认证服务和选择认证方式的命令

其中,aaa new-model 用于启动路由器的认证、授权和计费服务,aaa authentication ppp myPPPoE group radius 建立了一个标号为 myPPPoE 的认证方式。myPPPoE 可以对 ppp 进行认证,并且在认证时采取 RADIUS 协议。也就是说,用户登录 PPPoE 服务器时送来的用户名和密码将通过 RADIUS 协议提交给 AAA 服务器进行认证。

那么,PPPoE 服务器到哪里去找 AAA 服务器呢?这就要用路由器全局配置模式下的
radius-server 命令将 AAA 服务器的 IP 地址、RADIUS 服务使用的端口号、访问 RADIUS
服务需要的密码告知 PPPoE 服务器。图 16-11 利用 radius-server 命令通知 PPPoE 服务
器,RADIUS 服务在 192.168.2.3 主机的 1645 端口守候,访问时使用的密码为 radius123。

```
Router(config)♯radius-server host 192.168.2.3　auth-port 1645 key radius123
```

图 16-11　将 AAA 服务器的访问方法告知 PPPoE 服务器

3. 配置 AAA 服务器

AAA 服务器管理着接入用户的账号。当 PPPoE 服务器接收到用户接入的请求时,将
用户发来的用户名和密码提交给 AAA 服务器,AAA 服务器对用户进行认证后将结果通知
PPPoE 服务器。

单击图 16-9 中的 AAAServer,在出现界面上选择 Services 页面,然后在 Services 页面
的左侧服务列表中,单击 AAA,AAA 服务的配置界面将出现在屏幕上,如图 16-12 所示。

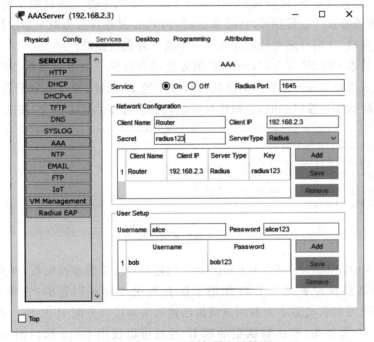

图 16-12　AAA 服务器配置界面

AAA 服务的配置分成 3 部分:服务配置、网络配置和用户配置。

(1)服务配置。设置 AAA 服务是否启动,以及 RADIUS 服务使用的端口号。请注意,
这里设置的 RADIUS 端口号一定要和路由器中设置的端口号一致。

(2)网络配置。设置哪些 PPPoE 服务器可以使用本 AAA 服务器。为了允许一个
PPPoE 服务器使用本 AAA 服务器,需要输入 PPPoE 服务器的名称、PPPoE 服务器的 IP
地址、PPPoE 服务器使用的口令和 PPPoE 希望使用的服务类型。而后,单击 Add 按钮,该
PPPoE 服务器将出现在允许列表中。如果希望删除允许的 PPPoE 服务器,在列表中选中
希望删除的 PPPoE 服务器,单击 Remove 按钮。

（3）用户配置。设置哪些用户可以利用 PPPoE 服务器接入互联网。输入用户名和用户密码，单击 Add 按钮，系统将添加一个用户。如果希望删除已经添加的用户，选中希望删除的用户，然后单击 Remove 按钮。

4. 配置地址池

在用户接入时，PPPoE 服务器需要为用户分配 IP 地址。因此，需要在配置 PPPoE 时建立一个地址池，用于指定分配给登录用户的 IP 地址范围。建立本地地址池可以在全局配置模式下使用 ip local pool PoolName StartIP EndIP 命令。其中，其中，PoolName 是一个用户选择的字符串，用于标识该 IP 地址池；StartIP 和 EndIP 分别表示该地址池的起始 IP 地址和终止 IP 地址。例如，ip local pool myPool 192.168.1.100 192.168.1.200 定义了一个名字为 myPool 的本地 IP 地址池。该 myPool 地址池中的 IP 地址从 192.168.1.100 开始，至 192.168.1.200 结束。

5. 配置虚拟模板

网络设备中通常具有"接口"，通过"接口"连接网络或其他设备。网络接口可以进行配置，例如在全局配置模式下，可以使用 interface Fa0/0 进入 Fa0/0 接口的配置模式，配置该接口的 IP 地址等参数。在使用 PPPoE 服务时，PPPoE 服务器会为每个请求接入的用户创建一个"逻辑"接口，让用户感觉他们连入了一个真实存在的接口。

每次用户请求 PPPoE 服务时，PPPoE 服务器都会按照一个虚拟模板创建新的逻辑接口。该虚拟模板规定了每次创建的新逻辑接口使用的 IP 地址、为对方分配的 IP 地址池等通用参数。与配置物理接口类似，虚拟模板的配置也采用 interface 命令，如图 16-13 所示。

```
Router(config) # interface virtual-template 1
Router(config-if) # ip unnumbered fa0/0
Router(config-if) # peer default ip address pool myPool
Router(config-if) # ppp authentication chap myPPPoE
Router(config-if) # exit
```

图 16-13 虚拟模板的配置

在图 16-13 中，interface virtual-template 1 创建编号为 1 的虚拟模板，并进入该模板的配置模式。为该模板配置的参数将作用于所有利用该模板创建的"逻辑"接口上。ip unnumbered fa0/0 的含义是不为利用该模板创建的逻辑接口分配 IP 地址。如果该接口需要产生并发送 IP 数据报，那么数据报的源 IP 地址可以使用 fa0/0 接口的 IP 地址。peer default ip address pool myPool 指出 PPPoE 服务器在为请求的用户分配 IP 地址时采用地址池 myPool 中的 IP 地址。ppp authentication chap myPPPoE 表明该模板将使用 CHAP 进行认证，同时采用 myPPPoE 中规定的认证方式。

6. 创建 BBA 组

BBA(broad band access，宽带接入)组规定了网络接入使用的虚拟模板和其他一些接入参数。我们可以创建自己的 BBA 组，也可以使用路由器默认的 global 组。在与网络接口绑定时，不同的 BBA 组可以绑定到不同的网络连接上。在创建 BBA 组过程中，一定要说明该 BBA 组使用哪个虚拟模板，其他参数都可以按默认设置。例如，图 16-14 创建了一个名为 myBBAGroup 的 BBA 组，该组使用了虚拟模板 1。

```
Router(config)#bba-group pppoe myBBAGroup
Router(config-bba)#virtual-template 1
Router(config-bba)#exit
Router(config)#
```

图 16-14　使能 VPDN 功能

7. 配置物理接口

PPPoE 最终要运行在一个物理接口上,因此需要在发送、接收 PPPoE 报文的接口上启动 PPPoE 功能,如图 16-15 所示。

```
Router(config)#interface fa0/0
Router(config-if)#pppoe enable group myBBAGroup
Router(config-if)#exit
```

图 16-15　在物理接口上配置 PPPoE

在图 16-15 中,用 interface fa0/0 命令进入以太网 fa0/0 接口的配置模式。pppoe enable 命令允许在该接口上启动 PPPoE,同时,指定使用名字为 myBBAGroup 的 BBA 组。

完成以上配置之后,PPPoE 接入服务器就可以接受客户端的请求,对请求用户进行身份认证,并为验证通过的用户创建逻辑接口。之后 PPPoE 接入服务器就能在创建的逻辑接口上收发和处理 PPPoE 用户的数据报文。

16.3.2　验证配置的 PPPoE 接入服务器

Packet Tracer 仿真软件实现了一个 PPPoE 客户端,我们可以利用该客户端对配置的 PPPoE 接入服务器的正确性进行验证。

单击图 16-9 中 PC0(或 PC1)图标,在弹出的对话框中单击 Desktop,这时系统将显示可以运行的应用程序,如图 16-16 所示。在图 16-16 中,运行 PPPoE 拨号程序 PPPoE Dialer,

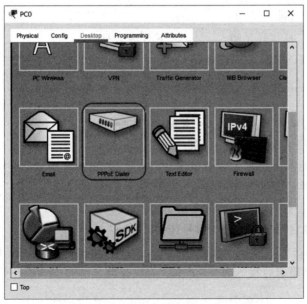

图 16-16　Desktop 页面中的 PPPoE 拨号程序

PPPoE 拨号对话框就会出现在屏幕上,如图 16-17 所示。输入已经在 PPPoE 接入服务器上建立的用户名和密码(如 alice 和 alice123),单击 Connect 查看是否能够连接成功。

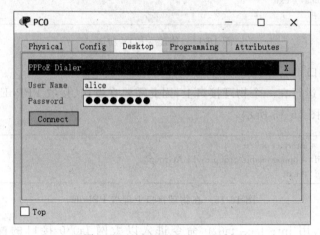

图 16-17　PPPoE Dialer 对话框

在成功连接以后,既可以在 PC0(或 PC1)上利用 ping 命令查看 PPPoE 用户与外部网络(如 PC2)的连通性,也可以在 PC0(或 PC1)上利用浏览器查看 WebServer 上放置的网页。同时,还可以在 PC0(或 PC1)上利用 ipconfig 命令查看 PPPoE 服务器为请求用户分配的 IP 地址。

练　习　题

1. 填空题

(1) ADSL 的非对称性是指_____。

(2) HFC 中的上行信号是指_____,下行信号是指_____。

(3) PPPoE 发现阶段的主要功能是_____。

(4) PPPoE 是_____上使用的点到点协议。

2. 单选题

(1) 选择互联网接入方式时可以不考虑(　　)。

　　A. 用户对网络接入速度的要求

　　B. 用户所能承受的接入费用和代价

　　C. 接入计算机或计算机网络与互联网之间的距离

　　D. 互联网上主机运行的操作系统类型

(2) ADSL 通常利用(　　)进行信号传输。

　　A. 电话线路　　　　　B. ATM 网　　　　　C. DDN 网　　　　　D. 有线电视网

(3) 利用电话网络进行接入时,一个重要的设备就是调制解调器。目前,调制解调器的传输速率最高为(　　)。

　　A. 33.6kbps　　　　　B. 33.6Mbps　　　　　C. 56kbps　　　　　D. 56Mbps

（4）关于 HFC 的描述中,错误的是（　　）。

A. HFC 的发展与有线电视的发展密不可分

B. HFC 接入需要用到线缆调制解调器

C. 上行信道和下行信道的传输速率一定相同

D. 传输采用共享信道方式

3. 实操题

在家庭网络中,常常采用各个终端设备(如主机、智能电话等)连入一个小型路由器,由小型路由器统一接入互联网服务运营商的 PPPoE 服务器。在图 16-18 中,主机 PC0、笔记本 Laptop0 和智能手机 Smartphone0 分别经有线和无线局域网连入 WRT300N 路由器,再由 WRT300N 路由器连入 PPPoE 服务器。这里,WRT300N 路由器既充当连入 PPPoE 接入服务器的客户端,又充当内部网络的 NAT 服务器。请在完成本章实验的基础上,查找相关资料,配置 WRT300N 路由器和 PPPoE 接入服务器,使家庭内部的用户能够顺利访问外部的互联网。

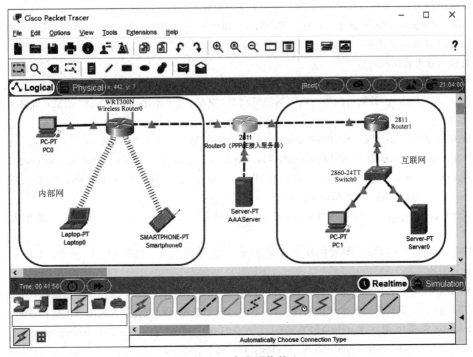

图 16-18　家庭网络接入

参考文献

[1] 陈鸣. 计算机网络：原理与实践[M]. 北京：高等教育出版社，2013.

[2] 吴功宜，吴英. 计算机网络高级教程[M]. 2版. 北京：清华大学出版社，2015.

[3] 沈鑫剡. 计算机网络工程[M]. 北京：清华大学出版社，2013.

[4] 赵锦蓉. Internet原理与技术[M]. 北京：清华大学出版社，2001.

[5] 汪双顶，姚羽，邵丹. 网络互联技术与实践[M]. 北京：清华大学出版社，2019.

[6] 张力军. 计算机网络实验教程[M]. 北京：高等教育出版社，2005.

[7] 沈鑫剡. 计算机网络工程实验教程[M]. 北京：清华大学出版社，2017.

[8] 张建忠. 计算机网络技术与应用[M]. 北京：清华大学出版社，2019.

[9] 徐明伟. 计算机网络原理实验教程[M]. 2版. 北京：机械工业出版社，2013.

[10] 王盛邦. 计算机网络实验教程[M]. 北京：清华大学出版社，2012.

[11] 董付国. Python程序设计[M]. 北京：清华大学出版社，2019.

[12] James F.Kurose，Keith W.Ross. 计算机网络：自顶向下方法[M]. 6版. 北京：机械工业出版社，2014.

[13] Larry L.Peterson，Bruce S.Davle. 计算机网络：系统方法[M]. 5版. 王勇，张龙飞，李明，等译. 北京：机械工业出版社，2015.

[14] William Stallings. 网络安全基础教程：应用与标准(影印)[M]. 4版. 北京：清华大学出版社，2010.

[15] Douglas E.Comer. 计算机网络与因特网[M]. 4版. 林生，范冰冰，张奇支，等译. 北京：机械工业出版社，2009.

[16] W.Rihard Stevens. TCP/IP Illustrated：The Protocols[M]. 北京：人民邮电出版社，2016.

[17] W.Rihard Stevens. TCP/IP Illustrated：The Implementation[M]. 北京：人民邮电出版社，2016.

[18] W.Rihard Stevens. TCP/IP Illustrated：TCP for Transactions，HTTP，NNTP and the UNIXD omain Protocols[M]. 北京：人民邮电出版社，2016.

[19] W.Rihard Stevens. UNIX网络编程(卷2：进程间通信)(影印)[M]. 2版. 北京：清华大学出版社，2002.

[20] Regis Desmeules. Cisco IPv6网络实现技术[M]. 修订版. 王玲芳，张宇，译. 北京：人民邮件出版社，2013.

[21] Vito Amato. 思科网络技术学院教程[M]. 上册. 韩江，马刚，译. 北京：人民邮件出版社，2000.

[22] Vito Amato. 思科网络技术学院教程[M]. 下册. 韩江，马刚，译. 北京：人民邮件出版社，2000.

[23] Internet Society. RFC Database[EB/OL]. [2020-01-01]. http://www.rfc-editor.org/rfc.html.

[24] Cisco Systems，Inc. Cisco Networking Academy[EB/OL]. [2020-01-01]. https://www.netacad.com/.

[25] Python Software Foundation. Python 3.8.2 documentation[EB/OL]. [2020-04-04]. https://docs.python.org/.